科学出版社"十四五"普通高等教育研究生规划教材

城市地下空间地理信息系统

解智强　夏既胜　谈树成　江贻芳　侯至群 等　著

科学出版社

北　京

内 容 简 介

本书全面系统地论述了城市地下空间地理信息系统的发展现状、基础理论、设计流程以及典型应用实例，主要内容涉及目前城市地下空间地理信息系统研究热点、主流技术与前沿规划。全书共分八章，内容包括：绪论；城市地下空间地理信息系统主要学科基础；城市地下空间数据模型与组织；城市地下空间数据采集与处理；城市地下空间地理信息空间分析；城市地下空间地理信息系统设计；城市地下空间地理信息系统应用案例；城市地下空间地理信息系统发展前沿。

本书可供城市规划和管理人员、城市地下空间地理信息系统研究和开发人员阅读参考，也可供高校地下空间工程等有关专业的老师、研究生、本科生同学阅读，并提供相应课件供师生使用。

图书在版编目（CIP）数据

城市地下空间地理信息系统 / 解智强等著. -- 北京：科学出版社，2024.11

科学出版社"十四五"普通高等教育研究生规划教材

ISBN 978-7-03-077516-0

Ⅰ. ①城…　Ⅱ. ①解…　Ⅲ. ①城市空间–地理信息系统–高等学校–教材　Ⅳ. ①TU984.11

中国国家版本馆 CIP 数据核字（2024）第 013703 号

责任编辑：石　珺 / 责任校对：郝甜甜
责任印制：徐晓晨 / 封面设计：无极书装

科 学 出 版 社 出版

北京东黄城根北街 16 号
邮政编码：100717
http://www.sciencep.com

北京九州迅驰传媒文化有限公司印刷
科学出版社发行　各地新华书店经销

＊

2024 年 11 月第 一 版　开本：720×1000　1/16
2024 年 11 月第一次印刷　印张：19
字数：326 000
定价：158.00 元
（如有印装质量问题，我社负责调换）

前　言

从史前时代原始人类以天然洞穴为庇护所，到如今对地下交通、市政、公共服务设施等规模化和深层次开发利用，人类对地下空间的探索和利用已经历了漫长而精彩的岁月。这一过程中，人们不仅提升了地下空间的利用效率和安全性，也推动了相关技术的进步与创新，为城市的可持续发展和居民生活质量的提升作出了重要贡献。如今，在全球气候变化和城市化背景下，地下空间已经成为城市发展的重要组成部分，展现着持久的利用潜力和价值。今天随着中国社会经济的快速发展和城市化进程的加速，以及城市规模的不断扩大和人口密度的增加，地上空间资源日趋紧张，地下空间作为城市发展的重要资源，其合理开发与科学利用已经成为必然趋势。伴随着大规模城市地下空间开发，地下安全隐患突出、事故频发，现状不明，家底不清成为阻碍城市地下空间发展的桎梏。这些问题不仅威胁着城市的安全，也制约了地下空间资源的有效利用和城市的可持续发展。为了满足城市地下空间统一规划、合理开发和科学化管理以及防灾救灾与可持续发展需要，城市地下空间信息化建设迫在眉睫。而今天持续开展的城市地下空间地理信息系统的建设对促进地下空间资源整合、提升管理效率、推动可持续发展等方面具有重要意义。

目前中国城市地下空间高等教育事业蓬勃发展，数百所高校设立了地下空间工程、地理信息科学等专业，出于为相关专业的学生和从业者提供一本系统、全面的参考用书的目的，秉持产学研用理念，本书撰写工作历时3年，深入探讨城市地下空间地理信息系统的理论方法、技术和应用。通过全面介绍地下空间信息化的概念、发展历程及现状，揭示了信息化手段在地下空间资源规划、开发、管理和防灾救灾中的重要作用及其未来发展。同时，结合具体案例和实践经验，分析了地下空间信息化在促进资源整合、提升管理效率、推动可持续发展等方面的利用价值。本书旨在为我国开设地下空间工程等相关专业的高校广大师生提供一本系统、全面的学习参考用书，帮助他们更好地理解地下空间的价值，应用地下空间信息化技术，为他们所从事的城市地下空间建设、规划开发和高效管理的教学科研工作贡献力量。

本书全面、系统地论述了城市地下空间地理信息系统的发展现状、相关学科、发展趋势,以及诸多应用实例,所涉及各方面的主要内容及关键相关技术是目前城市地下空间地理信息系统研究的热点与前沿。全书共分八章,内容包括:第 1 章,绪论。本章对城市地下空间利用现状以及城市地下空间地理信息系统的形成与发展,进行了介绍,为读者提供一个全面、系统的入门指南,帮助他们快速了解并掌握该领域的基本知识和核心内容。通过学习和理解绪论,读者可以为后续的学习和实践打下坚实的基础。第 2 章,城市地下空间地理信息系统主要学科基础。本章对城市地下空间地理信息系统的主要学科基础进行了介绍,其中涵盖了城市地理学、城市规划学等关键学科的理论框架和应用领域。这些学科为城市地下空间地理信息系统的构建与发展提供了深厚的理论基础和实践指导,有助于更全面地理解地下空间的特性、功能及其在城市发展中的作用。第 3 章,城市地下空间数据模型与组织。本章从城市地下空间、城市地下空间数据模型、城市地下空间数据结构与组织三个方面进行详细论述。通过本章的学习,读者将能够深入了解城市地下空间数据模型与组织的基本原理和方法,为后续的地下空间信息化管理实践提供理论支持和实践指导。第 4 章,城市地下空间数据采集与处理。本章对复杂且需要高精度作业的城市地下空间各类信息收集和加工处理的过程做了详细介绍说明,城市地下空间数据对城市的规划、建设和管理有着重要的作用,能够为城市的可持续发展提供有力支撑。第 5 章,城市地下空间地理信息空间分析。本章聚焦于城市地下空间地理信息分析方法、模型和可视化流程。讲解了各类地下空间分析方法的原理、适用场景及其在城市地下空间规划与管理中的应用。介绍了地理信息可视化的技术和工具,通过实例展示如何将复杂的地下空间数据以直观、易懂的方式呈现出来,为决策者提供有力的支持。第 6 章,城市地下空间地理信息系统设计。本章运用现代信息技术,对城市地下空间的形态、结构、功能、环境等数据进行采集、存储、处理、分析以及直观展示。第 7 章,城市地下空间地理信息系统应用案例。本章结合青岛、武汉、昆明等多地的实际地下空间地理信息系统建设经典案例,深入剖析了这些城市在地下空间信息化方面的实践经验与创新成果。通过对这些案例的详细分析,读者将能够了解到不同城市在地下空间地理信息系统建设中的不同策略、技术选择以及实施效果,为其他城市地下空间地理信息系统建设提供有益的参考与借鉴。第 8 章,城市地下空间地理信息系统发展前沿。本章对目前城市地下空间地理信息系统建设中比较前沿的智慧城市、大数据、数字孪生等应用进行了介绍。我们分析了这些技术在地下空间地理信息系统中的应用现状和未来潜力,探索了它们如何为地下空间的规划、设计、管理和运营带来革命性的变革。

本书被遴选为科学出版社"十四五"普通高等教育本科规划教材,感谢科学出版社在撰写和出版过程中的大力支持。本书全稿完成于云南大学呈贡校区,会泽百家,至公天下,百年云大浓厚而严谨的学术氛围为本书撰写提供了良好的环境,云南大学提供了双一流经费以及国家自然科学基金项目(72361035)、云南省级基金项目(202401BF070001-026)经费资助本书出版,并安排师生参与撰写及资料准备工作,力求为中国城市地下空间信息化工作贡献力所能及的力量。本书的撰写得到了中国测绘学会地下管线专业委员会大力支持,以及武汉大学、南京师范大学、郑州大学、正元地理信息集团股份有限公司、中煤(西安)地下空间科技发展有限公司、星际空间(天津)科技发展有限公司、青岛市勘察测绘研究院、武汉市测绘研究院、南京市勘察测绘研究院和昆明市测绘研究院(昆明市城市地下空间规划管理办公室)等单位数十位专家和学者的积极参与和倾力支持,他们数十年如一日的城市地下空间信息化从业经验为本书完成贡献了关键智慧和力量。

城市地下空间地理信息系统值得不断地深入挖掘,结合各个相关学科可以拓展未来城市地下空间信息化和智能化工作。本书作为中国第一本城市地下空间地理信息系统的教材,立足对过去工作阶段性总结,由于时间紧张和学识所限,书中难免存在不足之处。在此,我们恳请广大读者在阅读过程中不吝赐教,以利于我们在后续版本中不断完善,共同为继承和发展城市地下空间地理信息系统贡献智慧和力量。

著　者
2024 年 10 月

目　　录

第1章 绪 论

城市地下空间是我国未来城市化发展的方向，截至 2022 年末，我国的人口总量已经达到 141175 万人，约占全球人口总数 17.5%。我国目前处于世界第二人口大国地位，国土面积约 960 万 km²，位居世界第三，由于人口数量巨大，人均土地面积仅为 0.667hm²，是世界人均土地资源量的 2/5，因此拓展地下空间成为当前和未来一段时期城市化的主题。改革开放以来，我国经济迅速发展，随着城市化的推进，城镇常住人口不断增加。据国家统计局统计数据，截至 2021 年底，我国居住人口超过 200 万的大城市有 48 个，其中居住人口超过 400 万的超大城市达到 22 个，全国约有 20%的人口居住在大城市。2022 年末，我国城镇常住人口达到 92071 万人，比 2021 年增加 646 万人；乡村常住人口 49104 万人，比 2021 年减少了 731 万人。常住人口城镇化率为 65.22%，比 2021 年提高 0.5 个百分点（韩晓和韩广富，2023）。城市化发展带来的不仅是社会经济发展机遇，同样也是挑战。其一，城市化促进了乡村城镇化和经济集聚的趋势性变化，城市经济增长，产业升级进一步增进社会发展，同时也对如何提高城镇化的质量及如何促进区域协调发展等问题提出了新要求。其二，城市化发展过快，造成了城市空间紧缺、交通拥堵等诸多城市病，面对这些问题，如何加快地下空间开发和利用，是缓解城市空间紧缺的有效途径，也是21 世纪城市现代化的研究热点（谢军等，2022）。

城市地下空间（underground），是指位于地表以下，如地下管线、地下商城、地下停车场、地铁、矿井、军事、穿海隧道等建筑空间。地下空间的开发利用是城市发展到一定阶段的产物，其目的和作用、发展水平、发展方向等都应与城市发展水平相适应，滞后或超前都是不利的（孙鸽等，2016）。

近年来，由于可利用土地的减少与人们生活质量的提升，地下空间作为"城市生命线"的重要载体受到越来越多的重视。当前地下轨道交通、综合管廊、海绵城市建设等均与地下空间规划利用密不可分。要高效、安全、充分地利用地下空间，必须首先查清浅层地下空间的地质情况，包括：岩性分层、基岩面埋深及起伏、活动断裂、地裂缝、孤石、空洞、富水性等。此外，大规模、高要求的基础建设工程逐年增多，此类工程对查清地下空间地质情况的要求也越来越高。如：高速公路、高铁、大跨度桥梁、高压输电线路等建设，为保证建筑的安全性，均要求详细查明地下一定范围内的工程地质、水文地质、构造、地质异常体等情况。另外，由于城市快速发展，建设规模不足、管理水平不高等问题凸显，一些城市相继发生大雨内涝、管线泄漏爆炸、路面塌陷等事件，严重影响了人民群众生命财产安全和城市运行秩序，城市地下空间的安全问题为城市发展敲响了警钟。因此，为了确保城市安全运行，还需要定期对城市地下空间安全运行情况进行诊查。为此，住建部于 2016 年 5 月 25 日下发了《城市地下空间开发利用"十三五"规划》，力争到 2020 年，初步建立较为完善的城市地下空间规划建设管理体系，促进城市地下空间科学合理开发利用。该规划提出要开展城市地下空间普查，推进城市地下空间综合管理信息系统建设。2016 年 9 月 1 日，国土资源部在"十三五"科技创新发展规划中明确指出，要以中心城市为重点，系统调查地下空间开发利用现状，查明城市第四纪地质结构、工程地质结构和水文地质结构等，为制定地下空间开发利用提供地学依据。综上所述，城市地下空间信息化技术研究及推广应用工作势在必行（赵锴等，2017）。

目前我国城市对地下空间开发利用，主要集中在地下管线和地下交通设施等方面，例如城市地下管线，截至 2022 年底，包括城市排水、给水、电力、通信、燃气、热力等管线在内，中国的市政地下管线建设长度已经达到 148 万 km；其次如地铁、地下停车场、地下商场、地下人防等工程在我国各城市也广泛使用。截至 2022 年底，北京地铁总里程达到 797.3km；上海已建成的轨道交通线路共有 20 条（含磁浮线），全网络运营里程达到 831km，跃居世界地铁线路总里程最长城市（丁世顺，2017）。此外，地下停车场规划已成为大城市建筑的标准配置；同时，越来越多的地下商业综合体正处于如火如荼建设之中。如上海市虹桥枢纽片区重点区域地下空间：该建筑总面积达到 250 万 m²，共有 24 条地下通道，其中有 1 条中轴主干道和 23 条支线通道，连接各重点办公楼宇和商业综合体，是国内最大的地下综合体。还有西安环球港项目：该项目位于西安东部核心片区，总建筑面积 79 万 m²，集多种功能于一体，成为垂直的城市休闲空间，建成后成为是全球最大的地下购物中心。此外，地下人防工程作为我国人防体系建设的重要环节，已成为城市地下规划建设的必要工作。尽管我国地下空间开发已具备一定规模，但总体而言，开发的系统性仍旧不足，且主要集中于浅表层地下空间，而对于地下空间的竖向分层规划尚无明确思路，导致整体空间利用效率低下，严重影响城市未来地下空间开发潜力。

目前，根据开发的深度可将地下空间分为 4 个层次：0～15m 的浅层，15～30m 的次浅层，30～50m 的次深层，以及 50m 以下的深层。目前对地下空间的开发大都处于地下 30m 以上的范围，其中 15～30m 以市政地下管线建设开发为主，这类开发普遍属于市政基础设施，全国通用；15m 以上的区域大多为商业开发，与我们的生活息息相关，这类地下空间则可进行有规划的区域性开发，以激发地下空间的最大价值。随着科学技术的发展、城市扩张的需求，有一部分城市已经开始将次深层、深层的地下空间设定为未来地下空间开发的预留用地。因此未来城市地下空间必将得到广泛的研究与高效的利用。

1.1　城市地下空间利用现状

目前，50%以上的世界人口生活在城市。据预测，至 2050 年，世界上将有 66%以上的人口生活在城市，未来大型城市将主要集中在亚洲、美洲和非洲。随着地表空间的日趋紧张，开发地下空间成为世界大型城市发展的必然选择，因此各大城市正积极探索地下空间综合开发利用，并得到了一系列具有成效的发展思路（国务院发展研究中心"国际经济格局变化和中国战略选择"课题组等，2019）。

1.1.1　国外城市地下空间开发发展现状

英国作为工业革命的起源地，是世界上最早利用地下空间的国家。1861 年，伦敦修建了世界上第一条地下综合管沟，将煤气、给水、排水管道及居民管线引入地下；1863 年修建了世界上第一条地铁；1927 年建成了世界上第一条地下邮政物资运输系统。日本国土狭小，城市用地紧张，地下街道、地下车站、地下铁道、地下商场等多元化建（构）筑物综合发展，其地下空间综合化、规模化、高质量的规划利用是日本的特点。东京于 1934 年建成了世界上第一条地下商业街，开启了全面探索地下空间综合开发利用的序幕（吴旭阳，2016）。有关数据显示，截至 2019 年底，日本已经在 26 个城市建设地下商业街 146 条，地下商业街的日人流量达到 1200 万人，占国民总数 1/9。随着城市地下空间开发的全面推进，地下空间作为城市地表空间的有效补充得到了全面发展，包括：地下交通、地下公共服务设施、地下市政工程及地下人防工程等。

1. 地下交通

城市地下交通系统包括动态交通（如地铁、地下快速道路、地下步行系统等）及静态交通（如地下停车场等）。地铁作为有效缓解城市地表交通拥堵的重要举措，成为世界特大城市向地下索要空间的必然选择。截至 2022 年底，全球 538 个城市开通了城市轨道交通，总里程达到 33346.37km。其中，地铁轨道交通运营里程最多，达到 17584.77km，占比 55%。有轨电车运营里程为 14174.75km，占比 42%。轻轨占比 5%（表 1-1）。

表 1-1　国外部分大型城市地铁线路统计表

城市	线网总长度/km	线路数/条	最早开通日期
纽约	443.2	27	1904 年 10 月
伦敦	408.5	12	1863 年 1 月
莫斯科	313.1	12	1935 年 5 月
东京	304.5	13	1927 年 12 月
首尔	286.9	10	1974 年 8 月
马德里	284.4	13	1919 年 10 月
巴黎	220.6	16	1900 年 7 月
墨西哥城	201.7	11	1969 年 9 月

地下步行系统配合地铁换乘点、地下商业中心进行布局，较好地解决了地下交通、商业与地表空间的联接问题，在世界范围内也得到广泛应用。最具代表性的有：加拿大蒙特利尔地下步行系统和日本东京地下步行系统。通过地下步行系统将地铁站点、地下停车库、地下商场、地下物流仓储有效串联，实现城市中心资源高度整合，正成为大型城市地下交通发展的重要组成部分（解国君，2014）。

地下停车场是城市地下空间利用的重要组成部分，由于城市汽车保有量快速增加，对停车空间的需要日趋旺盛，停车难也成为世界各大城市发展的共同问题，因此大规模地下停车场对于缓解该问题起到了重要作用。法国于 1954 年规划完成 41 座地下停车场，拥有超过 5 万个车位；日本于 20 世纪 70 年代在大型城市系统规划地下公共停车场，全面缓解了地表空间停车压力。地下停车的不便捷性与高成本成为制约其发展的瓶颈之一，世界各国在解决上述问题上做了诸多探索。如英国伦敦中心区建设地下高速公路并将地下停车场全部建于公路两侧，通过机械输送方式实现快速泊车，提升停车效率。此外，随着智慧城市建设推进，智能化停车交通系统（Intelligent Transportation System，ITS）、电子不停车收费系统（Electronic Toll Collection，ETC）、地下停车区位引导系统（Parking Guidance System，PGS）等在国外停车领域得到较为广泛应用，为地下停车系统高效发展提供了新的思路。

2. 地下公共服务设施

随着城市规模的扩大和集约化程度提升，诸多城市公共服务设施（包括地下商业、地下文体娱乐设施、地下科教设施、地下仓储物流等）逐步转入地下并得到长足发展。

地下商业最初起步于日本，并在世界各地得到广泛采用。截至 2017 年底，日本东京建设有地下商业街 14 处，总面积达到 22.3 万 m^2；名古屋建有 20 多处，总面积为 16.9 万 m^2；而日本各地大于 1 万 m^2 的地下街区达到 26 处。此外，以地下商业为引导，世界各地出现了大量涵盖交通、商业、文娱、体育的多功能地下综合体，如：加拿大蒙特利尔 Eaton 中心地下综合体系包括地铁站、地下通道、地下公共广场、地下商业体、地下文娱等设施，并实现与地上 50 栋大厦连通；法国巴黎列阿莱地下综合体布局 4 层，总建筑面积达 20 多万平方米，通过与公共交通的有效衔接，实现了地下商业与交通的有机融合。

此外，为充分发挥地下空间恒温、恒湿、隔音、无大气污染等优势，越来越多的公共服务设施选择转入地下，如地下公共图书馆、地下博物馆、地下医院、地下科研实验室、地下健身中心、地下仓库、地下变电站等。挪威充分发挥岩洞优势，建成了世界上首个约维克奥林匹克地下运动馆；新加坡 2014 年建成裕廊岛地下储油库，该储油库耗资 9.5 亿新元，位于海床以下距离地表 150m 处，是新加坡迄今最深的地下公共设施工程（陈飞，2019）。

地下物流系统近年也得到广泛应用，如德国自 1998 年起，从鲁尔工业区修建一条地下物流配送系统。该系统长约 80km，采用 CargoCap 自动装卸运输集装箱，可实现物流高效配送。但受传统观念认知影响，地下公共服务设施的建设在全球仍有待提升。

3. 地下市政公用工程

地下市政公用工程服务于城市，具备清洁、高效运转等特点，属于城市"里子"工程，包括地下市政管线、综合管廊等。全球很多大城市建设过程中，一直非常重视地下市政公用工程的建设，并取得了诸多经典杰作。如法国巴黎老城区地下排水系统总长2347km，规模远超巴黎地铁，历经上百年仍高效发挥功能，堪称城市"良心工程"的代表，为巴黎国际化大都市进程提供了重要基础保障。

20世纪以来，随着城市化程度提升，对地下市政公用工程的要求越来越高，出现将市政管网系统（如供排水、污水、电力、通信、供暖、燃气等）集中于同一沟道，以达到提升公用设施管理的高效性与便利性，称之为"地下综合管廊"或"共同沟"。20世纪20年代初，东京就在市中心的九段地区干线道路地下修建了第一条地下共同沟，将电力、电话线路、供水、煤气管道等市政公用设施集中在一条管沟之中。日本政府于1963年颁布了《关于建设共同沟的特别措施法》，要求在交通流量大、车辆拥堵的主要干线道路地下，建设容纳多种市政公用设施共同沟，并从法律层面给予保障。截至2015年底，日本已在东京、大阪、名古屋、横滨、福冈等近80个城市修建了总长度达2057km的地下共同沟，在日本城市现代化建设与发展中发挥了重要作用（刘长隆等，2018）。此外，日本近年来将垃圾分类收集系统与共同沟建设有机结合，提升了共同沟的有效服役水平及服务寿命。

另外，英国、法国、德国、西班牙、美国、新加坡、俄罗斯等发达国家在大型城市建设过程中非常重视地下综合管廊工程建设，并完成了诸多卓有成效的工作（闫钰丰，2019）。近年来，随着互联网、信息技术的提升，现代信息化技术（如人工智能、遥感、BIM、GIS、AR/VR技术等）正逐渐被用于对管廊运营的全过程监控、预警、调控等领域，全面保障其高效运转。

4. 地下人防工程

地下人防工程作为战时抵抗一定武器效应的杀伤破坏、保护人民生命财产安全的重要防护工程，贯穿于人类现代城市建设的整个过程。第一次世界大战之后，西方一些国家就非常重视人防工程与城市地下空间的结合利用，如：瑞典斯德哥尔摩自1938年开始全面构建城市防空掩体，以确保城市居民快速进入防护工事；建成的"三防"斯德哥尔摩地下医院，总面积有4000 m²，战时能容纳150张床位，保护3000人，可同时发挥人防与紧急救援的双重功效；建成的连接市中心与机场的高速列车隧道，长达40km，可实现战时城市人口的快速疏散，为典型的平战结合人防工程。

目前，美国、俄罗斯、英国、法国、德国等国家城市人防工程建设已具相当规模。其中，美国建成的人防掩蔽工程约20.5万个，可容纳85%以上美国人口；俄罗斯在各大中心城市及重要工业区均构筑多个抗冲击地下人防工程；

挪威利用其天然岩洞特色，包括奥斯陆在内的大型城市建有多个岩洞型掩蔽体，可有效保障居民战时安全。

新型战争武器（如钻地导弹、精准制导武器等）的进步对传统人防工程提出全新考验，处于地下浅表层的人防工程显然无法满足现代化战争的现实需要，深地、特种人防建设成为城市人防工程的世界性课题。

1.1.2 中国城市地下空间开发发展现状

新中国关于城市地下空间的开发利用起源于人民防空工程的建设，根据20世纪70年代初我国提出的"深挖洞、广积粮、备战备荒为人民"指导思想，全国大小城市开始了较为广泛的人民防空设施建设。而后根据实际形势的演变，经济建设成为社会的主旋律。1978年中央提出"平战结合"的人防工程建设方针，但该阶段城市地下空间利用仅局限于人防建设。1986年的全国人防建设与城市建设相结合座谈会上，中央提出人防工程"平战结合"的思路应与城市建设相结合，为城市地下空间利用与发展指明了方向。

随着我国城市建设的高速发展，为缓解日趋严重的交通拥堵问题，各大城市开展规模化建设，为城市地下空间的开发利用奠定了坚实基础。进入21世纪以来，"大城市病"的问题趋于明显，对于城市地下空间综合开发利用的需求达到了前所未有的高度，包括地下综合体、地下综合枢纽、地下街区等新型地下空间利用设施不断涌现，为我国城市地下空间的综合利用掀开了新的篇章，现阶段发展情况概述如下。

1. 地下交通

我国首条地铁是建于1965年的北京地铁，而1993年开通的上海地铁是世界上迄今规模最大、线路最长的地铁系统。截至2023年5月，中国已开通地铁的城市达41个，已建成完善的地铁轨道交通网络的城市包括上海、北京、广州、深圳、南京和成都等（李文燕和薛峰，2018）。这些城市不仅拥有大量的地铁线路，而且地铁网络覆盖了城市的各个角落，为市民出行提供了便利。除了以上城市，还有杭州、武汉、重庆等地也建成了城市轨道交通骨干线，虽然这些城市地铁线路尚未覆盖全市，但已形成了具有一定规模的地铁网络，为市民的出行提供了一定的便利。总的来说，中国越来越多的城市正在加快地铁建设步伐，不断完善城市轨道交通网络，为市民出行提供更多选择和便利。

我国轨道交通的快速发展也带动了大型地下交通枢纽的发展。北京西客站地下交通集散枢纽中心集铁路站、地铁、公交、停车场、商业于一体，有效缓解了首都西客站过去拥挤不堪的局面。2015 年底完工的深圳福田综合地下交通枢纽是国内首座位于城市中心区的全地下火车站，是集高速铁路、城际铁路、地铁交通、公交及出租等多种交通设施于一体的立体式换乘综合交通枢纽。其通过立体化分层布置，实现高铁、地铁快速换乘，总建筑面积为 22 万 m^2，也是目前全国最大的地下火车站。

部分大城市为更好保持城市格局中湖泊、江河、山丘的原始风貌，选择采用地下城市隧道形式穿越完成，为城市地下交通的开发利用提出了新的思路。如武汉东湖隧道的全长约 10.6km，其下穿东湖风景名胜区，也是目前国内最长的城中湖隧道。类似工程还包括杭州西湖隧道、南京玄武湖隧道、扬州瘦西湖隧道等。再如，山城重庆通过华岩隧道、两江隧道等将城市主城区有效连接，实现了城市功能的互联互通；杭州紫之隧道全长 13.9km，位于西湖风景区之下，是迄今为止全国最长的城市隧道。

城市停车困难也正成为我国大城市发展的通病，因此，地下停车库的建设在各大城市成为普遍现象，如长沙都正街地下智能停车库可提供 427 个停车位，并采用"智能泊车""App 预约付费"等模式，实现了方便、快捷停车。此外，该地下停车库深达 40m，也是目前世界上最深的地下智能车库。河南濮阳市积极探索地下静态交通空间利用，濮阳市中医院公共停车场工程采用井筒式地下立体机械停车方式，地下建筑面积达 472.70m^2。此外，国内近年兴起的"共享经济"模式也在城市车辆驻车制动领域得到初步发展，通过"互联网+驻车"模式实现地下停车位的高效利用，正成为改善停车困难的另一重要举措。

2. 地下公共服务设施

随着我国地下交通工程的快速发展，地下公共服务设施在 21 世纪也得到迅速提升。目前，我国建成的超过 1 万 m^2 的地下综合体达到 200 个以上，一些大城市已经建成了大型的地下综合体，比如北京中关村西区、杭州钱江新城波浪文化城、南京新街口地下综合体等，这些地下综合体规模都在几万平方米以上。还有一些城市正在规划或建设超大型地下综合体，比如武汉王家墩商务核心区和广州国际金融城等，这些地下综合体的规模都超过了 10 万 m^2。其中，上海虹桥地下商业服务区地下空间开发面积达到 260 万 m^2，是目前国内最大的地下商业综合体，其街区间通过 20 条地下通道及枢纽连接国家会展中心（上海）地下通道，将地下空间全部连通，可媲美加拿大蒙特利尔地下城。北京王府井通过地下街形式将地铁车站、地下商场有效组合，配套步道系统、下沉式花园等空间转化形式构建王府井立体化地下商业系统。

我国城市地下公共服务设施（如地下博物馆、地下医院、地下实验室、地下文娱中心、地下仓库等）也在积极探索之中，如陕西汉阳陵地下博物馆就地开发保护，充分融合现代化技术，直观呈现出波澜壮阔的地下王国。地下空间的恒温恒湿特点也为医疗卫生设施提供了先天条件，依据《杭州市地下空间开发利用专项规划（2020—2035 年）》规划，杭州将在未来修建一定规模的地下医疗空间；此外，还有少量基于早期民居地下室、人防工程发展起来的地下科研实验室、地下文娱健身中心、地下仓储中心等。总体而言，我国综合利用地下空间发展公共服务设施尚存在较大的发展空间。

3. 地下市政公用工程

当前"城市看海"这一现象在夏秋季节频繁袭击我国各大城市，且存在蔓延之势。此外，受地下管线管理归口及反复开挖维修保养问题影响，"马路拉链"始终成为我国城市建设的顽疾，以上两大问题时刻拨动着城市建设者的敏感神经，据此，我国也加速了城市地下管线工程建设和改进的步伐。

我国于 2015 年出台了《国务院办公厅关于推进城市地下综合管廊建设的指导意见》，旨在到 2020 年建成一批具有国际先进水平的地下综合管廊，明显改善"马路拉链"问题，提升管线安全水平和防灾抗灾能力，逐步消除主要街道蜘蛛网式架空线，改善城市地面景观。此外，自 2015 年起，住建部发布《城市综合管廊工程技术规范》，详细规定了城市地下管线敷设及安装技术要求及标准，为我国综合管廊工程建设提供了技术支持。此后，全国 36 个大中城市陆续启动地下综合管廊试点工程，为后续城市地下综合管廊建设提供重要参照（钱七虎，2017）。

截至 2022 年底，我国累计建设城市地下综合管廊总里程达到 3.6 万 km，并仍保持高速发展。如位于北京市通州区的运河商务区地下综合空间管廊总长度约 13.5km，是北京市最大的地下综合管廊系统。该管廊包含了电力、通信、给水、再生水、供冷/热、燃气、地源热泵等七种管线，是北京运河商务区所有地下管廊中综合性最强的一条；成都在建的高新区综合管廊项目全长 15km，总投资约 40 亿元，包括干线管廊和支线管廊两部分。其中，干线管廊全长 7.5km，建成后将成为我国规模最大的地下综合管廊。

此外，在我国地下综合管廊建设过程中，存在的一些问题也逐步显现，如：①管廊相关标准及规范（如管网系统规划、廊内布置形式、管材管径等）有待进一步细化；②管廊规划与市政管线规划深入衔接问题；③多种管道入廊的相容性问题；④特殊管道高程与管廊高程协调问题等。随着我国地下综合管廊建设技术不断发展，以上问题有望逐步得以解决。

4. 地下人防工程

新中国早期的人防工程建设缺乏整体规划与设计，采取"边计划、边设计、边建设"的群众路线，导致整体布局与城市发展相脱节，造成了诸多地下空间的浪费。此后，开始全面贯彻"平战结合"方针，通过城市建设发展与人防工程协调发展的思路，但对当时城市地下空间开发利用尚缺乏系统认识，对于"平战结合"的地下协调规划与设计仍存在严重问题。进入 21 世纪后，随着城市地下空间开发需求日益增加，对于地下空间统筹规划、协调发展的思路逐渐深入人心，逐渐将城市交通枢纽、重要基础设施与地下停车场、地下商场等立体化设计相结合，并开展专项的抗武器毁伤、战争避难生存概率评估分析，从真正意义上开始体现出人防工程二元化作用（林枫和杨林德，2017）。如：2002年启用面积约 2.2 万 m^2 的上海火车站南广场地下人防工程，平时可停车 561 辆，有效缓解了火车站地区的停车难问题。截至 2022 年底，全国平战结合开发利用的人防工程面积已经超过 4.7 亿 m^2，为城市提供商业、仓储、停车位等公共服务，也为社区提供文化、教育、医疗等公共空间，促进城市经济发展和民生改善。同时，人防工程建设和运营还可以带动就业，为社会创造一定经济效益。

此外，近年来人防工程有向民防工程建设发展趋势，即由单纯防止"战争灾害"转向防止"人为灾害（含战争灾害）"和"自然灾害"的两防机制，其防灾广度及深度进一步加强，进一步扩大了人防工程的应急避难、机动疏散等核心功能。同时，随着我国城市地下空间综合利用力度增加，以大型地下综合体为主导的多元化融合规划成为新的命题方向，即将人防功能融入多元化地下综合体中，实现城市地下空间开发具有较强的人防功能，确保战时发挥避难、救援、机动疏散等多元功能。

总而言之，我国地下人防工程在起步上比较晚，利用形态比较单一，地下设施类型较少。与国外相比，无论是在技术规模还是社会、环境效益上都需要进一步加强（陈霞，2014）。

1.2　"大城市病"与地下空间利用

1.2.1　中国"大城市病"类型

由于我国城市化发展迅速和人口分布不均衡的情况，诸多"大城市病"快速涌现，使得大城市难堪重负，引起诸多附带性社会问题，对我国大城市的健康、可持续发展提出严峻考验，具体表现如下。

1. 土地资源紧张

我国城市化进程的加快，给社会带来巨大经济收益的同时，城市占用的土地面积迅速增长并向周边郊区不断扩张。自 20 世纪 90 年代起，我国大中城市建设用地保持年增长率近 4%的扩张速度，城市扩展占用耕地的比例大，平均达 70%左右，在西部地区甚至高达 80%，严重挤压优质耕地资源。如北京城区面积 2000 年至 2009 年增加了 4 倍；深圳建成区面积自 2000 年起 10 年之内增幅达到 5 倍之多。土地资源的紧张导致土地供需矛盾频现，最为显著的表现为房价持续飙升。如北京主城区平均房价自 2005 年 1 月至 2017 年 3 月，新房指数上涨了 729.04%；上海市平均房价自 2005 年均价 0.8 万元/m^2 涨至 2016 年 3.5 万元/m^2，涨幅达到 337.5%。土地资源紧张严重挤压城市发展空间，影响城市对优秀人才的吸引力，使城市创新创造活力僵化，导致大城市竞争力降低。

2. 人口稠密

随着大量人口涌入城市，造成大城市人口聚集程度急速增加。截至 2022 年末，北京常住人口 2184.3 万人，其中，城镇人口 1912.8 万人，占常住人口的比重为 87.6%；2023 年上海市常住人口为 2489 万人。对于分布密度，据统计，2023 年上海市人口密度约为 3904 人/km^2（杨佩娣，2015）。全市常住人口中，外省市来沪常住人口为 1047 万人，占比 42.1%，与 2010 年第六次全国人口普查相比，年平均增长率为 1.6%。人口的过度聚集造成对公共资源的需求量极度渴求，一方面明显限制了城市内在功能的调节，严重制约城市资源配置优势发挥；另一方面，人口的大量积聚反向引起包括土地资源、人居环境、公共服务等问题的加剧。

3. 交通堵塞及潮汐交通

随着大城市汽车保有量大幅增加，导致大城市城区车流量急剧增高，引起严重的交通堵塞状况。同时，因城市整体空间布局的不合理性，引起城市居民工作与居住的长距离分离，出现典型的潮汐早晚高峰状况，进一步加剧城市交通承载困难。截至 2023 年 5 月，北京汽车保有量超过 600 万辆，包括深圳、重庆、上海、苏州、天津、西安、郑州等 33 个城市汽车保有量超过 200 万辆。城市现有道路交通路网极易出现交通拥堵状况，大多数特大型、大型城市高峰拥堵延时指数均在 2 以上，大城市交通拥堵极为显著。

我国大城市存在资源规划不合理的客观现实加剧了"潮汐交通"问题日益突出。据新华网发布，北京东、西城区集中了全市 71%的就业岗位，而二、三环之间岗位密度达到 23000 个/km²，客观造成早、晚高峰的拥堵状况。而同样问题在国内其他特大、大型城市极为普遍。此外，对应交通堵塞现象随之带来诸如停车难等新的城市交通问题。

4. 人居环境与公共服务恶化

为了容纳大量涌入的城市人口，缓解由此带来的城市交通压力，大部分城市空间被建筑物、城市道路所占用，造成城市空间的拥挤不堪，而用于园林绿化的绿地、公园等开敞空间因此日益减少，城市处于绿化的"饥荒"状态。此外，未得到根本改善的公共服务状况也成为制约大城市健康发展的严重问题。如因教育、医疗、交通资源的短缺，产生了诸如"学区房""养老房""地铁房"等中国特色新名词，从根本上反映出城市居民公共服务状况仍存在较大的问题。因此，提升城市居民"幸福感"指数，在城市经济发展的同时改善社会保障、生活环境，成为城市发展重中之重。

5. "热岛效应"显著

城市热岛效应是指由于城市化进程引起的城市地表及大气温度高于周边非城市环境的一种现象，而使城市热岛形成和加强的效应。据统计发现，上海出现热岛的天数频率为 86%，年平均热岛强度为 1.17℃，处于中强度热岛效应（王娟，2016）；有研究者基于武汉城市地表温度卫星图像，分析了自 1988 年至 2013 年武汉市城市热岛现象的发展历程，发现整体城市的热岛面积整体趋于扩大，均布性更强。

因此，城市热岛效应的产生是快速发展的城市化进程引起的，如：随着城市化进程发展，城市下垫面逐渐由混凝土、沥青路占据，而绿地、水体面积日益减少，引起其吸收太阳辐射热量的能力更强、人为热排放的急速增加。此外，随着居民生活质量提升，大功率电器、汽车尾气等使得城市成为巨大的发热体，共同造就"热岛效应"趋于显著。

6. 城市内涝严重

我国内陆城市近年来频繁出现的"看海"也成为城市建设中亟待解决的技术难题，其主要源于城市化扩张导致原有湿地与水网受到破坏，硬化道路与建设用地的增加导致雨水下渗受阻，以及城市排水与防洪设施缺乏系统性规划与科学管理。如 2012 年北京"7·21"暴雨引发城市严重内涝，本次内涝造成 190 万人受灾，多处交通完全瘫痪，高达近百亿经济损失（樊良和孟吉祥，2014）；2016 年武汉"7·6"强暴雨出现的城市内涝，武汉火车站、城市地铁多处被淹，全城交通完全瘫痪；2017 年 7 月份，南京、长沙等城市也出现严重内涝情况，城市多处地标性建筑受到严重的安全威胁；2023 年 8 月受台风"杜苏芮"影响，北京及华北平原等城市遭遇了巨大的生命财产损失。近几年，针对城市内涝问题，我国内陆城市采取发展诸如海绵城市、地下综合管廊等新型城市建设设施，有望逐步有效改善该问题的持续恶化。

1.2.2 解决"大城市病"的有效途径探讨

针对以上"大城市病"主要"症状"，如何"对症下药"成为关键出路。从"大城市病"产生的原因分析，其核心在于大城市功能聚集过度，"病根"是聚集与扩散关系的失衡。因此，如何有效实现人口、产业、资源疏解成为城市管理中重要的一环。从疏解角度出发，寻求更多的城市空间并进行必要的资源优化配置是其核心要务。但仅仅采用"摊大饼"式的外延式扩张，实际上属于被动式空间延展，反而导致中心城区的资源进一步集中，并将加剧"大城市病"的发生。近年来，我国大城市也在探索新的城市发展模式，如：通州作为北京副中心城市的发展定位，将有效缓解北京市行政中心压力。国内其他地方发展的新区、卫星城也起到类似作用。2017 年 4 月，中共中央提出建立雄安新区，其核心目的在于疏解北京非首都功能，也是我国大城市发展的全新模式（逯业娜，2019）。

此外，"向深部进军"也是有效缓解"大城市病"的重要手段。地下空间的有效开发利用将承担地表空间诸多功能，极大地解放了地表空间的资源配置，是缓解中心城区"大城市病"的重要手段，将成为人口稠密型国家未来城市发展的必然选择。事实上，我国各特大、大型城市也正在探索开展地下空间利用。可以预见，21世纪将会成为地下空间开发利用的新时代。

地下空间的发展是一个复杂的过程，由不同的利益相关者在相互协调下共同决策。由于关注的要素不同，不同利益相关者对适宜性的测度方式也存在差异，因此，从不同利益相关者的角度进行研究是理解地下空间开发过程的关键。对于政府来说，地下空间的开发带来的空间资源可以有效帮助城市缓解交通拥堵、空间资源紧缺等问题。开发商则更加在乎地下空间蕴藏的商业价值，高收益是开发商的主要动力源泉。而对于用户群体来说，地下空间带来的舒适度则是最重要的，地下空间带来的交通便利性、消费便利性等都是用户所关心的。地下空间的地质因素也是施工方、工程学者等着重注意的影响要素。为了协调不同利益相关者的需求，综合各方需求对地下空间进行合理的规划是必要的。

当前城市地下空间的合理开发利用得到了越来越多的重视，这是实现可持续发展的必然结果，因为地下空间的合理开发利用不仅可以帮助我们缓解因城市化带来的交通拥堵、人口密集、空间资源紧张、空气污染等问题，也能帮助我们解决城市发展的不均衡。

最初的地下空间开发适宜性评价以地质学为主，主要针对区域地质状况进行分析，如地质状况对区域地下空间开发施工难度、开挖成本，以及安全性的影响。伴随着工程技术手段的进步、科学技术的发展，对于地下空间评价的重点慢慢转移到了地下空间开发的合理性、可持续性，以及带来的便利性等。

因此，城市地下空间的开发是一个综合性的研究，需要考虑到地质学、经济学、城市地理学等多门学科，众多学科相互作用共同构成了完整的城市地下空间评价体系，城市地下空间的评价方法也从最初的主观评价法到后来的客观评价法，以及目前存在的主客观相结合的评价方法。未来的地下空间评价体系必将随着多学科的交叉融合逐渐完备，其方法的运用也将更为科学，通过多学科的交叉及多种方法的联合应用能够帮助不同发展状况、地理条件、工程地质的城市，制定最为适宜的城市地下空间开发方案。

城市地下空间的发展是一个复杂的过程，地下空间受到多源要素的影响，针对地下空间开发存在的种种问题，通过对地下空间开发、利用的各个相关影响因素的分析研究，有助于我们更合理地开发利用城市有限的地下空间资源。通过地下空间的合理规划开发，能够帮助我们缓解并解决很多城市发展过程中的城市病（高业兴，2017），地下空间开发给我们带来的收益主要包括以下几个方面：

（1）通过地下空间的开发可以帮助优化市政设施布局，进而有效缓解交通拥堵这一问题。根据公安部交通管理局发布的数据显示，截至 2023 年 5 月，全国机动车保有量达到 3.8 亿辆，驾驶人达 4.65 亿人，由于汽车的存量导致的交通拥堵以及大气污染等问题，已经导致了十分严重的城市病。通过地下空间的合理开发利用，可以助力调整交通出行的结构，从而帮助扩大城市道路交通的通行能力。

（2）通过地下空间的开发可以帮助改善城市环境。城市化的快速推进导致了城市建筑用地占比的不断增加，伴随着地上空间的一味开发及不断增加的建筑高度和密度，很可能导致城市容积率过高和市政绿化较少等一系列的问题。通过合理有序的地下空间开发能够有效地帮助城市缓解用地压力，将部分功能转移到地下，从而帮助改善城市环境。

（3）通过地下空间的开发帮助发展低碳经济。与城市地面的空间相比，城市地下空间的恒温保温性相当出色。除此之外，通过利用城市地下空间的一些特性，可以安排一些适宜建设在地下空间的产业或工程项目等，例如：食品仓库、粉尘较大产业，以及一些需要恒温、恒湿的工厂等（倪彬和刘新荣，2005），将这些产业建设在地下不仅能降低生产成本还能够帮助推动低碳经济的发展。

1.3 城市地下空间地理信息系统形成与发展

随着城市化进程加速，大量人口聚集对大城市的空间承受能力提出了全新的考验，也带来了大量的"大城市病"问题。最直观且严重的问题就是土地资源短缺，伴随着人口急剧增加，对于城市空间的渴求度日益提升，现代城市正以超高层和"摊大饼"的方式野蛮扩张。这种行为在短期内解决了城市空间不足问题，但却为城市可持续发展埋下了各种隐患。

在此背景下，城市地下空间的开发和利用越来越引起人们的关注，向地下要土地、要空间已成为城市历史发展的必然。实践表明，它是提高土地利用效率与节省土地资源、缓解中心城区高密度、人车立体分流、疏导交通、扩充基础设施容量、增加城市绿地、保持城市历史文化景观、减少环境污染、改善城市生态的最有效途径。

城市地下空间是一个巨大而丰富的空间资源，如得到合理开发，其带来的好处是十分明显的，不仅可以解决城市用地紧张的问题，还可以提高城市生态环境和人民生活水平。因此，建立一个完善的城市地下空间地理信息系统显得尤为重要。

1.3.1　国际地下空间信息化的发展

在国际上，地下空间信息化的形成和发展源于多个领域的技术发展和创新。多数城市地下空间信息化的发展经历了以下几个阶段：

1）探索发展期（20 世纪 80 年代至 21 世纪初）

在这个阶段，随着人类经济社会及科学技术的快速发展，人们对自身资源、环境、安全的意识越来越强烈，作为城市重要的基础设施，地下空间在城市现代化进程中逐渐发挥着关键而不可替代的作用，地下空间的建设、使用、管理和维护越来越受到包括政府到社会公众各层面的广泛关注。

欧美等发达国家已经开始重视地下空间的利用，着手地下空间信息化技术的研究和应用。随着计算机技术、通信技术、遥感技术等信息技术的快速发展，国际地下空间信息化技术也得到了长足的发展。同时，发达国家地下空间数据采集与信息系统建设的手段随着地理信息系统建设及相应的软件硬件技术进步得到了快速改善，特别是随着 ESRI 和 INTERGRAPH（鹰图）等著名的国际 GIS 软件公司纷纷推出具备先进功能的地下信息管理功能模块。有关部门利用上述手段先后采集了地下空间数据，并采用了先进的地理信息技术和数据库技术，建立了完善的城市地下空间地理信息系统，将地下空间信息纳入动态管理，实现了对地下管线、地下交通、地下商城等各类地下设施的数字化管理和服务（耿东哲，2019）。

在这个时期，许多国家和地区都建立了自己的城市地下空间地理信息系统。加拿大的蒙特利尔市建立了完善的城市地下管线数据库和地下设施信息系统，整合了地下管线、地铁、地下商业设施等多类地下空间信息。这些系统不仅可以实现地下设施的数字化管理和服务，还为城市规划和管理提供了有力的支持。此外，其他的一些国家与地区也在不断将 GIS 技术运用于地下工程中，如：美国纽约历时三年投入巨资打造地下地图工程，用户利用该信息系统可以方便地查询和调用地下管网信息；法国巴黎在老城区的改造过程中面对复杂的地下管网，建立了城市地下管网信息系统，既方便用户使用，也方便了相关部门管理和维护城市地下管线设施；澳大利亚和美国一些地方基于 GIS 技术也建立了地下水监测和管理系统（程明进等，2009）。

2）发展提升期（21 世纪初至 21 世纪 20 年代）

随着科学技术的不断进步和创新，国际城市地下空间信息化的发展进入了一个全新的阶段。在这个阶段，地下空间地理信息系统的功能不断完善和扩展，除了基本的查询、统计、分析等功能外，还增加了三维可视化、虚拟现实等技术，提高了地下空间信息的使用体验和管理效率，实现了信息的实时更新和共享。此外，一些国家还将地下空间地理信息系统与城市规划、应急管理等系统进行了集成，为城市管理和应急救援提供了强有力的支持，实现了地上地下一体化、可视化管理。在这个阶段中，有两个典型的城市地下空间地理信息系统的实际应用案例，分别来自新加坡和东京，为国际城市地下空间的发展提供了很好的参考。

新加坡是一个土地资源极其有限的国家，因此，新加坡政府非常重视地下空间的开发和利用。为了实现对地下空间的有效管理和利用，新加坡政府建立了一个完善的地下空间地理信息系统。该系统采用了先进的地理信息技术和数据库技术，实现了对新加坡所有地下设施的数字化管理和服务。包括地下管线、地下交通、地下商城等各类地下设施，都可以在该系统中进行查询和管理。此外，该系统还与新加坡的城市规划系统进行了集成，采用了三维可视化技术，可以对地下空间进行真实再现和交互操作。这种技术可以让用户更加直观地了解地下空间的布局、结构和设施情况，提高了管理效率和使用体验，为城市规划人员提供重要的支持和参考。

东京是日本的首都和最大的城市，也是一个土地资源极其有限的城市。为了实现对地下空间的有效管理和利用，东京政府也建立了一个完善的地下空间地理信息系统，实现了对东京所有地下设施的数字化管理和服务。此外，由于日本坐落于两块大陆的活动板块之间，且四面环海，日本经常会受到地震和海啸灾害的影响。因此，东京政府不断完善地下空间地理信息系统，并且将该系统与东京的应急管理系统进行了集成，通过该系统，应急管理人员可以了解地下设施的位置、规模、使用情况等信息，从而更好地进行应急管理和救援，为应急管理提供重要的支持和参考。

3）智能化发展期（21 世纪 20 年代至今）

随着人工智能、大数据等新一代信息技术的不断发展，国际城市地下空间信息化的发展将进入智能化发展期。在这个阶段,地下空间地理信息系统将具备更加智能化的功能和应用场景,如自动巡检、智能监测、预警预测等。

此外,地下空间地理信息系统还将与物联网、云计算等技术相结合,实现数据的实时传输和处理,同时涵盖了地下综合管廊、地下交通系统、地下数据中心和地下储能设施等多个领域,为城市规划和建设提供更加准确、全面和高效的支持,展现了现代科技在城市规划和建设中的广泛应用。例如:德国作为地下综合管廊工程建设方面的领军者之一。在汉堡市建成的一条长达 4.5km 的地下综合管廊已经建成并投入使用,该管廊内铺设了供水、排水、燃气、电力、通信等多种管线,并采用先进的传感器和监控系统对管廊内的环境参数进行实时监测和控制,确保管线的安全和稳定运行;英国伦敦中心区建设了地下高速公路,并将地下停车场全部建于公路两侧,通过机械输送方式实现快速泊车,提升了停车效率。此外,随着智能化水平的提升,智能化停车交通系统(ITS)、电子停车收费系统(ETC)、地下停车区位引导系统(DGS)等也在国外停车领域得到较为广泛应用,为地下停车系统高效发展提供了新的思路。

总之,随着城市化进程的加速和信息技术的快速发展,城市地下空间信息的获取、整合和利用变得越来越重要。国际上地下空间信息化的形成和发展源于多个领域的技术发展和创新,正随着科学技术的进步和城市化的加速而不断推进。

1.3.2　国内地下空间信息化的发展

我国地下空间信息化的形成和发展伴随着人类经济社会及科学技术进步快速发展,地下空间作为城市重要的基础设施,在城市现代化进程中逐渐发挥着关键而不可替代的作用。我国地下空间信息化的发展,正随着城市化的进程,逐渐走入一条快速发展的快车道。

20 世纪 90 年代初,我国开始重视城市地下空间信息化工作,一些大城市开始进行地下空间信息化建设的探索和实践。这一时期的重点是建立地下管线信息系统,以提高城市地下管线的管理和维护水平。1998 年,原建设部颁布了《城市地下管线探测及建立信息管理系统技术规程》,推动了城市地下管线信息化工作。同时,在国家"十五""十一五"科技支撑计划和"863"计划中,也大力支持城市地下空间信息化方面的研究。

进入 21 世纪,我国地下空间信息化建设进入了快速发展阶段,我国城市地下空间地理信息系统建设逐渐加速。这一时期，地下空间地理信息系统的建设逐渐从单一的管线信息系统向综合的地下空间地理信息系统转变。如：2004年，北京市建立了城市管线管理信息系统，整合了全市地下管线数据，实现了管线数据的动态更新和共享。该系统为北京市的城市规划和管理工作提供了重要的决策支持，也为其他城市的地下空间规划和管理提供了借鉴和经验。同时，一些大城市也开始建立地下商城、地下停车场等地下设施的信息系统。例如：上海地下商城是上海市政府于 2000 年开始规划并建设的集购物、餐饮、娱乐等多功能于一体的综合性商业设施。该设施位于上海市中心地带，占地面积超过 10 万 m^2，拥有数十家品牌店、餐饮店和娱乐场所。地下商城的建设不仅缓解了上海市的交通压力，还带动了周边地区商业发展。同时，地下商城还充分利用了城市的地下空间资源，提高了城市的土地利用效率；广州地下停车场是广州市政府于 2005 年开始规划并建设的城市地下停车场之一。该停车场位于广州市中心地带，可容纳数百辆车，是广州市政府为解决城市交通问题而建设的重要设施之一。地下停车场的建设不仅缓解了广州市的交通压力，还提高了城市的土地利用效率。同时，地下停车场的建设还带动了周边地区的商业发展，吸引了大量的人流和资金流。

　　2006 年，住房和城乡建设部启动了"城市地下管线基础信息普查与整合试点"工作，旨在全面推进城市地下空间资源的调查、整合和利用。在此背景下，各地纷纷建立了自己的城市地下空间地理信息系统。如武汉市为了加强地下管线的管理，建立了城市地下管线综合管理信息系统，该系统包括地下管线的规划、设计、施工、运营和维护等环节的数据采集和处理，为政府决策和城市规划提供了重要的地理信息支持，该系统的建立提高了地下管线管理的科学性和精细化水平，避免了因管线施工导致的安全事故，提高了城市管理的效率和水平；上海市在城市地下空间资源的调查、整合和利用方面也取得了重要进展：上海市建立了城市地下空间信息集成系统，该系统包括地下管线、地下交通、地下商业等多个领域的数据集成和应用，为城市规划和建设提供了全面的地理信息支持，通过该系统的建设，上海市能够更好地管理和利用地下空间资源，提高了城市规划和建设的科学性和精细化水平。同时，该系统也为上海市的文化、教育、医疗等多个领域提供了全面的地理信息服务。

　　近 20 年来，国内城市地下空间信息化工作，已经在城市规划、建设管理，以及生态环境治理等方面发挥了重要作用，主要表现在以下四个方面：

　　（1）地下空间成果管理手段更新。地下空间信息由"图纸化"进入了"数字化"时代,提高了工作效率和管理水平。原来对城市地下空间现状不清,资料不全、不准确、不现势,档案以纸介质存储,人工管理方式为主。通过地下空间（管线）普查及数据采集及系统建设,逐步查清了地下空间现状,实现了数字化与信息化管理,促进了地下空间管理的科学化和规范化。

（2）产生了显著经济效益、社会效益和环境效益。因为建立了地下空间的准确数据库与信息系统,并且及时为城市建设与施工提供信息服务,避免和减少了大量地下空间事故,同时对改善城市面貌和投资环境产生积极影响,为构建数字城市创造了条件,在消除管线信息"孤岛"的道路上迈出了新步伐,进一步提升了城市人居水平,为实时实施地下空间地理信息系统动态更新,实现信息资源共享奠定了良好的基础。

（3）搭建了地下空间安全预警决策平台。城市地下空间基础设施与生产生活、政府行政直接相关,按照科学发展观和构建社会主义和谐社会、资源节约型社会、环境友好型社会的要求,城市地下空间信息化工作,将及时依据准确的地下空间相关信息,制定应急抢险方案,为满足防灾和应对突发性重大事故的需要等提供条件,如:南京等多个城市在道路上布设了地下管线路由标识,进一步保证了城市地下管线安全,这些工作对保证我国城市地下管线安全运行具有重要意义,在近年来国内多个城市地下空间管理工作中充分得到印证。

（4）带动了城市地下空间相关信息技术的应用与发展。随着地下空间信息化建设的推进,地下空间设施的运行监管日益受到关注,如:管道泄漏探测、腐蚀检测与评价等地下管线安全与健康状况检测技术的应用日益活跃,为地下空间维护决策提供了有益信息,为保证地下管线等设施运行安全、促进地下管线变被动为主动管理发挥了重要作用。

目前,中国地下空间信息化建设还存在一些问题,如数据标准不统一、信息共享难度大、技术人才缺乏等。未来,随着技术的不断进步和应用场景的不断扩展,中国地下空间信息化建设将继续向更高的水平发展,为城市现代化进程提供更加坚实的技术支撑。随着数字化、信息化、网络化等技术的发展,中国城市地下空间资源的开发、利用和管理逐渐进入"超深、超敏感"阶段,并构建"一体化、生态化"的地下城市。

综合来看,城市化的快速进程使城市的建设向下扩张,然后地下空间普查工作催生了城市地下空间地理信息系统建设,GIS技术的不断发展也为城市地下空间地理信息系统奠定了专业基础,同时行业应用和需求的拓展促进了城市地下空间地理信息系统的演进。

　　地下空间信息化是充分利用信息技术，采集、管理、更新、维护地下空间数据，开发利用地下空间信息资源，促进地下空间地理信息交流与资源共享，并推动地下空间信息在城市运行中发挥重要作用的过程。地下空间信息化是推动城市现代化建设与管理的重要地理信息技术。城市地下空间信息化的形成和发展是一个综合性的过程，涉及到多个领域和技术的交叉应用，专业化、模型化城市地下空间地理信息系统对跨学科知识要求更高，它随着科学技术的进步和城市化的加速而不断推进。

　　城市地下空间地理信息系统不仅是数字城市的重要组成部分，也是智慧城市拓展的重要方向。随着人们对地下空间利用的不断深入，智慧城市、大数据、数字孪生、人工智能等新技术不断发展，城市地下空间地理信息系统也将迎来新的发展机遇和挑战。一方面，新技术将为城市地下空间地理信息系统提供更强大、更智能的技术支持；另一方面，城市地下空间地理信息系统也将面临数据安全、隐私保护等新的问题和挑战。因此，未来城市地下空间地理信息系统的发展需要充分考虑新技术的发展趋势和应用场景，同时注重数据安全和隐私保护等问题。

　　总之，城市地下空间地理信息系统的形成和发展是城市化进程的必然结果。未来随着信息技术的不断发展，城市地下空间地理信息系统也将不断完善和发展，为城市规划、建设和管理提供重要的支持和参考，为市民提供便捷的地下设施服务。

1.4　课后习题

1. 城市地下空间开发的意义有哪些？

2. 我国城市地下空间发展面临着哪些问题？

3. 城市地下空间发展能解决城市化过程中的哪些问题？请举例说明。

4. 城市地下空间发展会带来哪些收益？

5. 城市地下空间信息化工作发挥了哪些重要作用？

参 考 文 献

陈飞. 2019. 我国临海工业用地布局与规划策略研究. 大连: 大连理工大学.

陈伟清. 2000. 城市地下管网探测方法及应用. 地矿测绘, (2): 33-34.

陈霞. 2014. 我国城市人防工程的开发策略研究. 北京: 北京交通大学.

程明进, 钱建固, 吕玺琳, 等. 2009. 城市地下空间信息标准化. 地下空间与工程学报, 5(S2): 1427-1430, 1524.

丁世顺. 2017. 基于动态客流需求的市域轨道交通列车运行图优化模型研究. 北京: 北京交通大学.

樊良, 孟吉祥. 2014. 城市内涝的形成与预防. 河南科技, (1): 169.

高业兴. 2017. 关于城市地下空间开发利用问题的探索及实践. 低碳世界, (8): 166-167.

耿东哲. 2019. 地下空间数据资源管理系统关键技术研究. 中国石油大学(华东).

国务院发展研究中心“国际经济格局变化和中国战略选择”课题组, 何建武, 朱博恩. 2019. 2035 年全球经济增长格局展望. 中国发展观察, (Z1): 37-44, 60.

韩晓, 韩广富. 2023. 全方位夯实粮食安全根基: 评价、困境及任务. 河南工业大学学报(社会科学版), 39(4): 68-75.

李文燕, 薛锋. 2018. 城市轨道交通新媒体应用现状及展望. 新媒体研究, 4 (23): 35-37.

李学军. 2009. 我国城市地下管线信息化发展与展望. 城市勘测, (1): 5-10.

林枫, 杨林德. 2005. 新世纪初的城市人防工程建设(一)——历史、现状与展望. 地下空间与工程学报, (2): 161-166, 170.

刘长隆, 马衍东, 逄震, 等. 2018. 浅谈城市地下综合管廊运维管理. 城市勘测, (S1): 176-179.

逯业娜. 2019. 京津冀区域物流与制造业协同分析及发展对策. 天津: 天津理工大学.

倪彬, 刘新荣. 2005. 我国城市地下空间立法体系构想. 地下空间与工程学报, (1): 19-24.

钱七虎. 2017. 建设城市地下综合管廊,转变城市发展方式. 隧道建设, 37 (6): 647-654.

孙鸽, 王薇, 王颖蛟, 等. 2016. 西安市轨道交通地下空间开发利用研究. 价值工程, 35 (23): 104-106.

王娟. 2016. 基于城镇影像的 Contourlet 域图像融合算法研究. 成都: 成都理工大学.

吴旭阳. 2016. 城市倒影——解密当代地下交通枢纽. 知识就是力量, (4): 26-29.

谢军, 姜早龙, 张杰, 等. 2022. 基于 CiteSpace 的城市地下空间可持续开发分析. 施工技术(中英文), 51 (13): 52-61.

解国君. 2014. 成都市域快铁站点片区地下空间规划研究. 西安: 西南交通大学.

闫钰丰. 2019. 地裂缝环境下城市地下综合管廊结构性状研究. 西安: 长安大学.

杨佩娣. 2015. 上海环境空气质量变化研究. 上海农业学报, 31(4): 157-160.

杨喜富. 2016. 热力管网地理信息系统的建设. 区域供热, (3): 108-111.

赵锴, 姜杰, 王秀荣. 2017. 城市地下空间探测关键技术及发展趋势. 中国煤炭地质, 29 (9): 61-66, 73.

第 2 章　城市地下空间地理信息系统主要学科基础

城市地下空间地理信息系统是一种利用地理信息系统技术，对城市地下空间的规划、建设、管理和应用进行综合分析和支持的地理信息系统。城市地下空间地理信息系统的科学基础众多，目前主要是城市地理学、城市规划学、城市地质学、城市地理信息系统学、城市安全学、城市信息学等学科。

2.1　城市地理学

城市地理学是研究城市形成与发展、组合分布和空间结构变化规律的学科，是城市学科群的重要组成部分。城市是具有一定人口规模，并以非农业人口为主的居民集聚地，是聚落的一种特殊形态。20 世纪初，仅有 14%的人口生活在城市中，而到 2015 年，全球 70 亿人口中有超过 36 亿人生活在城市中。城市不仅吸引着人们日益向都市区域聚集，也推动着人们转向郊区。城市地理学的研究核心是从区域和城市两种地域系统中考察城市空间组织，即区域的城市空间组织和城市内部的空间组织。

2.1.1　早期城市起源

从历史的角度看，城市在以下方面与其他定居点区别开来：更大的人口规模、不直接参与农业生产的城市职业，以及作为政治、经济和社会权力中心的地位。精英人士居住在城市，城市也被贴上高密度的标签，密集的一群人作为一个社会单位共同发挥作用，这将城市与周边地区区别开来。城市是一种相对较新的现象，最早的城市也只能追溯到约 6000 年前，而且直到 300 年前，城市才在世界范围内变得普遍。

早期城市的发展跨越了广阔的时间和空间。以前的学者一度认为，城市自美索不达米亚起源，然后扩散至地球上其他地方，但现在，大多数学者都认为城市实际是在几种不同文化和地方独立发展的。由于农业是支撑城市的一个关键必要条件，城市定居点只有在那些农业经济处于首位的地方才会出现。城市化的星星之火就从这些地方扩散燎原。之后，城市从早期的几个中心地区向许多地区扩展：从美索不达米亚、埃及，贯穿地中海东部，再到北非和欧洲南部的海岸；从印度河流域到中亚；从黄河流域到华北；以及整个中美洲。考古探险队不断扩大对早期城市的数量和规模的认知。研究人员还发现，已有文明之间的联系点往往是沿贸易路线发展的定居点。也有很多的证据表明，一些文明，如古埃及文明和现位于美国西南部的阿纳萨奇人的文明，曾建立过一些临时性的城市，这些城市存在了一段时间后被舍弃。

2.1.2　西方城市地理学发展

西方城市地理研究根据研究重点不同可以分为四个阶段。

1. 地理环境决定论（1920 年前）

城市地理学在地理科学体系中是一门年轻的学科，其学科历史至今不过半个多世纪。在此之前，城市地理学属于聚落地理学（或称居民点地理学）中的一个组成部分。19 世纪前后，工业革命的浪潮席卷西方资本主义国家。大机器生产为城市发展提供了强大的动力，城市开始以空前的速度向外扩张，城市人口在总人口中的比重出现了飞跃增长。到 20 世纪初，西方资本主义国家相继完成了工业革命，出现了许多世界瞩目的特大城市。与此同时，欠发达地区也出现了一批繁华的港口城市，尽管这些城市中的多数带有严重的殖民主义色彩。这一期间，地理学家从人地关系的角度研究聚落。城市研究没有独立的理论和方法，深受地理环境决定论的影响，尤其强调地理位置决定城市的命运。研究城市的内部时，往往描述建筑的形式、当地的自然条件、建筑与街道的组合形式、屋顶的式样以及材料的种类等。

2. 理论初步形成（1920～1950 年）

工业革命使世界的经济结构发生了变化。经济活动的重心转向城市，农村逐渐成了配角。城市的物质条件和生活方式对农村人口产生了强大的吸引力。在人们的精神世界中城市被罩上了绚丽的光环。世界开始进入城市主导人类生活的时代。这些变化，引起了人们观察城市、研究城市的兴趣。随之，关于城市的各种理论和学说也陆续问世。城市是发生于地表的普遍宏观现象，有一定的空间组织，有很强的区域性和综合性。因而，研究城市的第一批理论，不管作者是否是地理学家，几乎都属于地理学范畴。

1950 年以前的城市地理学研究有两大特点：①把物质环境的约束条件看成城市命运的决定因素；②对城市做形态上的研究，忽视成因的动态分析。此时，虽已初步奠定了城市地理学的研究重点，出现了一些理论，但城市地理学尚未完全成为独立的分支学科。城市地理研究系统的、大规模的开展是在战后，尤其是 1950 年以后才开展的工作。

3. 空间学派兴起（1950～1970 年）

第二次世界大战期间，欧洲许多城市被毁，世界上许多城市因战争而衰微破败。战后，人口纷纷返城，经济亟待恢复，尤其是欧洲、日本、东南亚一带。人们在废墟上重建城市，在不断增长的人口压力下扩展城市，急需了解城市的构成和布局，需要对城市进行系统的研究和规划，从而大大刺激城市地理学的发展。第二次世界大战后，地理学经历了"数量革命"，1958～1962 年达到高峰。传统的克里斯塔勒的中心地理论在 20 世纪 30 年代并没有引起广泛注意，他的著作也没有明确引用城市系统的概念。到 20 世纪 60 年代克里斯塔勒的著作被翻译成英文，中心地理论的影响迅速扩大，许多地理学者及经济学者、社会学者都投入了城市系统的研究。

20 世纪 50 年代空间学派兴起以后，城市地理学的框架建立了起来，其研究对象可分为两大部分：①宏观城市空间，即城市之间构成的空间，集中在城市体系研究上，主要内容包括空间的形成（城市化、城市规模分析、空间格局、职能结构和网络形式）；②微观城市空间，即城市的内部空间，集中在城市土地利用模式上，主要内容包括城市用地分异过程、各功能要素的区位分析和土地利用模式。

4. 人文学派、行为学派和激进学派（1970 年以来）

进入 20 世纪 60 年代和 70 年代以后，美国和西欧社会面临着日益严重的社会问题。与此同时，就业、住房、交通、环境卫生、治安等城市问题也日趋严重。这些激烈的社会冲突刺激了不同学科的学者从不同的角度进行研究，寻找新的解释。城市地理学也受其影响不断开拓新的研究领域，探索新的理论。在这一时期，对城市地理学的发展影响较大的主要是社会科学研究。英国一批年轻的社会学家致力于研究地方政府在城市发展中的作用，特别是在城市空间资源分配中的作用。他们认为城市资源的分配不仅应考虑经济因素，而且应考虑空间公平。他们认为技术进步、人类特征变化会对城市发展产生重要影响。美国城市社会地理学家段义孚等从研究社区与人的关系出发，运用行为科学和现象学，开展了个人性格如何影响到家庭和房屋的装饰的分析，并伸展到群体的性格如何反映到所谓"文化景观"的分析，他们特别强调"地方"（place）这一概念不仅是一个几何空间，而且还包括了人地之间的关系。在城市地理学的发展中，段义孚等的研究对剖析城市内居民与其邻里区域所产生的亲切感、疏离感和冷漠感，作出了很大贡献，也扩大了城市地理学研究领域。在实际应用方面，段义孚对内城重建和拆迁过程中，如何破坏，或如何保存这一人地感情方面，提出了不少建设性的意见。

在这些研究的影响和带动下，城市地理学中出现了人文学派、行为学派和激进学派。人文学派和行为学派认为空间学派将人地关系物化，并忽视了人在塑造空间结构方面的作用。行为学派强调，要分析空间形式，首先必须分析个人的决策过程。他们从日常生活的社会心理学出发，特别注意文化价值、非正式团体及城市机构等在人类空间行为中的作用。

激进学派的代表人物是英国地理学家和政治经济学家哈维。以他为首的这派学者认为，数量方法仅从统计人口认识存在的类型，而行为学派只注意个人行为，忽视了社会对人类决策的制约，割裂了主、客观的联系。他们以社会冲突为核心，强调一切应从政治、社会、行政、文化背景加以认识，认为要解决城市的结构，必须了解社会环境和政治权力作用。

20世纪70年代中期，西方社会问题日趋严重，受社会政治科学研究的影响，城市地理学开始进入一个新的多元发展阶段。20世纪80年代以来，全球化、信息化、生态化等全球性趋势更加明显，促使城市体系、城市功能、城市空间和城市社会出现了许多新的特征。在社会公众对现代工业文明、社会秩序不适应，对自然生态文明追求，对传统和地方文化重视背景下受当代西方哲学文化思潮影响，西方城市地理研究领域具有明显的社会理论趋势，兴起新城市主义，产生了所谓的"洛杉矶学派"等新的研究组织。

因此，城市地理研究的哲学基础和方法呈现多元化的态势。城市内部空间、城市社会地理问题一直是研究的热点，当前新领域新方法的研究迅速增加，成为城市地理学研究的热点之一。而城市化、城市职能的研究已经不是研究的重点。

2.1.3　我国城市地理学发展

1. 萌芽阶段（1949 年前）

1949 年前，我国城市地理学发展缓慢，少数地理学者发表过关于城市分布和研究城市的论著，分为两类：

（1）对城市的研究，如王益崖（1935）对无锡，陈尔寿（1943）对重庆，杨纫章（1941）对重庆西郊，王云亭（1941）对昆明等城市地理的研究，以及沈汝生（1937）对中国城市空间布局的总结；

（2）对乡村的研究，如陈述彭和杨利普（1943）对遵义，任美锷（1942）对甘南川北，鲍觉民和张景哲（1944）对云南呈贡，杨利普（1941）等对岷江峡谷，朱炳海（1939）和严钦尚（1939）对西康地区，李旭旦（1941）对白龙江中游地区村落地理的考察等。

总体上看，上述研究对近代中国城乡分布状况、基本特征的描述和解析居多，从属于聚落地理的范畴来看，真正的城市地理研究尚未展开（许学强和姚华松，2009）。

2. 起步阶段（1949 年～20 世纪 70 年代初期）

1949 年后，城市地理研究才慢慢起步。20 世纪 50 年代初，人文地理学研究逐渐开展，1961 年，中国地理学会经济地理专业委员会提出：学习国际经验，建立经济地理的理论体系，引入中心地理论，填补人口居民点地理学等缺口。1949～1965 年期间，《地理学报》刊登有关城市地理的文献仅 6 篇。有限的城市地理研究集中于一些学者翻译、介绍了美苏等国外城市地理研究动向，对中国城市历史、类型、职能、布局、形态和城镇分布等做了初步研究，但整体规模小，影响不大。总体上，这些研究大都从属于历史地理、聚落地理和经济地理的范畴。从研究内容看，整体上较为分散，与城市发展和建设结合较少，研究成果的作用和影响十分有限。

3. 兴盛阶段（20 世纪 70 年代中后期至今）

真正意义上的现代中国城市地理研究兴盛于 20 世纪 70 年代中后期，借力于城市规划工作的复兴。改革开放以后，中国科学院地理所、长春地理所及中山大学、南京大学、北京大学、华东师范大学等很多单位，相继参加了全国各地蓬勃开展的国土规划和城市规划相关工作，在不同层次上研究城市的发展、调控或中小城镇的布局问题，为开展城市地理学的研究提供了广阔天地。1984年随着沿海 14 个城市对外开放，为适应形势发展需要，《中国沿海开放城市》等著作先后出版。20 世纪 80 年代中后期，城市规划相关工作及学术论文日渐增加。在此基础上，1994 年，中国地理学会城市地理专业委员会正式成立，中国城市地理研究进入旺盛时期，研究领域不断拓宽，研究手段和方法不断更新，研究课题的实践意义和应用价值日渐加强，与相邻科学的交叉性日渐增强，研究队伍日益壮大。

2.1.4　城市地理学研究流派

1. 空间分析

空间分析（spatial analysis），也称为空间科学，是第一个主导城市地理学的研究流派，属于实证主义的方法。它在很大程度上依赖新古典经济学的工具和理论，尤其是关于人类行为合理性的假定。城市地理空间分析研究最典型的特点是统计和数学模型的运用，这些模型也被其他学科，如社会学、生物学及自然科学等使用。Taaffe（1974）认为这些技术对地理学有三个方面的革新：①技术革新（统计和数学），基本统计技术被应用于城市数据分析以建立普遍性的关系；②理论革新，通过提出和检验假设，建立了理论模型；③定义革新，地理学被定义为抽象概括的和细致严谨的学科，而不是描述性的。这些思想上的改变导致对早期强调描述性方法的摒弃（大卫 H. 卡普兰等，2021）。

2. 行为城市地理学

行为地理学家认为，大部分早期空间分析中使用的总体分析（研究大群体）过于宽泛而不能解释城市背景下个人和小群体的行为。行为地理学遵循空间分析使用的方法，但又研究个人如何做出空间决策，比如在哪里购房或如何选择最佳上班路线。与很多早期的空间分析相同，行为地理学家质疑了人类行为合理性的假设。他们转而强调个人对地方的态度和期望。具体来说，他们特别强调如何了解城市的不同区域、如何做出地理选择和决定、如何评估风险和不确定性，以及日常空间行为的特点。行为城市地理学和心理学科存在一定的重叠。

3. 马克思主义城市地理学和城市政治经济学

马克思主义城市地理学认为空间分析太专注于区位的几何排列和地表的相关性，因而不能挑战不公正。在研究和面对一些不公正时，马克思主义地理学家强调了解资本主义生产结构及其劳动关系的重要性。这些不公正包括城市贫困、对妇女和少数族裔的歧视、城市社会服务的不公平性以及不发达的第三世界等。马克思主义城市地理学家研究这些现象的内在矛盾，以及这些现象是在哪里及如何与更广的社会经济背景相关联。理解复杂社会问题的结构性根源，为社会转型提供了可能。现在这个流派通常被称为城市政治经济学（urban political economy），它主要关注广义的政治和社会关系的经济结构之间的变化关系。城市体系和城市内部的结构可以理解为反映并构建城市的政治经济。实质上，城市政治经济学对经济全球化的兴起，以及新自由主义政治意识形态影响下的政府与城市经济之间不断变化的关系关注甚多。许多致力于政治经济学传统的城市地理学家并不强烈支持结构主义视角，而是呼应一些后结构主义研究流派的观点。

4. 城市地理学中的社会批判理论

20 世纪 70 年代末和 80 年代，各种社会批判理论（critical social theory）发展和整合进入人文地理学和城市地理学。社会理论家不接受空间联系（距离、扩散速率、干扰机会）决定通勤和迁移等社会活动的观点，相反，他们认为是社会关系解释了在地图上显示的地理空间分布或模式。只有揭示和理解了人的能动性（human agency）或者社会环境与权力之间的关系，我们才能理解空间属性。所有的人类现实是社会建构（socially constructed）的产物，即被人类创造。

5. 后现代城市地理学

后现代主义通常与 20 世纪 70 年代开始的艺术和建筑潮流相联系。之前，极端现代主义是基于非常简单朴素的形式，它反映和促进建筑的功能，而不是呼吁只关注外形。后现代主义在设计上较为叛逆，并沉迷于在组合艺术品中庸俗设计元素的模仿。后现代主义欣赏复杂性和多样性、主观和模糊不清，以及混乱和矛盾。虽然后现代主义希望释放现代主义带来的压抑和束缚，消除种族歧视和性别歧视等基于社会的权力关系，但许多人批评它，因为它的模糊性和复杂性损坏了一个明显进步的政治策略。尽管在 20 世纪 90 年代中期，后现代主义引起了广泛的关注，但今天几乎没有地理学家再使用这种方法。

2.2 城市规划学

城市规划学是研究城市空间布局以及建设城市技术方法的学科。城市因其自身地域限制必须承受空间结构重构的挑战，从而可以将城市空间看作精神性"场所"。中国的大城市经历了以往功能主义模式下的规划设计阶段，城市空间和环境的贫乏单调成为困境。城市规划是城市建设的具体行动纲领。早期城市规划的目的，有的为防止外敌和自然灾害；有的为突出政治和宗教权威；也有的是为了发展文化和经济。我国现阶段的城市规划，是遵循国民经济发展计划，在全面研究区域经济发展的基础上，根据城市的自然和建设条件，确定城市的性质和发展规模及城市各部分的组成，选择各组成部分的用地，并经过全面的组织和安排，统筹解决各项建设之间的矛盾，互相协调，各得其所，有计划、按比例地协调发展。作为一门学科，城市规划学的研究领域主要包括：城市规划的任务和编制，城市性质、规模、组成要素的规划布置，城市总体布局，城市给水、排水、供电、供热、防洪等地下管线工程规划，城市规划的技术经济问题，居住区规划，公共设施规划，以及城市规划的实施等方面。国外学者认为，城市规划学的研究涉及对居住地的居住者的调查以及对由自然和人为因素构成的居住地物质环境的调查，包括 5 个基本要素：①自然，包括自然地理、土壤资源、水利资源、动植物和气候；②人的生理和感情的需要、感觉和洞察力，以及道德标准；③社会，包括人口特点、社会阶层、文化形式、经济发展、教育、卫生和福利、法律和行政；④人们居住与活动的建筑物外观或结构，例如住房、学校、医院、商业区和市场、文娱设施、市中心和商业中心，以及工业；⑤公用事业网或系统，供居民生活和日常活动之用，如水电系统、运输网、通信网，以及居住地的自然布局。城市规划在城市发展中起着重要的引领作用，考察一个城市首先看规划，规划科学是最大的效益，规划失误是最大的浪费，规划折腾是最大的忌讳。

2.2.1　城市与城市规划

1. 城市的定义

顾名思义，"城市"为"城"和"市"的组合。在原始社会，人类聚居时为了防御野兽和相邻部落的袭击，在居民点外围挖掘壕沟，用土、木、石材砌筑围墙，形成了"城"的雏形，在以后的社会里（尤其是封建社会），"城"的作用和构造日益完善，但其作为防御性构筑物的本质一直未变。生产力的发展带来了剩余产品，也出现了商品交换，随着交换量的增加，社会中逐渐出现了专门从事商品交易赢取利润的商人，交换场所也渐渐固定，成为"市"，"市"的产生晚于"城"。"城市"从其产生而言，是从事商业交换活动并具有防御功能的居民聚集点。城市与农村的区别，主要是产业结构，也就是居民从事的职业不同，还有居民的人口规模，居住形式的集聚密度。

随着人类社会的发展，尤其是近代工业革命（也称为"第二次产业革命"）给城市的发展带来了巨大的影响，工业的飞速发展，人口变得更加集中，城市化速度加快，城市规模也迅速扩大。因此，城市是一定时期政治、经济、社会及文化发展的产物，它总是随着历史的发展和特殊需要而变化。如果从城市规划的角度定义城市，城市应是一个以人为主、以空间有效利用为特征、以聚集经济效益为目的，通过城市建设而形成的集人口、经济、科学技术与文化于一体的空间地域系统。这一概念涵盖以下 4 个方面的含义：

（1）城市的人本性，城市是为人的福利提供、人的能力建设而存在的；

（2）城市的聚集性，城市是最节约的空间资源配置形态；

（3）城市规划的必要性，城市规划是实施科学管理的有效方式；

（4）城市的多元性，城市是区域的社会、经济、文化中心。

按行政区划，《中华人民共和国城市规划法》规定：城市是指国家按行政建制设立的直辖市、市、镇。这就是说，法律意义上的城市是指直辖市、建制市和建制镇。对于城市的规模标准，我国国务院于 2014 年 11 月 20 日印发了《关于调整城市规模划分标准的通知》，将城市划分为五类七档：①城区常住人口 50 万以下的城市为小城市，其中 20 万以上 50 万以下的城市为Ⅰ型小城市，20 万以下的城市为Ⅱ型小城市；②城区常住人口 50 万以上 100 万以下的城市为中等城市；③城区常住人口 100 万以上 500 万以下的城市为大城市，其中 300 万以上 500 万以下的城市为Ⅰ型大城市，100 万以上 300 万以下的城市为

Ⅱ型大城市；④城区常住人口 500 万以上 1000 万以下的城市为特大城市；⑤城区常住人口 1000 万以上的城市为超大城市。以上是从人口数量出发，将城市类型分为五类，并将小城市和大城市分别划分为两档，细分小城市主要为满足城市规划建设的需要，细分大城市主要是实施人口分类管理的需要。如果从城市类型的角度，还可分为港口贸易城市、旅游城市、矿业城市、以某种产业为主的城市等。

2. 城市规划的形成和发展

城市规划又叫都市计划或都市规划，是指对城市的空间和发展进行的预先考虑。其对象偏重于城市的物质形态部分，涉及城市中产业的区域布局、建筑物的区域布局、道路及运输设施的设置、城市工程的安排等。与任何学科的发展运用一样，城市规划学科也经历了一个由自发到自觉、由感性认识到理性认识的过程，在历史长河中，经历了无数次的从理论到实践，又从实践到理论的发展过程，至今形成了一门涉及政治、经济、建筑、技术、艺术等几乎能包容所有内容的关于城市发展与建筑方面的学科，并仍然在发展中。城市规划是在人们认识到如何改善生产环境，满足生活、生产和安全等方面的需求，并按已有经验对居住点进行修建、改造时产生的。城市规划的历史可以追溯到 2000 多年前甚至更早。在中国，春秋战国《周礼·考工记》已经详细记述了关于周代王城建设的制度，并对此后的中国古代都城的布局和规划起了决定性的影响。《周礼》反映了中国古代哲学思想开始进入都城建设规划，这是中国古代城市规划思想最早形式的时代。战国时期，《周礼》的城市规划思想受到各方调整，向多种城市规划布局模式发展。元代时期，出现了中国历史上另一个全部按城市规划修建的都城——大都。城市布局更强调中轴线对称，在很多方面体现了《周礼·考工记》上记载的王城的空间布局制度。同时，城市规划又结合了当时经济、政治和文化发展的要求，并反映了元大都选址的地形地貌特点，中国古代的城市规划除了受儒家社会等级和社会秩序而产生的严谨、中心轴线对称布局外，还反映了"天人合一"思想理念，体现了人与自然和谐共存的观念。大量的城市规划布局中，还充分考虑地质、地理、地貌等特点。总体而言，中国古代城市规划强调整体观念和长远发展，强调人工环境与自然环境的和谐，强调严格有序的城市等级制度。

在西方，公元前 500 年的古希腊城邦时期已出现了希波丹姆规划模式。这种城市布局模式以方格网的道路系统为骨架，以城市广场为中心。公元前 1 世纪的古罗马建筑师维特鲁威的《建筑十书》是西方古代保留至今唯一最完整的古典建筑书籍，书中提出了不少关于城市规划、建筑过程、市政建设方面的论述。欧洲中世纪社会发展缓慢，城市多为自发成长，很少有按规划建造的。由于战争频发，城市的设防要求提高到很高的地位，产生了一些以城市防御为出发点的规划模式。到了文艺复兴时期，出现了一些反映当时商业兴盛和城市生活多样化的城市理论和城市模式，近代工业革命给城市带来了巨大的变化，创造了前所未有的财富，同时也产生了种种矛盾，诸如居住拥挤、环境质量恶化、交通拥挤等，严重影响居民生活。人们开始从各个方面研究解决这些矛盾的对策。资本主义早期的空想社会主义者、各种社会改良主义者及一些从事城市建设的实际工作者和学者都提出了种种设想。到 19 世纪末 20 世纪初形成了有特定研究对象、范围和系统的现代城市规划学。英国人霍华德的"田园城市"理论建立了现代意义上的城市规划的第一个比较完整的思想体系，在此前后经过近半个世纪的理论探讨和初步实践，才真正确立了现代城市规划在学术和社会实践领域中的地位。20 世纪 20～30 年代，在现代建筑运动的推进下，现代城市规划得到了全方位的探讨和推进，到第二次世界大战结束后在世界范围得到了最广泛的实践，形成了相对完善的理论基础，并在全世界的主要国家建立了各自的城市规划制度。在此发展过程中，"卫星城镇"理论、"雅典宪章""邻里单位"理论和"有机疏散"理论等都是对城市规划实践产生较大影响的理论。20 世纪 60～70 年代以来，在新的科学技术方法和城市研究的推进下，原有的城市规划体系得到了全面的改进，无论在理论基础方面还是在实践过程中，都促进了城市规划的完善（陈阳，2022）。城市规划与各项社会科学和政策研究等相结合，逐步形成了当代城市规划的基本框架。

2.2.2　城市地下空间规划

1. 城市地下空间规划的基本概念

在城市规划中，若考虑城市形体的垂直划分和空间配置，就产生了城市上部、地面和地下三部分空间如何协调发展的问题（合理利用土地资源、产生最大的集聚效益），城市地下空间规划的概念应运而生。城市地下空间规划，既有城市规划概念在地下空间开发利用方面的沿袭，又有对城市地下空间资源开发利用活动的有序管控，是合理布局和统筹安排各项地下空间功能设施建设的综合部署，是一定时期内城市地下空间发展的目标预期，也是地下空间开发建设与管理的依据和基本前提（雷升祥等，2019）。地下空间规划应实现城市地上地下一体化，解决功能协调、复合和开发空间的立体化问题。作为城市总体规划的一部分，城市地下空间规划应与城市规划层次保持协调。其规划阶段划分与城市总体规划相同，都分为总体规划、详细规划两个阶段，地下空间总体规划重点为城市未来的地下空间和环境提供总体框架。

科学合理地开发利用城市地下空间，是优化城市空间结构和完善城市格局，促进地下空间与地上空间整体同步发展，缓解城市土地资源紧张的必要措施。其对于提高城市综合承载能力，推动城市由外延扩张式向内涵提升式转变，对改善城市环境、建设宜居城市具有重要意义。城市地下空间的开发利用是城市建设的一种形态。从城市发展过程看，规划设计有两大作用，一是战略引领，二是刚性管控。其中刚性管控的城市规划必须要做到的"四个定"：

（1）定性：确定区域空间的功能性质，比如规划区域的土地性质，包括居住用地、工业用地、公共服务设施用地、市政交通设施用地性质等。

（2）定量：即确定开发建设规模，规定特定区域的人口规模、建设面积、基础设施规模等。

（3）定位：从规划层面确定城市的各类功能区的空间位置，比如城市政治中心位置、中心商务区 CBD 位置、重要产业园区位置等。

（4）定时：即城市规划还要确定建设时序，对后期建设进程进行规范和约束。我国的五年发展规划就是从时序层面为国家发展指定方向，城市建设也是如此。

2. 城市地下空间规划与城市规划的关系

城市规划为地下空间规划的上位规划，编制地下空间规划要以城市规划为依据（赫磊等，2011）。同时，城市规划应积极吸取地下空间规划的成果，并反映在城市规划中，最终达到两者的和谐与协调。

《城市规划编制办法》规定，城市地下空间规划是城市总体规划的一个专项子系统规划。这里所说的城市地下空间规划是指地下空间总体规划，故其规划编制、审批与修改应按照城市总体规划的规定执行。

一般地上地下空间控制性详细规划可以单独编制，也可作为所在地区控制性详细规划的组成部分。单独编制的地下空间控制性详细规划，一般以城市规划中的控制性详细规划为依据，属于"被动"型的地下空间补充控制性规划。

如果地下控制性规划与地区控制性详细规划协同编制，作为控制性详细规划的一个组成部分，则属于"主动"型的地下空间控制性规划，该规划易形成地上、地下空间一体化的控制。

而城市地下空间规划，是城市规划的重要组成部分。因此，城市地下空间规划应包括地上、地下的一体化外部空间形态及环境规划与设计。

2.3　城市地质学

2.3.1　城市地质学定义

城市地质学是研究城市与地质环境关系及互相作用的学科，是地质学与城市科学交叉而产生的边缘学科。20 世纪 90 年代末，全世界城市地质工作内容、领域、服务对象都发生了深刻变化，涉及地学、社会、规划、建筑、管理、生态等多专业领域，城市地质工作服务于城市发展全过程。站在城市地质安全的高度，城市地质学可归纳为在城市发展影响的地球浅层系统特定范围内，系统研究地质资源环境要素，为城市发展提供的地质资源、环境保证、约束程度，以及城市发展对地质资源环境的影响程度，发展城市地质安全的学科，是城市可持续发展的基础性工作，更是城市可持续发展的关键（山丹，2014）。

城市地质学自建立开始就具有旺盛的生命力，在国内外蓬勃发展，对城市的规划建设、运行、防灾减灾、优化环境等起到了支撑作用，成为城市发展不可或缺的一环，具有不可替代的作用与地位（郑桂森等，2018）。

2.3.2　城市地质学国内外发展

1. 国外发展

城市地质学起源于 20 世纪 20 年代，至六七十年代以美国地质学家 C. A. Kaye 在 1969 年所著的 *Geology and Our City* 和国际公认工程地质学家 R. F. Legget 在 1973 年编著的 *Cities and Geology* 为代表的城市地质学著作，以这些学者为代表，创立了城市地质学科。

美国高度重视地质填图工作，所在的城市规划区域一般开展 1∶2.4 万基础填图，在地质填图中突出表示岩土的物理性质，对于特殊地段采用 1∶4800

比例尺填图，在居民区采用 1：1200～1：480 比例尺填图，用以解决城市资源利用、环境问题和地质灾害防治。美国在上世纪末开展了 1：2.4 万国家地质填图合作计划，建立了"城市整体化决策支持系统"，将最新数字化的国家滑坡概略图与美国国家海洋和大气管理局的国家气候概图叠加，编制出国家滑坡灾害态势。通过互联网，将显示有降水高异常区和潜在滑坡发生区的综合研究成果公布于众，为政府和公众减灾防灾提供了有效的手段。

欧洲多数国家都十分重视环境地球化学调查工作，这是环境研究的基础工程。英国在 20 世纪 90 年代开展了城市三维结构研究，支持寻找地下水资源和地铁工程建设。德国 20 世纪 90 年代将城市地质工作重点转向环境调查研究，在城市及其周围地区开展环境地球调查、污染调查评价、监控及治理等多项工作，还建立了地学与行政管理综合数据库，用于支持政府决策。

亚洲国家开展城市地质工作相对较晚。由于特殊的地质背景条件，尤其是日本作为地震火山灾害多发国家，政府高度重视地质灾害防治，日本在 20 世纪 60～70 年代将地质灾害防治列入法律条文，使国民对灾害防治具备高度认知和行为自觉。印度政府为解决德里地区土地重金属污染问题，研究了区域内重金属污染的空间分布、范围和类型，为政府决策提供支撑。

国外城市地质工作已延伸到水土环境调查评价、地质灾害监测，并且在方法上趋向于更加精准和定量化的发展。GIS、RS 及 GNSS 与地质方法信息技术融合使用，取得了良好的效果。欧美大多数国家已将地质工作列入法规层面予以保证，国外城市地质工作在调查、评价、机理研究和实际应用上开展得十分突出，取得大量实用性成果，在保障城市可持续发展中，城市地质工作发挥了基础支撑作用。

2. 国内发展

1985 年天津地矿局翻译出版美国莱格特《城市地质学》，将城市地质学概念引入我国；2004 年孙培善出版了《城市地质工作概论》，提出了城市地质工作定义和主要工作任务，指出了城市地质作用的特点；2005 年王秉忱、王学德主审，李明朗、刘玉海主编的《中国城市地质》，对城市地质主要任务、研究内容、城市地质与其他学科关系做了概要论述，搭建了城市地质学的合理框架；2008 年北京市地质矿产勘查开发局、北京市地质调查研究院编著《北京城市地质》系列丛书，提出了"城市地质为核心，保障城市地质安全"的城市地质工作方针和建设地质资源环境安全系统和地质安全信息平台的战略布局，建立了浅层地温能学科理论；2013 年中国地质调查局程光华等系统总结了北京、上海、杭州、南京、天津、广州 6 个城市地质工作试点成果，出版了《国家城镇化地学保障·中国城市地质调查丛书》，系统详细地阐述了城市地质与可持续发展之间的关系，城市地质工作的主要思想、工作任务、工作方法和技术要求，对城市地质工作具有重要指导意义。

纵观国内外城市地质学及城市地质工作发展历程，可以得出这样一个重要论断：城市地质工作是保证城市发展各阶段地质安全的重要基础工作，城市地质安全是城市地质学研究的主题和根本任务，城市地质学理论研究尤为紧迫。

2.3.3　城市地质学基本理论

城市地质学研究起源于城市发展的实际需求，并且随着城市的发展和技术的进步，其研究内容和服务方式在不断演化。在学科萌芽阶段（1920～1960 年），针对城市规划建设的基础地质条件，运用普通地质学、工程地质学理论知识，以地面调查、简单试验测试为主，获取土壤、岩石，以及土地利用状况等定性描述数据，编制各类城市地质图件，例如，德国编制了用于城市规划的特殊土壤分布图（Hoyningen-Huene，1931）和标示着各种土地利用适宜性的 1∶10000、1∶5000 的地质图（Brdning，1940），开展土壤和岩石的自然属性进行填图（Hageman，1963）。在学科初创阶段（1960～1990 年），*Geology and our City*（Kaye，1969），*Cites and Geology*（Legget，1973）等专著发表，主要开展废弃物处置、水土污染防治、地质灾害风险性评估、地下水脆弱性评价、多目标地球化学等专题应用研究（Luttig，1978；Hafdi，1987），电子化信息提取和处理被用于成果编制和传播。在学科快速发展阶段（1990 年～），城市地质工作走向更加综合，工作思路突出为城市发展提供整体解决方案，研究对象涉及了城市规划建设管理所需要的空间、资源、环境、生态等多种地质要素（程光华等，2014；张茂省，2018）。GIS、RS、GPS 技术，以及数字建模技术逐步应用到城市地质领域（Johnson and Ander，2008；刘映等，2009；龚文峰，2014；屈红刚等，2008），数据采集和处理更加快速，实现了信息及时更新、动态评价和社会共享。纵观整个历程可以看出，城市地质学是以地质学的理论为基础，以解决城市规划建设的基础地质条件、资源需求和环境问题为目标，逐渐发展起来的一门应用性学科。

1. 城市区域地质条件适宜性评价理论

城市区域地质条件适宜性评价理论指在城市规划区及影响范围内对地质资源、环境主要因素开展系统性评价，确定区域资源环境对城市选址安全性、可行性的支持程度。

该评价方法需要建立一套综合性、定量化的评价指标体系，内容涵盖地质资源条件和地质环境条件，其中地质资源包括水资源、能源、原材料资源、土地资源，地质环境条件包括区域地壳稳定性、岩土环境、水环境、工程地质条件和地质灾害等。我国已颁布的国家、地方、行业标准中对各项地质要素的评价以定性评价居多，指标定量化程度较低，而且部分评价指标不能全面反映评价对象的演化趋势，因此该体系将评价体系中不够完善的部分新设置了定量化指标。同时，将部分指标评价由定性转化为定量，修订了部分定量化指标的定量分级标准。该评价指标体系体现出实用性、适用性原则，既能满足对某地质要素的性质、特点、发展趋势描述的要求，又能满足各种功能应用需求。依据理论主要有：

（1）浅层地温能资源理论：该理论属于地质条件适宜性的能源专科理论，科学系统地回答了地壳浅层小于 200m 深度的岩土体内的热能是否为资源，受哪些因素控制和能否持续利用的问题。目前制定的技术标准、工作规范指导了这部分资源的评价与应用，取得了显著的经济、社会、环境效益。

（2）地下空间资源理论：该理论从地学角度定义了地下空间资源概念，是土地资源的向下延伸，具有资源的全部属性。依据实际工作成果，系统建立了不同区域评价体系、评价方法以及安全监测体系，为地下空间资源科学利用奠定了基础，属于地质条件适宜性评价理论的专科理论。

（3）土地质量综合地质评价：土地是地表某一地段，包含地质、地貌、气候、水文、土壤、植被等多种自然要素在内的自然综合体（黄宗理等，2005），土地的质量特征是这些要素的具体体现。从地质的角度对土地质量开展评价是重要的基础性工作，地质条件对土地质量影响表现在土地的基本组成的土壤成分，包含矿物成分、化学成分、养分；土地中含有地质资源包括水资源、能源、矿产资源等保证性资源；土地的地质环境条件包括水环境、土环境，以及地质灾害特征。将这些特征研究透彻，对土地划分质量等级，确定土地的使用功能，以此作为土地利用规划的基础。具体步骤是先进行单因素评价，再将各项单因素评价结果以一定方法叠合形成综合评价结果，如北京市开展的土壤地球化学组分评价试点工作。

这项工作的关键点是设置评价要素指标，这是此项工作具备可操作性和成果实用性的关键问题。在单因素评价中，评价指标包括决定性指标和辅助性指标。决定性指标对土地使用功能的区划具有重要作用，辅助性指标可提高土地附加值。正确设置这两项指标要经过深入的研究分析和高度的概括提炼，根据目前的经济技术条件，活动断裂的破坏力是不可抗拒的，规避是首要原则，因此，活动断裂发育地段不可用作建设用地，活动断裂是土地质量评价的决定性指标。对建设用地具有一定限制作用的因素，称为限制性指标，利用经济技术手段可以控制，如地面沉降、土壤污染等。

在土地质量综合地质评价中设置保障性指标和约束性两大类指标。①保障性指标是对土地使用功能具有支撑保障作用的指标，比如有益地球化学成分、优良的资源、优质的能源、充足的水资源等；②约束性指标指对土地使用功能具有限制作用的指标，如有损人身健康的地球化学元素，人类活动形成的污染物，活动的地质构造，广泛发育的地质灾害等。在单因素评价的基础上，采用适当的方法叠合形成综合性评价结果，该方法正在研究中。

2. 城市区域地质资源环境承载能力评价理论

地质资源环境是城市发展的物质能量基础和空间场所，科学评价地质资源环境对城市发展的承载能力是城市地质学研究的主要任务之一。地质资源环境承载力的内涵包括两大主要方面，一是物质基础供给能力，重点是原材料生产能力和能源保障能力，包括土地、水、矿产、能源、食品、空气等；二是空间场所的安全性，包括土地质量、水环境、地质生态环境的容量或环境纳污能力，这是城市发展的前提条件。

联合国教科文组织提出了被广泛认可的资源承载力定义，即一个国家或地区的资源承载力是指在可预见的期间内，利用本地能源及其他自然资源和智力、技术等条件，在保证社会文化准则的物质生活水平下，该国家或地区所能持续供养的人口数量。

环境承载力是指在维持一定生活水平前提下，一个区域能永久承载的人类活动的强度，主要关注的是环境的纳污能力和人类不损害环境的前提下的最大活动限度（封志明等，2017）。资源环境承载力是一个综合性概念，涵盖了自然资源、环境容量、社会发展强度、人的需求，以我国高吉喜提出的生态环境承载力为典型，指生态系统自我维持、自我调节能力、资源与环境子系统共容能力及其可持续的社会、经济活动强度和具有特定生活水平的人口数量。

资源环境承载力实质上是在一定背景条件下的极限能力问题。世界上多个国家、组织机构在开展研究工作，但依然没有取得统一的、公认的、可靠的、实用的结果，究其原因主要是此项工作涉及的要素庞杂，指标动态变化复杂，在指标设定、统一量纲、评价方法等方法的选择上也存在众多难点；这是一项在复杂系统内、具有多个变量的方程组，无固定解，只要社会发展需求设定一个目标，就可得出一系列自然因素取值。只要人们能客观地认识自然规律，根据科技发展水平能力设立需求，就可以达到资源环境与人的发展和谐统一。

城市地质学研究地质资源环境承载力，为城市发展提供定量化决策支持。在地质资源环境承载力研究评价中，关注以下方面才可取得适用结果：①地质资源环境承载力是城市发展中涉及某一方面或几方面的极限能力问题，必须与当地发展需求相结合；②地质资源环境承载力是在开放的、复杂的、动态的系统中运转的，必须运用系统的、动态的方法来研究；③地质资源环境承载力既反映了人们对资源环境现状的认识，又反映科技创新进步对资源环境利用新认识，随着科技的进步，资源种类功能、环境容量是不断变化的，必须用发展的观念来研究；④城市地质研究在区域地质资源环境承载力研究中要用创新的理念、动态的数据、系统论的观点开展此项工作，重点在于适合区域发展的指标设定，可行的获取方法和采用可靠的评价流程，以获得最终可靠数据支撑城市地质安全。具体而言，就是对地壳浅表层人类强烈活动区域的地质要素实施监测，建立监测站点，形成多个监测系统，运用实时的、动态的大数据结合判别方法获取地质资源环境要素随城市发展的变化规律，预测地质资源环境承载力变化趋势，调控发展使地质资源环境承载力变化，使其始终在人类可控范围之内，规避地质环境问题风险，提高城市地质安全保证程度，实现城市可持续发展。

3. 城市地质作用研究

地球系统在不断地运动，地质作用无时无刻不在发生，它是塑造自然的原动力。然而在城市区域的地质作用与自然环境中地质作用大相径庭。城市区域的地质作用与人类活动具有高度的相关性，人类活动对地质作用产生巨大影响，不但会造成环境问题，甚至会引发地质灾害，考虑到人类的特殊性，有文献中将此类地质作用称为人类纪地质作用（程光华等，2013；孙培善，

2004)。

城市地质作用是在人类活动参与下的表生地质作用，是指地质因素在自然营力与人为活动共同影响下的演变行为，主要包括人为影响下的风化作用、剥蚀作用、搬运作用、沉积作用和成岩作用等。城市地质作用表现在导致地质环境变化，引发地质环境问题，包括城市热岛效应、区域酸雨、雾霾、水体污染、土壤污染、矿山地质环境问题、地裂缝、地面沉降问题等。

城市地质作用显著的特征之一是物质的人工搬运作用，罗攀称之为人为物质流，它已形成地质营力，深刻改变着地球浅层系统。据统计数据，全球人为物质流 $35km^3/a$，主要搬运的是化石燃料、矿产，以及建材的开采，全球每年平均有 $550km^3$ 的地下水开采量。我国固体矿产开采造成了 $1150km^2$ 地面塌陷（罗攀，2003）。城市地质作用另一个显著特征是废弃物排放，资料显示，目前我国是世界上城市建设规模最大的国家，据估计我国每年城市产出垃圾约为 60 亿 t，其中建筑垃圾为 24 亿 t 左右，已占到城市垃圾总量的 40%（李平，2007）。物质的人工搬运造成了地形地貌改变，形成了"水泥森林"，废弃物的排放导致了城市周边环境污染和人为灾害。

城市地质作用产生的根本原因是人类活动改变了地质环境的物理化学特征，进而改变了自然的地质作用过程。城市化区域内城市建设使路面硬化，导致雨水向地下入渗屏障，在地表水汇流后沿设定的排水管道排入主泄洪渠，形成了人工河道；河流的剥蚀、搬运作用在城市地区不复存在；城市化区域内工业化加速发展排放的 CO_2、SO_3、NO_3 等气体在空中遇水汽形成酸与雨水降落；城市周边人类废弃物处置使水体、土壤遭受污染；城镇人类污水排放使水体中有机物显著高于乡村；城市抽取地下水形成区域型地下水漏斗，使水位下降，表层土沙化，地下水超采严重时形成地面沉降、地裂缝灾害；城市区域内人、机械排热、地面反射等多因素形成城市热岛效应，造成市区内平均气温高于郊区 3~5℃。在城市发展过程中，地质要素的变化超过一定阈值时，就会引发地质环境系统突变，形成地质灾害。

城市地下空间研究离不开城市地质，在城市区域由于地表环境发生了显著变化，导致地质作用速度加快。目前此项研究刚刚开始，尚未有确切数据证实加快的具体速率和形成产物的结构及特征，显见的是形成了一系列的地质环境问题（韩文峰和宋畅，2001；罗勇，2016），这些问题的形成机理、演化趋势、风险程度正是城市地质学研究的又一项主要内容。

2.4 城市环境学

城市环境学是研究影响人类活动的各种自然或人工的外部条件总和的学科。城市形成、发展和布局一方面得益于城市环境条件，另一方面也受所在地域环境的制约。城市是人类的重要聚集区，良好的城市生态环境是人类生存繁衍和社会经济发展的基础，是社会文明发达的标志，是实现城市可持续发展的必要条件。城市的生态环境质量直接影响着城市社会经济的可持续发展。保护城市生态环境，实现城市可持续发展，使子孙后代能够有一个永续利用和安居乐业的生态环境，已成为城市科学、环境科学、生态学等领域专家学者和城市管理者的共识。城市既是人类技术进步、经济发展和社会问题的汇合处，也是人类生态学和环境问题的重点。开展城市生态环境研究，对于我国城市环境保护、规划建设管理具有十分重要的意义。研究城市生态环境问题，寻求解决城市生态危机的对策，探讨城市环境污染的有效治理措施，协调经济发展与城市生态环境之间的矛盾，实现城市可持续发展，已成为城市环境与生态学中必须关注和解决的一项重要课题。

2.4.1 城市环境与城市环境学

城市环境是与城市整体互相关联的人文条件和自然条件的总和。包括社会环境和自然环境。前者由经济、政治、文化、历史、人口、民族、行为等基本要素构成；后者包括地质、地貌、水文、气候、动植物、土壤等诸多要素。环境生态学涉及环境科学和生态学的基本理论（曹丹等，2008）。学科内容主要包括以下几个方面：

（1）人为干扰下的生态系统内在变化机理和规律。研究自然生态系统在受到人为干扰后所产生的一系列反应和变化，以及在这一过程中的内在规律；出现的生态效应及对生物和人类的影响；各种污染物在各类生态系统中的行为变化规律和危害方式。

（2）生态系统受损程度的判断。对生态系统受损程度进行科学的判断，不仅是研究生态系统变化机理和规律的一个基本手段，而且为生态环境的治理、保护提供必要依据。环境质量的评价和预测不仅采用物理、化学的方法，还包括生态学的方法。生态学判断所需的大量信息来自生态监测。

（3）生态系统功能及其保护。各生态系统都有各自不同的功能，人为干扰后产生的生态效应也不同。环境生态学要研究各类生态系统受损后的危害效应和方式，以及相应的保护对策。

（4）解决环境问题的生态对策。根据环境问题的特点采取适当的生态学对策，并辅之以其他方法来改善和恢复恶化的环境质量，包括各种废物的处理和资源化的技术等，是环境生态学的研究内容之一。事实证明，采用生态学方法治理环境污染和解决生态破坏问题是一条非常有效的途径，前景令人鼓舞。维护生态系统的正常功能、改善人类生存环境并使之协调发展，这是环境生态学的根本目的。运用生态学理论，保护和合理利用自然资源，防止和治理环境污染与生态破坏，恢复和重建生态系统，以满足人类生存发展的需要，是环境生态学的主要任务（鲁敏和张月华，2002）。

2.4.2　城市地下空间环境

1. 城市地下空间环境特点

地下空间环境是指围绕地下空间建（构）筑物的外部空间、条件及状况，包括自然和社会两个要素。狭义的地下空间环境是指地下空间建（构）筑物所处自然环境要素的总和，包括地下空间建（构）筑物的地质环境及空气、光、热及声等环境（盛连喜，2004）。地下空间的建（构）筑物建造在土层或岩层中，直接与岩土介质接触，其空气、光、声及空间等环境有别于地面建筑环境，使得建筑环境内部空气、光和声等环境以及内部空间具有以下特点（于果等，2019）：

（1）空气环境：①温度与湿度。由于岩体具有较好的热稳定性，相对于地面外界大气环境，地下建（构）筑室内自然温度在夏季一般低于室外温度，冬季高于室外温度，且温差较大。具有冬暖夏凉的特点，但由于地下空间的自然通风条件相对较差，因此，地下空间通常又有相对潮湿的特点。②热、湿辐射。地下建筑直接与岩体或土壤接触，建筑围护结构的内表面温度既受室内空气温度影响，也受地温的作用。当内表面温度高于室温时，将发生热辐射现象；反之则出现冷辐射，温差越大，辐射强度越高。岩体或石中所含的水分由于静水压力的作用，通过维护结构向地下建筑内部渗透，即使有隔水层，结构在施工时留下的水分在与室内的水蒸气分压值有差异时，也将向室内散发，形成湿辐射。如果结构内表达到露点温度而开始出现凝结水，则水分将向室内蒸发，形成更强的湿辐射现象。③空气流速。通常，地下建筑中空气流动性相对较差，直接影响人体的对流散热和蒸发散热，影响舒适感。因此，保持适当的气流速度，是使地下环境舒适的一个重要措施。空气流速也是衡量舒适度的一个重要指标。④空气的洁净度。空气中 O_2、CO_2、CO，气体的含量、含尘量及链球菌、霉菌等细菌含量是衡量空气洁净度的重要标准。地下停车、地铁及地下快速道路、地下垃圾物流等均易产生废气、粉尘，地下潮湿环境也容易滋生蚊、蝇害虫及细菌，室内潮湿，壁面温度低，负辐射大，空气中负离子含量少，在规划设计中，地下空间应有相应的通风和灭菌措施。此外，受地下空间围岩介质物理、化学和生物性因素影响，以及建筑物功能、材料、经济和技术等因素制约，地下建筑空间还可能存在许多关系人体健康和舒适的特点。组成地下空间建筑的围岩和土壤存在一定的放射性物质，不断衰变产生放射性气体。地下建筑装饰材料也会释放出多种挥发性有机化合物，如甲醛、苯等有毒物质。并且人类在活动中也会产生一些有害物质或异味，影响室内空气质量。

（2）光环境：地下空间具有幽闭性，缺少自然光线和自然景色，环境幽暗，给人的方向感差。为此，在地下建筑环境处理中，对于人们活动频繁的空间，要尽可能地增加地下建筑的开敞部分，使地下与地面空间在一定程度上实现连通，引入自然光线，消除人们的不良心理影响。同时色彩是视觉环境的内容之一，地下空间环境色彩单调，对人的生理和心理状态有一定影响，和谐淡雅的色彩使人精神爽快，刺激性过强的色彩使人精神烦躁，比较好的效果是在总体上色调统一和谐，在局部上适当鲜艳或对比。

（3）声环境：地下空间与外界基本隔绝，城市噪声对地下空间的影响很小。在室内有声源的情况下，由于地下建筑无窗，界面的反射面积相对增大，噪声声压级比同类地面建筑高。在地下空间，声环境的显著特点是声场不扩散，属非扩散性扬声场，声音会由于空间的平面尺度、结构形式、装修材料等处理不当，出现回声、声聚焦等音质缺陷，使得同等噪声源在地下空间的声压级超过地面空间 5～8dB，加大了噪声污染。

（4）内部空间：地下空间相对低矮、狭小，由于视野局限，常给人幽闭、压抑的感觉。空间是地下建筑环境设计中最重要的因素。它是物质流、信息流、能量流的综合动态系统。地下建筑空间中的物质流，在整个空间环境中是最基本的，它由材料、人流、物流、车流、成套设备等组成；能量流由光、电、热及声等物理因素转换和传递；信息流由视觉、听觉、触觉及嗅觉等构成，它们共同构成了空间环境的物质变化、相互影响与制约的有机组成部分。正是由于上述特点，地下空间易使人产生封闭感、压抑感，从而影响地下空间的舒适度。在进行地下空间规划设计时，要从布局、高度、体量、造型和色彩等全面考虑，不仅在空间结构上优化，还要重视地下空间的入口、过渡及内部空间的景观环境设计，根据地下空间建筑的特点，通过室内装修、灯光色彩、商品陈列、盆景绿化、水帘水体、雕塑及三维环境特效演示等设计进行改善，提高环境质量，达到空间环境、自然环境和功能环境的和谐，塑造一个优良的地下空间环境（李文杰等，2012）。

2. 城市地下空间开发与生态环境保护

随着党的二十大报告提出：要健康的生态环境，就必须持续地维护环境并恢复其健康状态。超大城市作为人口规模大、城市功能聚集度最高的地区，生态环境面临的压力更大、空间资源紧张度更高，而科学适度地利用地下空间资源，促进城市空间从平面发展到竖向分层发展转变，是保障超大城市生态地质环境安全、促进城市空间资源可持续利用的重要途径（石晓冬等，2020）。为科学适度地利用地下空间资源，促进城市空间从平面发展到竖向分层发展转变，保障超大城市生态地质环境安全，促进城市空间资源可持续利用，各个城市应从加强生态底线约束、促进地下空间资源高效利用的角度出发，结合其城市发展特征，探索地下空间资源利用与地下生态地质环境保护的协调关系。考虑生态保护、城市地下空间建设现状、地质条件、历史保护、用地权属、建设发展等因素，划定地下空间三维生态红线，并进行地下空间资源潜力评估，探索地下各类功能设施系统的布局关系。其中，如图 2-1 所示，①地下 10m 以上空间受地表环境影响较大，大型公共绿地、水域等城市重要的生态保护区域不宜进行地下空间开发利用，以有效保护地表生态安全；②地下 30m 左右区域普遍分布第一隔水层；地下 30m 以下范围以承压水含水层为主，是城市地下水的重要储存地区，水文地质环境敏感度较高，不宜进行大规模地下开发建设；③地下 50m 以下空间普遍为基岩层，地质环境相对稳定，但工程建设难度较大，不可逆性强。

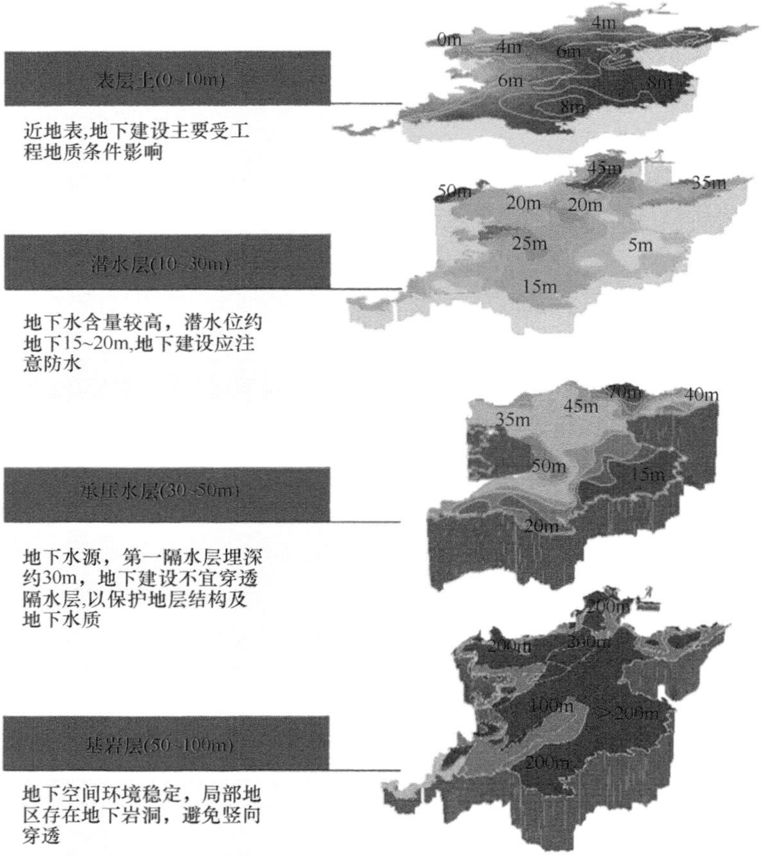

图 2-1　地下空间竖向分层示意图

2.5　城市地理信息系统学

城市地理信息学是研究利用城市基础地理数据、处理城市各种空间实体及其关系的学科。地理信息科学（geographic information science，GIS）是地理学最新的和增长最快的领域之一。地理信息科学起源于传统的地理学子领域，如地图学、遥感和卫星数据图像处理，以及计算机科学和地理数据编码等。在许多方面，以城市为重点的地理信息科学是空间分析研究流派的现代版。地理信息科学/地理信息系统在 20 世纪 80 年代中期成为一个独立的分支，至 80 年代后期已经成为北美大学里普遍开设的一门课程。进入 21 世纪，GIS 仍然是地理学中发展最快的领域，这可以从就业机会、专业会议的论文数，以及出版的书籍，尤其是学术期刊上的文章得到反映。GIS 对城市地理学家有天然的吸引力，城市地理学家在规划、研究和教学中经常使用 GIS。包括城市和区域规划在内的政府部门，以及城市研究学者，都大大扩展了在城市问题上应用 GIS 的范围和可能性。城市地理信息是指与城市地理分布有关的信息，是有关城市地理实体的性质、特征和运动状态表征的一切有用的知识，它涵盖地表物体及环境固有的数量、质量、分布特征、联系和规律。

2.5.1　GIS-城市管理发展方向

越来越多的人正在接触和使用 GIS、电子地图、公共多媒体导游导购系统、汽车自动驾驶装置、卫星定位仪等，这一切使人们对地理信息需求激增，在不断挑战并超越生存空间的过程中，GIS 已成为了强有力的武器。GIS 知识对每一个现代社会居民都必不可少，对于政府部门、广大企业和商业机构，GIS 则是关系到业务竞争、经营成败的关键因素（修文群和池天河，1999）。

城市地理信息系统（urban geographic information system）是融计算机图形和数据库于一体，储存和处理空间信息的技术，它把地理位置和相关属性有机结合起来，根据实际需要准确真实、图文并茂地输出给用户，满足城市建设、企业管理、居民生活对空间信息的要求，借助其独有的空间分析功能和可视化表达，进行各种辅助决策。GIS 的上述特点使之成为与传统方法迥然不同的解决问题的先进手段，作为现代社会必不可少的基础设施，渗透到生产生活的每一细节。

现代城市中人们面临的物质、精神双重困境，而工业社会的法则使城市发展陷入不可自拔的悲观境地，环境污染、居住拥挤、高度紧张的生活节奏和压力，所有这一切无法通过传统手段加以解决，物质能量的道路大概已走到尽头。因此，随着信息时代的到来，信息技术正深刻改变着人类生活与社会面貌。

2.5.2　GIS 在不同领域的应用

1. GIS 在地方政府部门中的应用

现今，地方政府部门正面临着前所未有的挑战，除了在规划、交通、公众安全、城市改造、经济开发、地下管线和供水设备管理等方面必须做出准确、迅速、科学的决策外，还要承担为医药卫生、福利和社会服务等机构提供信息管理服务的沉重负担。政府机构只有通过采用新技术来提高工作效率和服务质量，满足日益增长的经济社会需要。在政府机构的日常业务中，大多数决策都与地理信息有关，因此，GIS 在帮助政府实现高效益、高效率目标中变得越来越重要。可见地理信息系统是政府各种基础设施的重要组成部分，在政府工作中起着非常重要的作用。

2. GIS 在城市交通规划和管理中的应用

随着城市规模的扩大和设施的现代化，交通运输部门的任务正日趋紧张和繁忙，建设费用的提高，环境敏感度增加，未来交通系统的扩充受到各种因素的制约。同时，交通流量急剧增长，导致了交通阻塞、加速了交通设施的老化。交通规划人员和工程师必须对现有设施的数据进行大量的分析，并快速有效地进行决策。然而许多交通运输部门仍在沿用几十年以来的分析和绘图方法，这大大限制了他们应对当今各种复杂问题的能力。沿用传统手工方法，把路面特征、事件发生率、流量统计等表格数据手工绘制成图形是十分耗时耗力的，同时还会遇到各种交通规划管理中解决不了的问题。然而以上问题在 GIS 技术的帮助下都可迎刃而解。

3. GIS 在城市基础设施管理中的应用

GIS 软件支持完成电力设施管理的各种工作。尤其是 GIS 的智能网络分析功能，进行电闸开关、电压分析、进行回路分析等，网络模型可以处理从总站、各级站到每一段线路。

GIS 软件的开放式体系结构，使得现有的设施管理数据记录和其他信息不经过修改就可集成到 GIS。这意味着用户能够继续使用现有表格数据和数据管理技术，同时其他地理数据，如人口、土地利用、财产所有者、环境数据等，也可以在同一个系统中进行管理。这些数据库还可为其他应用服务，如变电站和输电线的选址研究、物业管理、市场分析、负载预测和其他新的领域。GIS 有与布点布线分析软件（CADPAD 分析软件包）的接口，可结合其结果进行进一步的查询、显示和分析。

使用 GIS，通过图形支持、工序处理和流量模型，用户可以有效地对雨水和污水的排放设施进行维护和分析。使用属性数据库，可以定期更新工作部署，做好通知和数据库维护工作。通过空间数据和属性数据之间相连接，可追踪有害排放和追溯上游的污染源，并及时通知将受污染的单位。

　　绘制天然气管道线路图和收集属性信息是燃气公司的日常工作，均可由 GIS 辅助完成，GIS 软件的查询工具还可迅速访问各类文档资料。GIS 数据结构和绘图工具使得图形处理工作变得非常简单，并为有线电视公司的各个部门提供快速和准确的信息，而且可以和市场数据联系起来用于市场定位。用户可以根据一个地区的人口统计数据决定对其提供特定的服务。保证用户快速找到故障位置，消除网络故障。利用 GIS 软件，可以降低投资，提高电信、有线电视工业的市场分析能力。

4. GIS 在社会经济和人文统计及商业中的应用

　　市场产品和服务是事业成功的关键因素，尤其是在当今的信息时代。商品和服务的种类从未像现在这样广泛，社会需求的复杂性和多样性使市场策略更加重要。GIS 功能包括创建、编辑、显示、查询、分析和管理数字化地图及其相连的属性数据。GIS 能对商业活动的整个周期提供支持，从最初的可行性分析到市场占用率分析，使用 GIS 分析市场位置，从地理空间的角度管理商务活动，并根据人口统计图作决策。

2.5.3　城市地理信息系统的发展趋势

　　城市地理信息系统从数据库到架构、组件，再到可视化，近年来技术水平不断提高，发展趋势如下。

1. 图文一体化数据模型及数据库

　　图库一体化是当前 GIS 发展的主流技术，在各行业得到广泛推广应用，如城市规划编制过程需要对空间布局进行全面的分析，编制成果的重要组成部分是用图件形式表示的空间布局和控制要素。规划编制成果又为规划管理提供决策依据。因此，城市规划的图形、属性数据和各种文档资料在本质上具有紧密联系，都是对城市空间对象利用的安排。为实现规划编制的交流和规划管理的实施，这种图库联系必须在 GIS 系统中得到充分的体现。一般情况下，管理公文流转如果仅仅是办公过程的审批意见的记载，则采用文本数据库即可满足要求。但在实际管理过程中，必须对建设申请者所提供的规划设计图件进行审查，并与规划图件进行套合对比，必然涉及图形数据的利用。

实现图库一体化的两种基本模式: ①一种是以数据库管理系统为基础建立公文流转管理系统,在该系统中应用插件的方式嵌入图形数据。这种模式系统花费较小,但图件的利用不够全面,且图形的操作(如绘制红线)难以完成。②另一种是以地理信息系统为基础建立管理系统,将公文流转与图形数据一体化管理。这种模式系统开销大,成本高,但可以兼顾图文的一体化处理。为此,需要设计更有效的规划管理一体化数据模型,建立一体化数据库。

2. 内部管理与信息发布

局域网技术逐步从客户-服务器(C/S)向浏览器-服务器(B/S)结构转变,为 GIS 系统提供更大的灵活性。如 Intranet 内联网就是一种 B/S 结构,已被很多管理信息系统采纳。Intranet 实际上是采用 Internet 技术建立的企业内部网络,核心技术是基于 Web 的计算,即在内部网络上采用 TCP/IP 作为通信协议,利用 Internet 的 Web 模型作为标准信息平台,同时建立防火墙把内部网和 Internet 分开,也可以自成一体作为一个独立的网络。它能够以极少的成本和时间将一个企业内部的大量信息资源高效合理地传递到每个人。Intranet 为企业提供了一种能充分利用通信线路、经济而有效地建立企业内联网的方案。随着网络 GIS 技术的成熟,基于 Intranet 建立规划管理信息系统已经具有很好的前景。

同时,城市管理越来越强调公众参与,如无论是规划编制中征求意见,还是管理建设项目时实施项目公示,都需要将规划信息向公众发布。基于互联网发布规划管理信息,可以提高信息发布和处理效率,更好地为公众服务,并可能实现远程办公和远程系统维护。

3. 组件开发方式与系统定制

组件开发是软件技术发展的重要方向,类似于搭建积木,组件可方便地嵌入到任何一种开发语言中,便捷地调用任意一种开发语言的资源。GIS 软件像其他软件一样,正在发生着革命性的变化,即由过去厂家提供了全部系统或者具有二次开发功能的软件,过渡到提供组件由用户自己再开发的方向上来。GIS 技术的发展,在软件模式上经历了功能模块、核心式软件、组件式 GIS 和 WebGIS 的过程。组件式 GIS 的基本思想是把 GIS 的各大功能模块划分为几个控件,每个控件完成不同的功能。各个 GIS 控件之间,以及 GIS 控件与其他非 GIS 控件之间,可以方便地通过可视化的软件开发工具集成起来,形成最终的 GIS 应用。

在城市规划管理中，通过对业务过程的分析，可以识别一些业务共同特征和可变特征，抽象和形成领域模型，构成规划领域中该类应用系统具有的共同体系结构，并以此为基础提取、开发特定功能的 GIS 组件。通过对组件的拼装组合，可定制满足特定业务部门需要的软件体系，从而可快速构造城市规划管理的应用系统。

4. 三维虚拟

三维虚拟技术可以提高城市空间对象的视觉展示效果，使规划方案能够更好地被理解。三维数字城市通过将虚拟现实技术与 GIS 和 RS 技术相结合，模拟复杂多变的城市地形及构筑物，使用户能在交互的虚拟场景中进行实时的数据查询和可视化分析。然而城市是社会经济活动密集的地区，其构筑物密度极高，数量众多，对这些对象进行三维虚拟建模对技术、资金都是一个严峻的挑战。

2.6　城市安全学

城市安全学是研究城市自然、社会等方面保持动态稳定状态的学科。城市安全的核心是"城"与"市"的安全，两者含义不相同。"城"的安全是指所有基础设施、生态、水系、能源、交通等安全，这些构建为各种活动场所；"市"的安全即人类活动、行为要有章可循、有规可依、有法可治的各种行为的安全。如在面对全国地下管廊或地下空间大规模建设的同时，应从防灾减灾入手，加强顶层规划设计，消除安全隐患，减少人民生命财产损失。

2.6.1　城市安全学

城市安全指的是城市中人的生命财产、生产生活等所有方面的安全，从狭义角度看，影响城市安全的主要因素包括城市中的自然灾害、事故灾难和公共安全事件三个部分（孙伟等，2014）。

随着我国城市化进程明显加快，城市人口、功能和规模不断扩大，发展方式、产业结构和区域布局发生了深刻变化，新材料、新能源、新工艺广泛应用，新产业、新业态、新领域大量涌现，城市运行系统日益复杂，安全风险不断增大。一些城市安全基础薄弱，安全管理水平与现代化城市发展要求不适应、不协调的问题比较突出。城市安全学是以危机管理和国家安全理论为基础，综合运用政治学、社会学、经济学、心理学、法学，以及城市学等理论，并选用大量国内外典型案例，重点研究国际化程度较高的超大型城市的社会安全管理问题，用新视角、新方法，为我国城市安全管理提供充分的依据和示范。

2.6.2　地下空间存在的安全隐患

近年来，地下空间使用安全事故呈现出多发性和突发性、多样化和严重化的趋势。在地下空间逐渐成为城市战略空间的当下，我们要敏锐意识到开发建设的不慎会蕴藏着多重危机与风险。有统计表明，到 2013 年末，北京、上海的地下空间总面积均接近 6000 万 m^2，其中北京地下建筑面积仍以每年 300 万 m^2 速度递增，中心城区地下建筑占全部建筑总规模 8%左右。2005 年，上海正式提出危害城市空间安全的七大"新灾种"，其中地下空间名列第二。地下空间存在的致灾风险有：火灾、水灾、恐怖袭击、地下空间犯罪、地下空间疏散难、污染及有毒化学品泄漏、供电故障、地下空间车祸等。特别地，近 20 年来城市的大面积、大规模、深层次开发已使地下空间中各类风险事件的发生概率逐步上升，以下是一些典型的地下空间灾害事故。

1. 地下空间火灾事故

火灾发生时，相对封闭的地下空间排烟与散热条件差，温度升高快，火灾产生的有毒烟雾能让人窒息，并降低能见度，致使人员疏散困难、救援难度大，后果极为严重。1993 年 1 月 3 日，上海虹口区乍浦路上正在建造的海底皇宫娱乐总汇地下建筑工地，施工现场突发火灾，燃烧产生的大量有毒有害气体将正在施工和休息的 30 多人困在地下室内，火灾致 11 人死亡，13 人受伤，过火面积约 100m^2，直接经济损失 6.08 万元。当前引起地下空间火灾事故的隐患主要有：①未根据消防规范要求设置、维护消防设施、器材，如灭火器存放不当或失效、消火栓无法正常使用、自动消防设施未安装或失效等；②未按相关要求设置安全出口及疏散通道，并保持其畅通；③违规用电，如违规安装使用劣质电气设备、超负荷使用电气设备，私拉乱接电线，违规进行电焊、油漆作业，助动车电瓶违规充电等；④违规使用、存放大量可燃、易燃材料或易燃易爆危险品，停放车辆燃油泄漏；⑤防火防烟分区被破坏。

2. 地下空间水灾事故

地下空间一旦发生水灾事故，由于本身的地势问题，集水效应显著，所造成的危害将远远超过地面同类灾害。2005 年 8 月 5 日第 9 号台风"麦莎"侵袭上海，一连三天的强暴雨，累计雨量在 138～315mm 之间，共造成全市 78 处地下空间积水，其中 32 处是地下停车库、7 处是地下立交设施、27 处为住宅小区地下设施、1 处地铁、1 处医院、10 处地下仓库，直接经济损失超过 1 亿元。引起地下空间水灾事故的隐患主要有：①排水设施无法启动、排水通道堵塞；②出入口应急挡水设施缺失或设置不合理；③外露孔口缺少挡水设施或遭损坏；④防汛应急救援物资、器材准备不足；⑤防汛预案缺失、不健全或不落实等。

3. 地下空间中毒和爆炸事故

地下空间由于相对封闭的原因，中毒事故和爆炸事故往往都会造成较为严重的人员伤亡和财产损失，社会影响恶劣。2004 年 7 月 10 日，新疆喀什地区叶城县一名经营润滑油商店的负责人，在长期闲置、无人看管的地下室内私藏油罐，非法储存成品油，油气泄漏造成中毒事故，导致 4 人死亡，在当地引起不小的反应。当前，地下空间引起中毒和爆炸的隐患主要有：①地下车库、车道排风不畅，地下餐饮、旅馆行业烹饪、取暖和淋浴所使用的燃气泄漏；②违规生产、存放有毒有害物品；③装修施工过程中未采取有效的通风排气措施、未佩戴防毒面具或者使用了不合格产品；④下水道、窨井和污水池等污水处理设备使用不当而导致大量有毒有害气体积聚；⑤在定期疏通下水道和清洗污水池时，作业人员操作不当、自我防护措施不到位，使有毒有害气体大量释放从而造成人员中毒等。

4. 地下空间恐怖袭击

地下交通及地下商业设施，一般处于大城市中心地带，人流比较集中，是恐怖分子的主要袭击的目标，尤其是在地下车站、区间隧道或地下商场，因缺乏自然通风，加上场地狭小、人流众多，袭击更容易引起人群恐慌、出入口拥堵，造成极大的人员伤亡和经济损失，社会影响面极大。此类灾害的典型案例是日本奥姆真理教的沙林投毒事件：1995 年 3 月 20 日，东京遭受了日本有史以来最严重的恐怖袭击。在早上的上班交通高峰时段，奥姆真理教成员在地铁网络中释放沙林毒气，16 个地铁车站受到毒气袭击，共造成 12 人死亡，约 5500 人不同程度中毒，东京地铁交通陷入一片混乱，一度引起东京市民的恐慌。

5. 地下空间其他事故

地下空间还可能发生地下车库交通事故、地铁运行事故、人群踩踏事故、开挖施工事故、工程结构损坏，以及其他安全事故。一旦发生这类事故，损失和影响会很大，需要采取有效的安全防范和管理措施。高档商务楼和大型居住小区都附建有地下停车库，车库出入口因存在相关交通标识不全、坡陡弯急、视线不畅等隐患，加上上下班时段出入口处人员密集、流动性大等原因，地下车库交通事故经常发生，给民众日常工作、生活带来极大安全隐患。

地铁作为大容量公共交通工具，给市民带来便捷的同时，其安全性直接关系到广大乘客的生命安全。2011 年 9 月 27 日，上海地铁 10 号线新天地站设备故障，豫园至老西门下行区间两列车不慎发生追尾，造成 260 余名乘客不同程度受伤。2021 年 7 月 20 日郑州市遭遇严重暴雨洪涝灾害，造成地铁 5 号线积水停车，死亡 12 人的严重事故。在一些地下空间人员密集场所，诸如大型地下商场、地下交通枢纽等，自动扶梯等设备出现故障或者突发停电事故时，人们往往惊慌失措，引起混乱，易发生人为踩踏事故。由于岩土介质的随机离散性及地下施工技术的复杂性，地下空间的修建施工，如深基坑开挖、地铁施工、相邻区域地下结构施工等，都会引起周围岩层的扰动和变形，以致改变地下空间结构周围岩土介质的特性，引发各种安全问题，主要表现为地面沉降及塌陷、地下管线严重变形及断裂、基坑大面积变形与坍塌、邻近建筑物倾斜与开裂、巷道突水、支护失稳及工程结构物破坏、地下空间严重渗漏等。2008 年 11 月 15 日，正在施工的杭州地铁湘湖站北 2 基坑现场发生大面积坍塌事故。八车道的风情大道塌下去 100 多米长，塌陷深度达 20m 左右，多辆行驶中的车子跌落深坑。事故还引起边上的河流河水倒灌进入施工基坑，加剧了事故危害。事故造成 21 人死亡，24 人受伤，直接经济损失 4961 万元。地下空间在实际使用过程中，经常出现使用者擅自改变工程主体结构，随便分割单元，缺乏日常保养维护等现象，这些情况都严重削弱地下结构的承载能力，降低结构使用寿命，给地下空间的使用带来很大的安全隐患（陈倬和佘廉，2009）。

2.6.3　地下空间开发与城市安全

地下空间作为目前未被充分利用的资源之一，具有扩大城市容量、改善城市环境、节约能源及抗灾、防灾、减灾的功能，因此，把城市中相当一部分的功能性设施转入地下，是有效解决城市安全问题的重要途径，优点如下。

1. 合理利用地下空间有利于改善城市环境

随着国民经济的高速发展，城市数量和规模急剧增大，人口膨胀、交通阻塞、环境污染、生态恶化等"城市综合症"越来越严重，合理开发利用地下空间，拓展城市空间结构，已经变成了至关重要的事情。将一些引起"三废"污染、噪声污染、危险品危害的项目，合理安排到地下，既可减轻地面污染，解决物资回收利用问题，又能降低地面建筑密度，节省出地上空间，改善地面建筑日照。增加公园绿地，美化和绿化城市。通过大力发展地下轨道交通，不仅推动地上城市建设，拉动附近经济、文化的发展，而且还能实现人车分流，减轻地面交通负担，缓解中心城区拥堵状况。地下空间因其能耗小、噪声低的优点，对改善城市环境起到较好的促进作用。同时，地下空间的开发对解决交通拥堵、改善城市环境、保护城市景观、减少土地资源的浪费等方面都有着不可替代的作用。

2. 地下空间与抗灾防灾减灾相结合，有利于防护城市安全

城市基础设施地下化，减少暴露、降低城市对灾变的敏感性。城市基础设施包括交通、能源、通信、给排水、电力、燃气、热力等系统，城市安全对基础设施的依赖性极强。城市基础设施的破坏本身就是灾难性的，不仅使城市生活和生产能力陷入瘫痪，而且也使城市失去抵抗能力，增加了城市对灾变的敏感性。与地面空间相比，地下空间具有较强的抗爆、抗震、防火、防毒、防风等抗御外部灾害的防灾特性。将城市基础设施地下化，减少暴露，提高其防灾能力和抗灾功能，是提高城市抗灾能力的重要手段。

利用地下空间的防灾减灾特性，提高城市对灾害的承受弹性。在灾害发生或地面上的城市功能基本上陷于瘫痪时，地下空间可以保存部分城市功能并得以延续，如执行疏散人群、转运伤员、物资供应等任务的应急交通功能，各种救援物资及设施的储备与供应功能，低标准空气、水、电的保障功能，各救灾系统之间通信联络的功能，以及保障救灾指挥机构正常工作的功能等，这些对于地面上的救灾活动和灾后恢复是十分必要的。

　　利用地下空间还可以完善城市防灾体系。完整的城市防灾空间体系应包括地面空间、地下空间和建筑物内部空间在内的城市物质空间结构与形态，具备灾前风险减轻、灾时疏散、避难及救援、灾后人员安置、物资配送和医疗救护等功能。作为城市空间的子系统，地下空间应是城市防灾空间体系的重要组成部分，与地面防灾空间的联系表现在功能的对应互补上，在平面布局上应与地面的主要防灾功能相对应，是地面防灾功能的扩展及延伸，最大限度地发挥城市综合防灾的整体效应。根据地下空间在防灾、减灾时的功能不同，可将城市地下防灾空间划分为灾害防御空间和灾害应急空间，以拓展地下空间应对不同灾害场景的用途。

3. 充分利用地下空间，增加城市系统内部稳定性

　　（1）利用地下交通系统优化城市交通结构：地下交通系统具有不占用地面空间的优势，能够避免沙尘暴、大雪和暴雨等恶劣天气对城市交通的影响。地下交通系统与地面交通系统的协调发展，保证了城市交通的高效运转，实现城市可持续发展。

　　以美国为例，美国城市高度集中，城市矛盾十分尖锐，美国政府对此专门进行了地下空间的开发。美国纽约市地铁运营线路达 443km，车站数量最多有504 个，每天接待 510 万人次，每年接近 20 亿人次。纽约中心商业区有 4/5 的上班族都采用公共交通。市中心的曼哈顿地区，常住人口 10 万人，但白天进入该地区人口近 300 万人，多数是乘地铁到达的。典型的洛克菲勒中心地下步行道系统，在 10 个街区范围内，将主要的大型公共建筑在地下连接起来。

　　（2）利用地下综合管廊整合城市生命线系统：地下管线是城市生命线系统的主体部分，是维持城市功能正常运转和促进城市可持续发展的关键。地下综合管廊是把市政管线中的电力、电信、燃气、供水、中水、排水、热力等管线中两种以上集于一身，在城市道路的地下空间建造的一个集约化隧道，设有专门的检修口、吊装口和监测、控制系统。由于具有现代化、集约化及防灾抗灾的特点，地下综合管廊便于平时和灾时各种管线的铺设、增设、维修和管理，在灾害发生时能有效避免其对地下管线的破坏，大大提高城市管线的防灾能力。

2.7　城市信息学

　　城市信息学是研究城市信息在涉及城市运作、控制和管理及规划未来中应用的学科。城市信息学是一种跨学科的方法，使用基于新信息技术的系统理论

和方法来理解、管理和设计城市（shi et al., 2021）。并以当代计算机和通信技术的发展为基础城市信息学整合了城市科学、地球空间信息学和信息学，使得城市能够达到"智能的"和"可持续的"发展目标。

2.7.1　城市信息学定义

城市信息学是一种跨学科方法，使用基于新信息技术的系统理论和方法理解，管理和设计城市，并以计算机和通信的当代发展为基础。城市信息学整合了城市科学、测绘学和信息学，其中：城市科学提供对城市地区的活动、地点和流动的研究；测绘学提供测量现实世界中时空和动态城市物体的科学和技术，并管理从测量中获得的数据；信息学提供信息处理，信息系统，计算机科学和统计学的科学和技术，支持开发城市应用程序的追求。

该领域涵盖了定义城市系统的许多部门。这些部门通常以自己的权利进行研究，例如交通，住房，零售活动，涉及废物、水、电和其他能源分配的有形基础设施，以及人口结构、经济位置、城市发展及与城市和城市系统有关的一系列相关观点。使城市信息学与这些学科方法不同和互补的原因是，计算是使用方法和模型产生更深入理解的方式的核心，许多问题涉及研究城市如何运作，它们如何产生不同的形式，它们的动态如何反映它们的增长和衰退的方式，以及它们如何混合、隔离和分化不同的人群和活动。使城市信息学成为汇集和融合许多涉及计算的跨学科观点的一种特别及时的方式是，在过去的二十年中，计算机已经缩小到可以用作传感器并嵌入各种物理基础设施及被广大人口用于移动环境中的程度。城市信息学领域仍在迅速发展，它采用了新的传感技术、新型空间数据科学、新的分析方法，从空间计量经济学中的传统统计方法，一直到机器学习的新发展来探索大数据的多元分析。城市信息学的很大一部分涉及从卫星遥感到室内导航的许多空间尺度的传感，而城市在传感和可视化方面的第三维度的发展现在正成为常规。最后，该领域还考虑了其理论、模型和工具如何与更广泛的治理、风险、安全、犯罪、健康和福利，以及地理人口统计学相关。

2.7.2　城市信息学前沿研究

1. 城市科学

支撑着城市信息学的学科观点有很多不同但相关的学科观点，每一个观点都带来了不同的科学，以影响构成这个新领域核心的工具和技术。一些与城市结构有关的基本物理理论，特别是城市的形式及其功能如何影响不同活动的位置及这些活动联系在一起的方式，我们称之为"城市科学"。它比与城市相关的特定科学更全面一些，这些科学涉及生态、能源、社会结构、经济发展等，并更深入地发展了这些特定子系统的理论和概念。城市科学涉及城市结构及它们如何随着时间的推移而增长和演变、它们如何随着增长而发生质变及城市人口如何在空间中组织起来的通用理论。这些特征通常揭示了城市规划旨在缓解的各种问题，在这种情况下，城市信息学通过推动物理规划的方式，植根于城市科学阐明一些理论和原则。

2. 城市系统与应用

随着新的信息技术和大量数据源的涌现，政府机构和公众获得了更多可利用的信息资源。城市研究人员已开始研究如何使用这些数据来加强各种城市系统的规划和管理。因此，已经开发出收集和分析有关城市系统的复杂时空数据的新方法来解决各种城市问题。这些城市系统包括交通系统、能源系统和卫生系统。近年来，研究人员开展了大量新的工作，以研究新的信息技术和数据如何能够增强对城市问题的理解和解决城市问题的能力。所有这些都强调了新的、大的或开放的数据如何帮助我们更好地理解和管理特定的城市系统。

3. 城市传感

城市传感可以被视为感知和获取有关城市地区物理空间和人类活动的信息的技术集合。要感知的城市对象很多，例如，整个城市，其土地覆盖及其土地利用、建筑物、道路、汽车或个人。可以感知的属性包括静态属性，例如建筑物的存在及其几何形状和其他相对稳定的特征，以及动态属性，例如汽车的移动轨迹和速度，或反映人们在空间中活动变化的土地用途变化。城市感知可以生成城市区域的空间、时间和属性数据，这些数据随后将用于城市分析，并最终提供城市服务和城市治理。

4. 城市大数据基础设施

大数据需要能够处理前所未有的数据量，通常是近乎实时的，并且需要融合和合并多源的数据，这些数据可能具有不同的质量。除此之外，基础设施的性质的广义解释为不仅包括数据，还包括处理数据所需的软件、拥有必要技能的人，以及利用城市大数据产品的决策者和公众。此外，对城市大数据的讨论无法逃避技术及其使用所引发的伦理问题，尤其是棘手的隐私问题。肖宁川和哈维·米勒等学者扩展了城市大数据的定义，解释了其在智能移动、智慧城市和增强型数字基础设施概念中的作用。他们审查了从传感器到众包的许多城市大数据来源，并强烈主张开放获取是支持许多潜在应用的关键。

5. 城市计算

在城市信息学的背景下，城市计算是对获取的城市数据的处理，以服务于城市应用。城市计算可以被视为使用计算技术来解决城市问题，包括城市治理和为城市人民提供服务的问题。计算技术包括与城市相关的数据通信、治理、分析、挖掘和可视化相关的技术。

城市计算的基础是能够执行高度可扩展、快速、可靠和灵活的计算。云计算和边缘计算的进步增强了城市应用的计算能力。城市治理旨在通过解决交通拥堵、环境污染、减灾、人口老龄化、大型基础设施维护和住房等问题，来提高城市管理和决策的有效性和效率。城市服务旨在为市民提供更好的日常生活体验。为了实现城市治理和城市服务的目标，城市计算需要帮助人们理解数据，提取可操作的知识或其他分析结果，以缓解城市问题和提供服务。这导致了城市计算的更多维度：城市数据挖掘、分析、建模和模拟。

2.7.3　城市信息学的未来

无论是作为收集城市情报的手段，还是作为新的城市科学基础，或者作为规划和设计的工具，抑或是作为开发商的利润手段，城市信息学显然注定会加速发展。2020 年新兴的城市信息学领域与 20 世纪 90 年代初的 GIS 发展状况之间有明显的相似之处：两者都在强劲增长，从更深层次服务社会，因此应用前景广阔。

2.8　课后习题

1. 城市地理学概念及含义？
2. 说明城市地理学的发展各个阶段？
3. 城市规划学与城市地下空间地理信息系统的关系？

4. 城市规划对于城市地下空间开发有什么意义？

5. 城市规划与地下空间规划的区别与联系？

6. 举例说明城市地理信息系统在地下空间领域的应用？

7. 城市地下空间开发存在的问题及城市地下空间开发与城市安全的关系？

8. 城市信息学的定义？

9. 目前城市信息学的前沿研究主要集中在哪几个方面？

参 考 文 献

鲍觉民, 张景哲. 1944. 云南省呈贡县落龙河区土地利用初步调查报告. 地理学报, 11: 25-40.

曹丹, 周立晨, 毛义伟, 等. 2008. 上海城市公共开放空间夏季小气候及舒适度. 应用生态学报, 19(8): 6.

陈尔寿. 1943. 重庆都市地理. 地理学报, 10: 114-138.

陈述彭, 杨利普. 1943. 遵义附近之聚落. 地理学报, 10: 69-81.

陈阳. 2022. 科学规划, 为地下空间可持续发展绘制"蓝图"——访中国城市规划设计研究院原副院长李迅. 中国测绘, (9): 8-11.

陈倬, 余廉. 2009. 城市安全发展的脆弱性研究——基于地下空间综合利用的视角. 华中科技大学学报: 社会科学版, 23(1): 4.

程光华, 翟刚毅, 庄育勋, 等. 2013. 国家城镇化地学保障——中国城市地质调查丛书. 北京: 中国大地出版社.

程光华, 翟刚毅, 庄育勋. 2014. 中国城市地质调查成果与应用: 北京、上海、天津、杭州、南京、广州试点调查. 北京: 科学出版社.

(美)大卫 H. 卡普兰, 史蒂文 R. 霍洛韦, 詹姆斯 O. 惠勒. 2021. 城市地理学 第 3 版. //周晓艳, 李全, 叶信岳译. 武汉: 武汉大学出版社.

封志明, 杨艳昭, 闫慧敏. 2017. 百年来的资源环境承载力研究: 从理论到实践. 资源科学, 39(3): 379-395.

龚文峰. 2014. 大数据时代城市地质信息的集群与产业化发展. 城市地质, 9(3): 14-17.

韩文峰, 宋畅. 2001. 我国城市化中的城市地质环境与城市地质作用探讨. 天津城市建设学员学报, 7(1): 1-5.

赫磊, 戴慎志, 束昱. 2011. 城市地下空间规划编制若干问题的探讨. 地下空间与工程学报, 7(5): 826-834.

黄宗理, 张良弼, 李鄂荣, 等. 2005. 地球科学大辞典. 北京: 地质出版社.

雷升祥, 申艳军, 肖清华, 等. 2019. 城市地下空间开发利用现状及未来发展理念. 地下空间与工程学报, 15(4): 965-979.

李平. 2007. "四化"管理深圳建筑垃圾. 市政技术, 21: 34-36.

李文杰, 苗高杨, 周鑫志. 2012. 重庆市地下商场建筑环境调查与分析. 重庆建筑, (8): 17-19.

李旭旦. 1941. 白龙江中游人生地理观察. 地理学报, 8: 1-18.

刘映, 尚建嘎, 杨丽君, 等. 2009. 上海城市地质信息化工作新模式初探. 上海地质, 30(1): 54-58.

鲁敏, 张月华. 2002. 城市生态学与城市生态环境研究进展. 沈阳农业大学学报, 33(1), 76-81.

罗攀. 2003. 人为物质流及其对城市地质环境的影响. 中山大学学报, 42(6): 120-124.

罗勇. 2016. 中国城市发展引发的地质问题与绿色对策. 城市观察, 3: 137-143.

屈红刚, 潘懋, 吕晓俭, 等. 2008. 城市三维地质信息管理与服务系统设计与开发. 北京大学学报(自然科学版), 44(5): 781-786.

任美锷. 1942. 甘南川北之地形与人生. 地理学报, 9: 33-47.

山丹. 2014. 内蒙古生态型城市建设研究. 北方经济, 10: 61-63.

沈汝生. 1937. 中国都市之分布. 地理学报, 4(1): 915-935.

盛连喜. 2004. 环境生态学导论. 北京: 高等教育出版社.

石晓冬, 赵怡婷, 吴克捷. 2020. 生态文明时代超大城市地下空间科学规划方法探索——以北京城市地下空间规划建设为例. 隧道建设(中英文), 40(5): 20.

孙培善. 2004. 城市地质工作概论. 北京: 地质出版社.

孙伟, 张慧, 吕淑杰. 2014. 浅谈地下空间开发对优化城市环境的作用分析. 房地产导刊, 000(003): 19.

王益崖. 1935. 无锡都市地理研究. 地理学报, 3: 23-63.

王云亭. 1941. 昆明南郊湖滨地理. 地理学报, 8: 36-40.

修文群, 池天河. 1999. 城市地理信息系统 GIS. 北京: 北京希望电脑公司; 北京: 北京希望电子出版社.

许学强, 姚华松. 2009. 百年来中国城市地理学研究回顾及展望. 经济地理, 29(9): 1412-1420.

严钦尚. 1939. 西康居住地理. 地理学报, (6): 43-58.

杨利普, 黄秉成, 施雅风, 等. 1946. 岷江峡谷之土地利用. 地理学报, 12: 30-34.

杨纫章. 1941. 重庆西郊小区域地理研究. 地理学报, 8: 19-28.

于果, 邓莹, 程淑君, 等. 2019. 探索建设高品质城市地下步行空间环境的方法. 2019 城市发展与规划论文集.

张茂省, 王化齐, 王尧, 等. 2018. 中国城市地质调查进展与展望. 西北地质, 51(4): 1-9.

郑桂森, 卫万顺, 刘宗明, 等. 2018. v 城市地质学理论研究. 城市地质, 13(2): 1-12.

朱炳海. 1939. 西康山地村落之分布. 地理学报, (6): 40-43.

Brdning K. 1940. Bodenallas Von Niedersachsen. Gottingen: Wirtschaftswiss.

Hafdi A. 1987. Approach of a methodology for drawing up a habilitability map//Arndt P, Lijttig G. Mineral Resources' Extraction, Environmental Protection and Land use Planning in the Industrial and Developing Countries. Stuttgart: Schweizerbart, 271-278.

Hageman B P. 1963. A new method of representation in mapping alluvial areas. Geologic en Mijnbouw-Netherlands Journal of Geosciences, 211-219.

Hoyningen H, Von P F. 1931. Ubersichtskartierung im Gebiet der Meßtischblätter Kempen, Krefeld, Viersen, Willich nebst Randgebieten: "Briefe" Landesplanungsverb. Berlin: Düsseldorf.

Johnson C C, Ander E L. 2008. Urban geochemical mapping studies: how and why we do them. Environmental Geochemistry Health, 30: 511-530.

Kaye C A. 1968. Geology and our cities. Transactions of the New YorkAcademy of Sciences, 30: 1045-1051.

Legget R F. 1973. Cities and Geology. New York: McGraw Hill.

Luttig G W. 1978. Geoscientific maps of the environment as an essential tool in planningIII. Geologie en Mijnbouw. Netherlands Journal of Geoseienees, 57(4): 527-532.

Shi W Z, Goodchild M F, Batty M, et al. 2021. Urban Informatics Singapore. Springer Nature, 1-2.

Taaffe E J. 1974. The spatial view in context. Annals of the Association of American Geographers, 64: 1-16.

Tuan Y F. 1977. Space and Place: The Perspectives of Experience. Minneapolis: University of Minnesota Press.

第3章　城市地下空间数据模型与组织

数据模型与组织是城市地下空间规划与管理的重要基础。城市地下空间的开发利用可以提高城市的空间效率，缓解城市的交通拥堵，改善城市的环境质量，增强城市的安全性和灾害防御能力（宋敏聪，2012）。然而，城市地下空间的开发利用也面临着诸多挑战，如地下空间的复杂性、不确定性、动态性和多维性，以及地下空间的利益相关者的多样性和冲突性。因此，需要建立一个科学合理的城市地下空间数据模型与组织，以支持城市地下空间的规划与管理（王曦，2016）。

城市地下空间数据模型与组织是指对城市地下空间的数据进行抽象、描述、定义和组织的方法和规则。城市地下空间数据模型与组织应该满足以下几个要求：

（1）反映城市地下空间的实体特征和关系特征，包括地下空间的形态、结构、功能、属性和拓扑等；

（2）反映城市地下空间的时空特征，包括地下空间的历史变化、现状和未来预测等；

（3）反映城市地下空间的多尺度特征，包括不同层次、不同粒度和不同视角等；

（4）反映城市地下空间的多元特征，包括不同类型、不同格式和不同质量等；

（5）反映城市地下空间的多维特征，包括物理维度、逻辑维度和语义维度等。

根据以上要求，本章从城市地下空间对象、城市地下空间数据模型、城市地下空间数据结构与组织三个方面进行详细论述。

3.1　城市地下空间对象

3.1.1　城市地下空间资源类型与特点

由于城市经济的发展、城市更新改造的加速，城市土地面积持续膨胀。节约城市土地，缓解城市与农业争地的矛盾，是我国城市建设的当务之急。近年来国内外地下空间专家一致认为，地下空间像土地矿产资源一样，是城市建设的新型国土资源。推动城市建设内涵式发展，积极开发利用地下空间，把地下空间作为一种资源，已成为世界各国大城市的发展趋向，是拓展城市空间的重要途径（陈志龙，2006）。

1. 城市地下空间资源的类型

地下空间是指地面之下，在地层内部由长度、宽度、高度所给出的空间。城市地下空间是指城市规划区内地表以下或地层内部可供人类利用的区域，一般分为浅层空间、中层空间和深层空间。根据城市地下空间的用途、形成原因和开发深度，地下空间资源类型划分如下（魏鹏，2014）。

1）用途分类

城市地下空间利用的内容和范围非常广泛，到目前为止，大致有以下几个方面：①交通空间，是至今为止城市地下空间利用的主要类型，为发展城市交通事业，提高城市内车辆运行时速，减少对城市的空间污染和环境干扰而建造的地下铁道、地下轻轨交通、地下汽车交通道和地下步行道等；②商业、文娱空间，是为改善人们的生活和居住环境而建造的，有地下商场、地下商业街、地下电影院、戏剧院、音乐厅、展览馆、运动场等，这些建筑即使在地面上，也多采用人工通风照明。若将其设置在地下，使用功能与地面无异，相反还不受地面噪声、灰尘及气候等的影响；③业务空间，是指办公、会议、教学、实验、医疗等各种业务活动的空间，对于有些不需要光线的活动内容，又具备空调条件时，在地下是较合适的空间；④物流空间，是指各种城市公用设施的管道、电缆等所占用的地下空间及各个系统的一些处理设施，如自来水厂、污水处理厂、垃圾处理厂、变电站、电力线、排水管线等，其中地下综合管廊就是一种常见的地下物理空间，是用于集中敷设电力、通信、广播电视、给水、排水、热力、燃气等市政管线的公共隧道；⑤生产空间，在地下进行某些轻工业、手工业的生产是完全可能的，特别对于精密型生产的工业，地下环境就更为有利；⑥仓储空间，地下环境最适宜于贮存物质，为使用方便、安全和节省能源而建造的地下储库，可用来贮存粮食、食品、油类、药品等，具有成本低、质量高、经济效益好且节约大量地上仓库用地等特点。其他还有防灾空间、居住空间、殡葬空间等，也是地下空间利用的方式之一。

2）形成原因分类

根据地下空间的形成原因，地下空间资源可分为自然地下空间资源和人工地下空间资源两大类：

（1）自然地下空间资源是与溶蚀、火山、风蚀、海蚀等地质作用有关的地下空间资源，按其成因分为喀斯特溶洞、熔岩洞、风蚀洞、海蚀洞等。自然地下空间资源可以作为旅游资源加以开发利用，也可以作地下工厂、地下仓库、地下电站、地下停车场。战时亦可作为防空洞使用。

（2）人工地下空间资源包括两大类：一类是前述的交通空间、物流空间、储存空间等；另一类是开发地下矿藏、石油而形成的废旧矿井空间。按现有资料统计，改造利用已没有价值的废旧矿井，用作兵工厂、军火仓库等，相对来说投资少、见效快，变废为宝，是充分利用地下空间资源的好途径。

3）按地下空间资源开发深度分类

参照《城市地下空间工程技术标准》（T/CECS772—2020），地下空间按开发利用的深度可分为浅层空间、中层空间、深层空间三类：

（1）浅层空间，是由地表至–15m 的深度开发的空间，主要用于商业空间、文娱空间及部分业务空间；

（2）中层空间包括次浅层空间（–15m 到–30m）和次深层空间（–30m 到–50m），主要用于地下交通、城市污水处理厂以及城市水、电、气、通信等公用设施之用；

（3）深层空间，指–50m 以下的地下空间，可用作快速地下交通线路、危险品仓库、冷库、贮热库、油库等。还应考虑采用新技术后，为城市服务的各种新系统和新空间。

目前，国外一些大城市已向深层地下空间发展，如日本东京，浅层和中层地下空间被高层建筑的地基基础和现有的地下设施占领，不能再开发利用了，但由于高昂的地价和城市设施更新的急需，已对–50m 以下的深层空间开发引起极大重视。

2. 城市地下空间资源的特点

1）地下空间资源开发的无限性与制约性

地下空间资源的开发从理论上说几乎是无限的，因为地下空间是地球岩石圈空间的一部分，地球岩石圈的厚度平均 33km，国外有人估计，在 30m 深度范围内，开发相当于城市总面积 1/3 的地下空间，就等于全部城市地面建筑的容积，具有各种开发方式、空间形式和利用功能（吴冬静，2012）。这说明城市地下空间资源的潜力巨大，对于未来城市的建设，无疑是极为珍贵的资源。同时，地下空间环境物质的隐蔽性和复杂性均远大于地面，未知的不良地质现象较多，常需要高质量勘察设计、先进技术设备以及针对性的施工工艺。地下空间的开发要受到许多条件的限制，如地质情况、已有地下设施、已有建筑物较深基础、土地的所有权与地价、施工技术、经济能力、开发后的综合效益及对城市的影响等。因此，地下空间的开发利用又有一定的制约性，必须经过深入调查、科学论证和综合规划。

2）地下空间资源开发利用的层次性与不可逆性

地下空间资源有浅层、中层、深层之分，即具有层次性特点。城市地下空间的开发总是从浅层开始，然后根据需要逐步向中层和深层发展。同时，地下空间的开发一旦实施，往往是不可逆的，一旦形成将不可能回到原来的状态，很难改造和消除，要想再开发也非常困难，它的存在势必影响将来附近地区的使用。这就要求对地下空间资源的开发利用进行长期分析预测，进行分阶段、分地区和分层次开发的全面规划，在此基础上，有步骤、高效益地开发利用。

3）地下空间资源的致密性与稳定性

地下空间是岩石圈空间的一部分，岩石圈空间的主要特点与位于其上的水圈和大气圈不同，它具有致密性和构造单元的长期稳定性，因此，地下空间受地震的破坏作用要比地面建筑轻得多。日本的研究总结指出，岩石洞穴在地震条件下是高度安全的，比地上结构具有更多优点。地下 30m 以上处地震加速度约为地表处的 40%，被当地政府指定地下空间为地震时的避难所（陈宏刚，2005）。

4）地下空间资源的环境单一性

地下空间具有单一性的环境特点。地面空间是自然空间和内部空间的组合体，而地下空间缺乏自然空间，只存在内部空间，缺乏人与大自然相互"对话"的机会，由此产生的内部环境也各有不同。地面环境中的下列因素：空气中的尘埃，交通车辆的噪声、温度随气候变化的幅度等，在地下空间中影响不大，而在地面环境中不太严重的问题，如 CO_2 浓度、放射性物质氡气的含量、空气湿度和异臭等，在地下空间却严重起来。为此，在地下空间开发利用中，应重视地下空间"口部"的过滤处理，出入口的设置与周围环境结合好；积极创造虚拟的地下外部空间，精心细致研究室内单元的装饰与设计，努力改善地下空间生理环境。实践表明，地下空间环境的改善，将是促进地下空间得以开发利用的关键，这一点必须引起有关部门的重视。

3.1.2　城市地下空间对象

1. 空间对象与数据的基本概念

根据城市地下空间资源类型与特点，以及地下空间的信息化表达与分析要求，需对城市地下空间对象进行抽象和建模。为更好地理解地理空间实体的含义，需首先理解几个基本概念：空间实体、空间对象、空间数据、空间数据结构和空间数据模型。

1）空间实体

空间实体在哲学概念中一般指客观世界中独立的、具备特殊属性特征的客观存在，在信息系统中将客观存在且能被人们认识并相互区分的事物统称为实体。总之，空间实体是人们对客观世界认知的产物，现实世界或虚拟世界中的万事万物只有被人们认知并能够独立区分出来，才能被称为空间实体。

2）空间对象

空间对象主要指现实世界中客观存在的实体或现象，是常用于计算中将数据和方法作为整体来看待的抽象方式，对象实现了对空间实体属性特征（数据）和行为能力（方法）的封装。在信息系统中，空间对象是指基于面向对象思想对空间实体进行抽象，并在计算中构建的用于描述空间实体及其多元特征的空间数据综合体，一般计算机中的一个空间对象代表了现实中的一个空间实体。也就是说空间实体是认知空间的概念，而空间对象更多的是指信息空间中的概念，在地理信息系统中两者常常被混用。空间实体或对象按照其几何类型（维度）分为：点状（0 维）、线状（1 维）、面状（2 维）、体状（3 维）等几种类型。

3）空间数据

空间数据则是对空间对象的定量描述，主要表示空间对象的位置、形态、大小、分布、专题属性等各方面的信息，包括空间定位（几何）数据、非定位

（属性）数据等（刘潭仁，2005）。

4）空间数据结构

空间数据结构是指带有结构的空间数据元素的结合，描述空间数据的类型、内容、性质及数据间的结构关系等，包括逻辑结构和物理结构等。也可以按空间数据类型分为矢量数据结构和栅格数据结构两种（刘义海，2013）。

5）空间数据模型

空间数据模型则是指空间数据特征的抽象，包括数据结构、数据操作及数据约束三个部分。在对空间数据的抽象、组织和实现过程中形成了三个重要的数据模型，即概念模型、逻辑模型和物理模型（聂俊兵和谢迎春，2007）。逻辑模型和物理模型总是相互对应、紧密联系的，统称为数据模型。概念模型对应于人脑的认知世界，而数据模型对应于计算机世界或数据世界。

2. 城市地下空间对象类型及特征

1）城市地下空间对象类型

从几何类型来看，城市地下空间所涉及的空间实体（对象）可以划分成点、线、面、体四大类。①点类包括采样控制点、空间位置等空间对象；②线类包括地下管线、钻孔迹线、构造线理，以及各类界面交线等空间对象；③面类包括地层界面、断裂面、不整合面、层理、地下构筑物中的三维面和连通面等空间对象；④体类包括各种简单地质体及其组合而成的复杂地质体、地下构筑物等空间对象（朱良峰和庄智一，2009）。

根据几何特征和性质，体类对象又可进一步分成简单体、复杂体及复合体三个类型。简单体是指在建模范围内连续分布的单个空间体；复杂体是指离散分布的同一种空间实体，即复杂体由多个相同性质的简单体组成，如地层、水文地质单元等在建模范围内由于断层切割或原始沉积影响被分隔成数个不连续的独立块体（域）；复合体是指组成三维空间模型的相关空间实体的组合，它可由多个复杂体和简单体组成。从面向对象的观点出发，简单体是同一类体元的联合，复杂体是同一类简单体的联合，复合体则是不同类型的简单体和复杂体的聚集（侯恩科和吴立新，2002）。

地下空间实体由点、线、面、体等几何元素和空间参考（空间坐标系统）构成，每一个对象的几何边界都是由与其相对应的几何元素组成的。地下空间实体的几何元素间有两种重要信息：一是用来表达几何元素性质和度量关系的几何信息（如位置、大小和方向等）；二是用来表征几何元素间连接关系的拓扑信息，如：地下空间实体对象由哪些面围成，每个面由哪条环圈定边界、由哪些弧定义形状，每个环由哪些边组成，每条边由哪些结点定义等。因此，在设计面向城市地下空间结构信息建模与可视化的空间数据模型时，需要综合考虑四个方面的因素：①拓扑信息的完整性，即要尽可能全面地反映空间几何元素之间的拓扑关系；②要尽可能地减少数据冗余和重复，减少拓扑关系建立、存储、维护的代价；③要具有表达复杂空间实体的能力；④要具有一定的兼容性及可扩展性。图 3-1 所示的是一种基于边界表达、面向地下空间实体并顾及拓扑关系的三维实体模型。在这一实体模型中，城市地下空间三维实体由空间属性信息和三维几何体信息组成，三维几何体信息由复杂体、简单体、面、线、点等对象组成。面由三角形、（共面的）四边形、多边形、环等几何元素组成，线和环又可以由边、结点等几何元素组成。一般将结点、边称为拓扑元素，而将基于这些拓扑元素构造的环、线称为拓扑对象，将应用这些拓扑对象构造的线、面、简单体、复杂体称为应用对象（郑坤等，2006）。

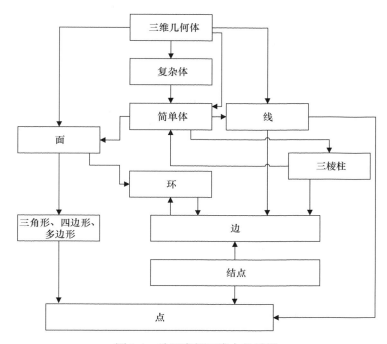

图 3-1　地下空间三维实体模型

　　三维几何体信息表达了地下三维空间对象的外观特征或可视化形状。在这一数据模型中，所有地下空间对象几何特征都可由点、线、面、体表示。

　　点是三维空间中的单一坐标点，结点为边引用的端点，每个结点都记录与其有关的边。

　　线是可以直接表述三维地下空间几何的对象，它表示一段或一组线段或曲线（由控制点构成）段；线可以由一组边构成，可以由一段点序列构成，还可以由一系列曲线控制点构成。线由边组成时方向要保持一致，需要首尾相连，可通过正负号表示连接方向。边是由一段连续的点组成的线段，这些线段可以是直线段也可以是折线段。同时，边可以是封闭的并且边要记录引用的三角形和线，它的主要作用是维护实体的拓扑关系；环是一条封闭的线，它只能由边构成，与环相关的面有内邻面和外邻面。

　　面由一系列子面组成，子面是把面依据拓扑信息进行分割后实际存储的面，每一子面依据其环的方向来记录其正负邻接体；每一个子面可拥有一个自己的点集；每一个子面由一系列三角形、共面的四边形或多边形构造。面也可以包含环，通过环来表示其边界。

　　简单体由面组成，并且组成简单体的面所形成的简单体必须是封闭的，同时简单体不能由线组成；复杂体是由两个或两个以上的简单体组成的几何实体。

　　三棱柱主要应用于由简单层状地质体所构成的三维地层模型的表达。在三维地层模型中，地层面由钻孔数据插值拟合而成，其上下对应的不同层之间则是由规则格网分解而成的三角网。由于它们在水平面上的投影是相同的，因此，上下对应三角形和竖直方向的三条棱即构成了三棱柱体结构。只要上下表面是三角形，而三条棱相互平行即可。对于棱边有一条或两条长度为零的特殊结构也是三棱柱基本体元结构。每个三棱柱体元可以有各自的属性，如所属地层层号、颜色及岩土体力学参数等。

　　本书针对城市地下空间信息三维建模及可视化应用的具体需求进行设计，而其中基于边界表达、面向地下空间实体并顾及拓扑关系的三维矢量数据模型，是一种综合面向实体数据模型和拓扑关系数据模型的混合数据模型。这种数据模型除了具有面向实体模型的优点，能够很好地克服单纯拓扑关系模型的缺点外，还具有以下特征：

　　（1）通过引入子面的概念，可以较好地解决城市地下空间三维模型中的"一面多体"问题。一个面由一个或多个子面构成，每个子面都具有上下两面，每个子面的一个面只能邻接一个空间实体。当有多个空间实体与面邻接时需要将面分成多个子面，使每一个子面的一面只邻接一个空间实体。

（2）可以描述构造复杂的地质体和地下构筑物。模型通过引入复杂体来描述构造复杂或几何数据分布不连续的地质体或地下构筑物，不仅可以将地质对象（地层、断层块等）、地下构筑物对象以实体为单位进行组织，而且可以将整个建模区域作为一个整体来看待，每一个实体都具有几何特征、属性特征及空间上的联系。

（3）具有较强的可扩展性。该数据模型将三维空间实体定义为拥有空间属性信息和三维几何体信息的对象，三维几何体由点、线、面、体等对象构成，因此对地下空间几何对象内部的局部修改、扩展不会对模型产生太大的影响。

（4）可用于不规则三角网（triangulated irregular network，TIN）及三维建筑物数据的组织。TIN 的实质是一个三角形网，可用于三维模型中面的描述，对于三角网中的约束线可由环来表示，并通过环、边、结点来记录其拓扑关系。三维建筑物模型与地质体类似，但其数据相对简单，且多数情况下建筑物间无拓扑关系，因此可采用该模型进行组织。这种设计适应了城市三维地下空间应用中集成显示研究区域内的地表高程、地表地物的要求。

（5）具有与三维体元模型兼容和转化的基本特性。引入了三维体元模型中的三棱柱的概念，能够简洁地表达由简单层状地质体所构成的三维地层模型。另外，模型易于扩展或兼容四面体体元模型，对于关注内部构造及属性的局部地质体可将其四面体化存储，易于实现三维矢量模型与四面体体元模型的兼容，易于实现与三维有限元、DDA 和 FLAC 等专业数值模拟分析系统的接口。

2）城市地下空间对象的多维特征

城市地下空间对象主要指城市地下空间中客观存在的实体或现象，空间数据是对空间对象的定量描述，主要表示空间对象的位置、形态、大小、分布、专题属性等各方面的信息。空间数据表达的空间对象具有时空特征和尺度特征。其中时空特征包括空间特征（定位）、专题特征（非定位）、时间特征（时间）三个基本特征（罗靖和罗威等，2003）。

（1）空间特征。空间特征是指城市地下空间对象的位置、形状、大小和分布等几何特性，以及与相邻对象的空间关系，是城市地下空间对象的最基本特征。城市地下空间对象的空间位置或几何定位，通常由地理坐标的经纬度、空间直角坐标、平面直角坐标或极坐标等来表示。城市地下空间对象的空间关系主要描述空间对象之间的距离关系、方向关系、拓扑关系等，其中拓扑关系描述的是空间对象点、线、面、体之间的邻接、关联和包含等关系，用于表达空间对象之间的连通性、邻接性和区域性等。

（2）专题特征。专题特征也称为非空间特征或属性特征，是指与城市地下空间对象相联系的、表征空间对象本身性质的质量或数量等。专题特征通常分为定性和定量两种，定性属性包括名称、类型等；定量属性包括等级、数量等。

（3）时间特征。时间特征是指城市地下空间对象随着时间变化而变化的特性。表示时间特征的时态数据根据空间对象变化的规律和时间的持续性，主要分为时刻、时段和周期三种类型。时刻是表示某个时间点的状态的数据，如2022年某市的地下排水管线总长度。时段又称时间间隔，是表示客观物质运动的两个不同状态之间所经历的时间历程的数据，如雨水在管道中流动时间间隔。周期是表示事物在运动、变化过程中，某些特征多次重复出现，其连续两次出现所经过的时间的数据，如管道埋设周期（葛剑雄，2002）。

（4）尺度特征。尺度特征是描述城市地下空间对象被观察、表示、分析和传输的详细程度的特征，是城市地下空间现象或数据所具有的重要特征之一，可表现为空间尺度特征、时间尺度特征和语义尺度特征。

空间尺度是按照城市地下空间对象大小及对空间范围表达的不同，将空间对象的表达划分为不同的层次，即空间对象的空间多尺度性，如城市管线信息系统中的空间数据的空间分辨率、细节层次等。

时间尺度是指记录或表达空间对象、现象或过程等在时间轴上的可分辨程度。时间尺度可以以年、季、月、日、时、分、秒等常用的时间为单位时间，也可以把时间轴上任意一段时长作为单位时间。地理语义代表的是地理空间对象及其属性的含义，通过概念和属性蕴含的语义描述地理空间对象的性质。语义尺度是指表述地理空间对象属性的详细程度。例如城市地下空间类型的划分逐渐详细，可首先分交通空间、商业与娱乐空间、业务空间、物流空间、生产空间、仓储空间等，再向下分类，物流空间可以分为管道、电缆、自来水厂、污水处理厂、垃圾处理厂、变电站等。类型的划分越细语义分辨率越高，对空间对象的表达就越精准。

地下空间三维数据的组织和表达方式是城市地下空间信息基础平台构建过程中首先要解决的问题。本文系统地总结了现有的三维空间数据模型的形式和各自的特点，为城市地下空间信息基础平台空间数据模型的选择提供了甄别的依据。针对城市地下空间信息三维建模和可视化分析的特点和要求，分别设计面向空间结构信息和空间属性信息建模与可视化的三维空间数据模型。对于城市地下空间几何结构信息（包括三维地质体几何结构、地下构筑物、地下管线等）的建模与可视化，设计一种基于边界表示、面向地下空间实体并兼顾拓扑关系的三维矢量数据模型；对于地下空间属性信息建模，采用三维栅格数据结构来组织表征地质体内部物理和化学属性的规则体数据。同时，根据地质属性建模与地质结构建模的关系和要求，实现了由三维矢量模型向三维栅格模型的转换。这些研究成果，为城市地下空间信息的存储组织、设计地下空间信息数据库模式、进行三维实体建模以至三维数据的可视化表达与分析提供了基础支撑。目前，这些三维空间数据模型组织方案已经成功地应用于上海地下空间信息基础平台的建设实践之中。今后，应进一步加强对城市地下空间实体多维、动态时空数据模型的理论研究，深化对城市地下空间现象的多维、动态特性的认识，研究对多维、动态地下空间实体的描述和表达方法，发展地下空间实体的多维、动态时空数据模型，研究并设计实现面向城市地下空间实体的具有真三维拓扑结构的数据模型和数据结构。

3.2　城市地下空间数据模型

3.2.1　城市地下空间数据类型与特点

1. 二维与三维

地下空间的三维数据模型主要来源于传统的三维地质模型和三维城市空间模型，基于城市地下空间的特征，在传统三维模型的基础上进行创造与改进，目前地下空间的三维数据模型已趋于成熟。三维数据模型的关键在于模型的类型以及建模方法（王芳，2019）。

二维数据一般用来表示平面对象，三维数据就是用来表示仿真立体对象。二维数据的优点是节约网络资源，运行较快，但使用起来不够直观，没有方向感，使用时不方便。三维数据最大的优点就是直观，易于辨认，具有较强的空间方向感，同时可以添加很多相关数据，使其应用结果更具有多样性，地理定位精确度很高，缺点是占用较大的存储空间，运行相对较慢且制作成本较高。

三维数据是指能对空间地理现象进行真三维描述和分析的 GIS 数据，是布满整个三维空间的地理信息。其研究对象通过空间的 X，Y，Z 轴进行定义，每一组（x，y，z）值表示一个空间位置，与二维数据，其中每一组（x，y）值只能表示一个平面位置。可以认为二维数据是三维数据在空间上的简化，三维数据是二维数据在空间上的延伸。三维数据的要求与二维数据相似，但在数据采集、数据模型、空间操作及分析算法等诸多方面要比二维数据复杂得多。从二维数据到三维数据尽管只增加了一个空间纬度，但它可以包容几乎所有的空间信息，突破常规二维表达的约束，为更好地观测和理解现实世界提供了更多选择。

在三维数据中，空间目标通过三维坐标定义空间对象，空间关系复杂程度更高。三维数据的可视表达不再是静止的二维地图符号表示，它比二维数据的表达方式复杂得多，以至于需要借助专门的三维可视化理论、算法来解决。借助于三维可视化功能，三维数据对客观世界的表达能给人以更真实的感受，它以立体造型技术给用户展现地理空间现象，不仅能够表达空间对象间的平面关系，而且能描述和表达它们之间的垂向关系。对空间对象进行三维空间分析和操作也是三维数据的一大特点，三维空间数据库是对三维数据进行分析的核心，能进行三维空间分析则是其独有的能力。与功能增强相对应的是，针对三维数据的理论研究和系统建设工作比二维数据也更加复杂（程朋根，2005）。

三维数据除了具备二维数据的一般特点外，还具有如下特点：①能够同时表示三维空间中的零维到三维的空间对象；②可以将三维数据降维来表现二点五维、二维对象；③借助三维空间数据库技术来管理空间信息；④基于三维的空间分析功能，可以分析零维到三维的空间数据；⑤多数据来源。

2. 静态与动态

静态数据是指在运行过程中主要作为控制或参考用的数据，它们在很长的一段时间内不会变化，一般不随运行而变。在地下空间信息中一般包括综合管廊设施、地下交通设施、地下管线、地基基础和其他地下空间设施，这类数据一般较易获得。

动态数据是指在系统应用中随时间变化而改变的数据，如传感数据等。动态数据通常是不断变化的，是直接反映空间对象、现象等的过程数据。动态数据包括所有在运行中发生变化的数据及在运行中需要输入、输出的数据及在联机操作中要改变的数据。进行描述时应把各数据元素有逻辑地分成若干组，例如函数、源数据或对于其应用更为恰当的逻辑分组，给出每个数据元素的名称、定义、度量单位、值域、格式和类型等有关信息。

动态数据高效传输是网络领域中的一个研究重点。动态数据发布/订阅模型是实现数据信息发布者和数据信息订阅者之间解耦的数据传递模式，适用于基于网络及通信协议的动态数据传输。基于动态数据，便于实时监测、监控或预测目标的变化。在地下空间信息中，动态数据一般包括地质勘查数据和地质环境监测数据等。

3. 地下与地上

地理信息、地质数据、岩土工程数据、地下管线数据、地下建（构）筑物数据构成了城市地下空间数据范围。城市地下空间数据的主要采集内容包括地下空间本体数据、地下空间利用数据、地下空间规划与设计数据、地下空间环境数据、地下空间安全数据、地下空间维护与管理数据、地下空间交通与流量数据、地下空间历史与文化数据等。地上数据一般指与地下空间相关的地理信息数据，如交通数据、地上建筑物数据、市政设施数据等。

相对于地上空间数据，地下地质空间数据难以获取，资料不全，坐标系不统一，为后续规划与管理带来了困难。以管网数据为例，目前各城市的管网数据大多来自于市政管网管理部门，而地下管网错综复杂、数据不完善，给后续施工带来了严重安全隐患。目前，我国正在加快推进智慧城市时空大数据平台建设工作，智慧城市建设需要地上地下时空数据资源，智慧城市时空大数据平台需要三维地下空间数据及各类自然资源要素的数量、质量、时空分布来支撑自然资源管理需求。所以，针对城市地下数据，需要集成管理城市地质调查成果，将多专题、多源、异构、海量的地下空间数据进行有序管理，为地质数据的查询检索、分析评价、三维展示，以及深入挖掘城市地下信息提供坚实的基础。

4. 矢量与栅格

矢量数据模型使用点、线和多边形的几何对象表示空间要素。点是零维的，只有位置的性质。点要素由一个点或一组点组成。例如地下空间信息中的出入口和一些附属设施的数据。线是一维的，除了位置之外，还有长度的性质。一条线有两个端点，可以在中间有额外的点来标记线的形状。线的形状可以是直线线段的连接，也可以是用数学函数产生的平滑曲线。线要素是由一条线或一组线构成的。地下通道和一些附属设施都属于线要素的例子。多边形是二维的，除了位置之外，还有面积（大小）和周长的性质。多边形由连接的、闭合的、互不相交的线组成，周长或边界定义了多边形的面积。多边形可以单独存在，也可以是共享边界。多边形在它的范围内也可以有岛（洞），形成内部和外部多个边界。多边形要素由一个多边形或一组多边形组成。多边形要素的例子包括地下设施总体范围和分层范围相关的数据。一个点由一对 x 和 y 坐标来表示它的位置。同理，一条线或一个多边形是由一系列 x 和 y 坐标表示的。对于一些空间要素，可能会包括额外的表示方法。例如，显示市政设施数据的点可能有时间和用户的度量，显示地铁线路的线可能有深度的度量，而显示建筑物的多边形可能有高度的度量。

虽然点、线、多边形和表面物体的分类在空间信息中已被广为接受，但文献中也可能出现其他术语。例如，多点指的是一组点，多线指的是一组线，以及多边形指的是一组多边形。几何集合是指包括不同几何类型元素（如点、线、多边形等）的一个复合对象。

栅格在地理信息系统中也被称为格网或像元，栅格表示连续的表面，但当进行数据存储和分析时，栅格由行、列、像元组成。像元，又称为图像的像素。行、列由格网左上角起始。在二维坐标系统中，行作为 y 坐标，列作为 x 坐标。栅格中的每个像元由其所在行、列的位置严格定义。栅格数据用单个像元代表点，用一系列相邻像元代表线，用连续像元的集合代表面。虽然，栅格数据模型在表示空间要素的精确位置边界时有缺点，但它在有固定格网位置这点上有明显优点。在算法上，栅格数据可视为具有行与列的矩阵，其像元值可以储存为二维数组，并处理为以代码表示的排列变量。因此，栅格数据比矢量数据更容易进行数据的操作、集合和分析。

因此，矢量数据的特点是：①用离散的点、线、面组成边界或表面实体表达空间实体，用标识符表达的内容描述空间实体的属性；②描述的空间对象位置明确，属性隐含；③矢量数据之间的关系表示空间数据的拓扑关系等。

而栅格数据的特点是：①用离散的量化的网格值来表示和描述空间目标；②具有属性明显、位置隐含的特点；③数据结构简单，易于遥感数据结合，但数据量大；④几何和属性偏差；⑤面向位置的数据结构，难以建立空间对象之间的关系。

总体而言，栅格数据结构具有"属性明显、位置隐含"的特点，它易于实现，且操作简单，有利于基于栅格的空间信息模型的分析，而采用矢量数据结构则麻烦得多。但栅格数据表达精度不高，数据存储量大，工作效率较低。因此，对于基于栅格数据结构的应用来讲，需要依照应用项目的自身特点及其精度要求来平衡栅格数据的表达精度和工作效率二者之间的关系。另外，因为栅格数据格式的简单性（不进行压缩编码），其数据格式容易为大多数程序设计人员和用户所明白，基于栅格数据基础之上的信息共享也较矢量数据容易。而矢量数据具有"位置明显，属性隐含"的特点，数据表达精度较高，数据存储量小，分辨率较高，便于进行网络分析，但操作起来比较复杂，许多分析操作（如叠置分析等）用矢量数据结构较难实现，且因复杂的几何计算使得分析算法效率不高（Kang-tsung Chang，2016）。

5. 感知数据与状态数据

感知数据是指由各种感知终端获取的数据，其中大部分以互联网的方式为中介传输到接收设备，互联网的数据来自于虚拟世界，如社交网络、微博、微信、电商等业务，是以人为主的信息。物联网的数据来源于物质世界，由大量感知终端产生，比如工业、智能电网等领域的传感器、M2M 终端和智能电表等，主要是监测对象的状态信息等。感知数据具有以下几个特征：

（1）时效性。在城市地下空间物联网中设备状态可能是瞬息万变的，因此，数据采集工作是随时进行的，即每隔一定周期向上层监控中心发送一次数据，供工作人员对设备运行情况进行实时掌控。物联网中感知数据更新很快，只有新数据才能够反应监测系统所感知的设备或环境的当前状态，所以监测系统和传输系统的响应时间或反应速度是大规模物联网系统可靠性和实用性的关键。因此，需要对感知数据处理更为高效，否则可能会对设备处理不及时，造成巨大的经济损失。

（2）海量性。物联网中的感知数据呈现出海量性的特点。以智能电网中绝缘子泄漏电流的监测系统为例，假设数据采集时间间隔为 100ms，则一个杆塔在一个月内的数据采集量就达到 2.5 亿条。而对于输电线路上的环境和微气候监测系统来说，每天的数据量将达到 1TB 以上。另外，在类似地下水位检测这种应急处理的实时监控系统中，监测数据以流的方式实时连续地产生，更凸显了海量性特征。

（3）多态性。随着物联网设备的普及和技术的进步，物联网规模不断扩大、终端设备数据量快速增加。在大规模物联网监测系统中部署有各种各样的传感器节点，如温度传感器、湿度传感器、震动传感器、烟感传感器等，每种类型的传感器节点在不同的监测系统中有不同的用途。因此，感知数据无论在结构组成上还是在显示形态上也都各不相同，呈现出多态性的特点。可以从时间概念上将这些多态数据分为两类，即实时数据与非实时数据。实时数据主要包括动态数据、暂态数据以及稳态数据，而非实时性数据主要包括静态数据和历史数据。对于不同形态的感知数据，应该采用不同的数据处理方法（王妍，2016）。

狭义地讲，在自动化设备较长的生命周期中，设备在运行中产生的数据称之为状态数据。而本书，主要研究与故障相关的状态数据，将状态数据定义为影响设备正常运行的所有参数，或某些导致故障的发生的参数。按时间分，状态数据可以分为两类：

（1）静态状态数据。表示状态数据在过去某一时间已经发生并产生了故障这一结果。它表示状态数据产生的时间是"过去"，侧重状态数据已经获得。静态状态数据的获取主要来源于定时普查或统计数据。

（2）动态状态数据。表示正在产生或者刚产生的状态数据，该数据并未产生故障结果，但是可能导致未来发生故障。表示产生的时间是"现在"，侧重于刚刚获取。动态状态数据的获取主要来源于在线或实时获取（张翔翔，2017）。

3.2.2   城市地下空间数据模型

1. 经典数据库模型

1）层次模型

层次模型是数据库系统中最早出现的数据模型，层次数据库系统采用层次模型作为数据的组织方式。层次数据库系统的典型代表是 IBM 公司的 IMS（information management system），这是 1968 年 IBM 公司推出的第一个大型商用数据库管理系统（DBMS），曾经得到广泛地使用。

层次模型用树形结构来表示各类实体以及实体间的联系。现实世界中许多实体之间的联系本来就呈现出一种很自然的层次关系，如行政机构、家族关系等。

a. 层次模型的数据结构

在数据库中定义满足下面两个条件的基本层次联系的集合为层次模型：

（1）有且只有一个结点没有双亲结点，这个结点称为根结点；

（2）根以外的其他结点有且只有一个双亲结点。

在层次模型中，每个结点表示一个记录类型，记录类型之间的联系用结点之间的连线（有向边）表示，这种联系是父子之间的一对多的联系。这就使得层次数据库系统只能处理一对多的实体联系。每个记录类型可包含若干个字段，这里记录类型描述的是实体，字段描述实体的属性。各个记录类型及其字段都必须命名。各个记录类型、同一记录类型中各个字段不能同名。每个记录类型可以定义一个排序字段，也称为码字段，如果定义该排序字段的值是唯一的，则它能唯一地标识一个记录值。

一个层次模型在理论上可以包含任意有限个记录类型和字段，但任何实际的系统都会因为存储容量或实现复杂度，而限制层次模型中包含的记录类型个数和字段的个数。在层次模型中，同一双亲的子女结点称为兄弟结点（twin 或 sibling），没有子女结点的结点称为叶结点。

层次模型的一个基本的特点是，任何给定的记录值只能按其层次路径查看，没有一个子女记录值能够脱离双亲记录值而独立存在。

b. 层次模型的数据操纵与完整性约束

层次模型的数据操纵主要有查询、插入、删除和更新。进行插入、删除、更新操作时要满足层次模型的完整性约束条件。进行插入操作时，如果没有相应的双亲结点值就不能插入它的子女结点值。进行删除操作时，如果删除双亲结点值，则相应的子女结点值也将被同时删除。

c. 层次模型的优缺点

层次模型的优点主要有：

（1）数据结构比较简单清晰；

（2）查询效率高，因为层次模型中记录之间的联系用有向边表示，这种联系在 DBMS 中常常用指针来实现，因此这种联系也就是记录之间的存取路径，当要存取某个结点的记录值，DBMS 就沿着这一条路径很快找到该记录值，所以层次数据库的性能优于关系数据库，不低于网状数据库；

（3）提供了良好的完整性支持。

层次模型的缺点主要有：

（1）现实世界中很多联系是非层次性的，如结点之间具有多对多联系，不适合用层次模型表示；

（2）如果一个结点具有多个双亲结点等，用层次模型表示这类联系就很笨拙，只能通过引入元余数据（易产生不一致性）或创建非自然的数据结构（引入虚拟结点）来解决。对插入和删除操作的限制比较多，因此应用程序的编写比较复杂；

（3）查询子女结点必须通过双亲结点；

（4）由于结构严密，层次命令趋于程序化。

可见，用层次模型对具有一对多的层次联系的部门描述非常自然、直观，容易理解，这是层次数据库的突出优点。

2）网状模型

在现实世界中事物之间的联系更多的是非层次关系的，用层次模型表示非树形结构是很不直接的，网状模型则可以克服这一弊病。

网状数据库系统采用网状模型作为数据的组织方式。网状数据模型的典型代表是 DBTG 系统，亦称 CODASYL 系统。这是 20 世纪 70 年代数据系统语言研究会（conference on data system language，CODASYL）下属的数据库任务组（data base task group，DBTG）提出的一个系统方案。DBTG 系统虽然不是实际的数据库系统软件，但是它的基本概念、方法和技术具有普遍意义，对于网状数据库系统的研制和发展起了重大的影响。后来不少系统都采用 DBTG 模型或者简化的 DBTG 模型，如 Cullinet Software 公司的 IDMS、Univac 公司的 DMS1100、Honeywell 公司的 IDS/2、HP 公司的 IMAGE 等。

a. 网状模型的数据结构

在数据库中，把满足以下两个条件的基本层次联系集合称为网状模型：①允许一个以上的结点无双亲；②一个结点可以有多于一个的双亲。

网状模型是一种比层次模型更具普遍性的结构。它去掉了层次模型的两个限制，允许多个结点没有双亲结点，允许结点有多个双亲结点，此外它还允许两个结点之间有多种联系（称之为复合联系）。因此，网状模型可以更直接地去描述现实世界。而层次模型实际上是网状模型的一个特例。

与层次模型一样，网状模型中每个结点表示一个记录类型（实体），每个记录类型可包含若干个字段（实体的属性），结点间的连线表示记录类型（实体）之间一对多的父子联系。

从定义可以看出，层次模型中子女结点与双亲结点的联系是唯一的，而在网状模型中，这种联系可以不唯一。因此要为每个联系命名，并指出与该联系有关的双亲记录和子女记录。

b. 网状模型的数据操纵与完整性约束

网状模型一般来说没有层次模型那样严格的完整性约束条件，但具体的网状数据库系统对数据操作都加了一些限制，提供了一定的完整性约束。例如，DBTG 在模式数据定义语言中提供了定义 DBTG 数据库完整性的若干概念和语句，主要有：

（1）支持记录码的概念，码即唯一标识记录的数据项的集合；

（2）保证一个联系中双亲记录和子女记录之间是一对多的联系；

（3）可以支持双亲记录和子女记录之间的某些约束条件。例如，有些子女记录要求双亲记录存在才能插入，双亲记录删除时也连同删除。

c. 网状模型的优缺点

网状模型的优点主要有：

（1）能够更为直接地描述现实世界，如一个结点可以有多个双亲，结点之间可以有多种联系；

（2）具有良好的性能，存取效率较高。

网状模型的缺点主要有：

（1）结构比较复杂，而且随着应用环境的扩大，数据库的结构就变得越来越复杂，不利于最终用户掌握；

（2）网状模型的 DDL、DML 复杂，并且要嵌入某一种高级语言（如 COBOL、C）中，用户不容易掌握，不容易使用；

（3）由于记录之间的联系是通过存取路径实现的，应用程序在访问数据时必须选择适当的存取路径，因此用户必须了解系统结构的细节，加重了编写应用程序的负担。

3）关系模型

关系模型是最重要的一种数据模型。关系数据库系统采用关系模型作为数据的组织方式。

1970 年，美国 IBM 公司 San Jose 研究室的研究员 E.F.Codd 首次提出了数据库系统的关系模型，开创了数据库关系方法和关系数据理论的研究，为数据库技术奠定了理论基础。由于 E.FCodd 的杰出工作，他于 1981 年获得 ACM 图灵奖。

20 世纪 80 年代以来，计算机厂商新推出的数据库管理系统几乎都支持关系模型，非关系系统的产品也大都加上了关系接口。数据库领域当前的研究工作也都是以关系方法为基础。

a. 关系模型的数据结构

关系模型与以往的模型不同，它是建立在严格的数学概念的基础上的。这里只简单勾画一下关系模型。从用户观点看，关系模型由一组关系组成。每个关系的数据结构是一张规范化的二维表。以下是关系模型中的一些术语：

（1）关系（relation）：一个关系对应通常说的一张表。

（2）元组（tuple）：表中的一行即为一个元组。

（3）属性（attribute）：表中的一列即为一个属性，给每一个属性起一个名称即属性名。

（4）码（key）：也称为码键。表中的某个属性组，它可以唯一确定一个元组。

（5）域（domain）：域是一组具有相同数据类型的值的集合；属性的取值范围来自某个域。

（6）分量：元组中的一个属性值。

（7）关系模式：对关系的描述。

可以把关系模式和现实生活中的表格所使用的术语做一个粗略对比，如表 3-1 所示。

表 3-1　术语对比表

关系术语	一般表格的术语
关系名	表名
关系模式	表头（表的描述）
关系	二维表
元组	记录或行
属性	列
属性名	列名
属性值	列值
分量	一条记录中的一个列值
非规范关系	表中有表（大表中嵌有小表）

b. 关系模型的数据操纵与完整性约束

关系模型的数据操纵主要包括查询、插入、删除和更新。这些操作必须满足关系的完整性约束条件。关系的完整性约束条件包括三大类：实体完整性、参照完整性和用户定义的完整性。

一方面，关系模型中的数据操作是集合操作，操作对象和操作结果都是关系，即若干元组的集合，而不像格式化模型中那样是记录的操作方式。另一方面，关系模型把存取路径向用户隐蔽起来，用户只要指出"干什么"或"找什么"，不必详细说明"怎么干"或"怎么找"，从而大大地提高了数据的独立性，提高了用户生产率。

　　c. 关系模型的优缺点

　　关系模型具有下列优点：①关系模型与格式化模型不同，它是建立在严格的数学概念的基础上的；②关系模型的概念单一，无论实体还是实体之间的联系都用关系来表示，对数据的检索和更新结果也是关系（即表），所以其数据结构简单、清晰，用户易懂易用；③关系模型的存取路径对用户透明，从而具有更高的数据独立性、更好的安全保密性，也简化了数据库开发的工作。所以关系模型诞生以后发展迅速，深受用户的喜爱。

　　当然，关系模型也有缺点，例如，由于存取路径对用户是隐蔽的，查询效率往往不如格式化数据模型。为了提高性能，数据库管理系统必须对用户的查询请求进行优化，因此增加了开发数据库管理系统的难度。不过用户不必考虑这些系统内部的优化技术细节（王珊，2014）。

2. 三维空间数据模型

　　现代城市发展是一个"上天入地"的立体化过程，城市地下空间开发利用已成为关乎国计民生的焦点问题，只有实现地上地下协同规划，合理开发利用地下空间资源，才能实现人口、资源、环境的可持续发展。为实现城市地下空间的科学合理规划与可持续发展，很多城市通过建立三维地质模型，直观表达地层的厚度、岩性，以及空间形态。随着国内外三维地质建模技术的不断发展，三维地质模型的构建越来越趋于精细化，除了构建三维地质结构模型外，还需要构建反映地质体内部非均值性的高精度属性模型，并在此基础上，将地表景观模型、DEM、遥感影像、地理底图、地质图及地下三维地质结构模型、地质属性模型、地下管廊、地下管线、地下建（构）筑物模型等空间信息进行集成显示，构建整个区域的地上地下全空间多层次综合三维模型。

　　利用现代信息技术的最新研究成果，构建一个基于三维 GIS 和三维可视化技术的城市地下空间信息基础平台，以对城市地下空间数据进行有效的采集、存储、管理、可视化表达，以至网络化服务，已成为当前"数字城市"建设的必然要求，而三维空间数据模型是城市地下空间信息基础平台的基础，空间数据模型问题已成为城市地下空间信息基础平台构建过程中首先要解决的关键问题。

　　在过去的几十年，国内外学者围绕三维 GIS 的理论研究与产品开发的目的，对三维空间数据模型进行了较为深入的研究，针对不同的空间现象研究了不同的空间构模方法，提出了许多种三维空间数据模型，比如三维拓扑模型、三维矢量数据模型（3DFS）、规则三维格网模型（Regular 3D Grid）、结构实体几何模型（CSG）、基于四面体的三维矢量模型（TEN）、基于不规则三角形格网与八叉树的混合数据模型（TIN-Octree）、基于八叉树和四面体格网的混合数据模型（octree-TEN）、矢量与栅格集成的面向对象三维空间数据模型（OO3D）、3D 矢量拓扑模型、基于不规则三角形格网与结构实体几何的混合数据模型（TIN-CSG）等。由于现实世界的复杂性和应用领域的特殊性，对三维空间数据模型的研究很难得到一个通用的三维数据模型，往往是根据研究领域具体描述对象的特点或功能要求进行特别考虑而设计出各具特色的三维数据模型。三维空间数据模型可以从几何特征、数据描述格式、构模单元几何类型、拓扑关系、模型混合类型等不同角度进行分类，最常见的分类如表 3-2 所示。

表 3-2 三维空间数据模型分类

	基于面表示的模型	基于体表示的模型		基于混合表示的模型
		规则体元	不规则体元	
矢量	不规则三角网（TIN）、边界表示（B–Rep）、线框模型（Wire Frame）、断面模型（Section）、断面–三角网（Section-TIN）、TIN 形式多层 DEMs、三维形式化数据结构（3D FDS）、面向对象三维几何目标数据模型（OO3D）、简化的空间数据模型（SSM）、三维城市模型（3DCM）等	结构实体几何（CSG）	四面体格网（TEN）、似（类）三棱柱（QTPV、GTP）、地质元包（GeoCellular）、不规则块体（Irregular Block）、实体模型（Volume）、3D-Voronoi 图	不规则三角网/结构实体几何（TIN–CSG）
栅格	规则格网（Grid）、形状模型（Shape）、格网形式多层 DEMs 等	体素（Voxel）、八叉树（Octree）、规则块（Regular Block）		
矢量栅格集成	格网-三角网混合数字高程模型（Grid–TIN）	针体（Needle）		八叉树/四面体格网（Octree–TEN）、线框模型/块（Wire Frame–Block）、不规则三角网/八叉树（TIN–Octree）

以上多种三维空间数据模型各有优缺点，现阶段基于矢量的数据模型特别是边界表示模型（B–Rep）仍然是主流的三维空间数据模型，现有的三维空间数据模型只能表达某一研究领域的三维实体，如地质体、规则建筑物等。为更好地表达城市地下空间中全部或大部分的三维实体的几何、拓扑及属性特征，学者朱良峰针对城市地下空间信息基础平台建模数据的特征和地质环境信息、

地下构筑物和地下管线建模及可视化要求，提出并设计了基于空间实体的三维矢栅混合数据模型（图 3-2），简称城市地下空间实体模型，其中三维矢量结构用于组织城市地下空间几何结构信息（包括三维地质体几何结构、地下构筑物、地下管线等），三维栅格数据结构用于组织表征地质体内部物理、化学属性参数的规则体数据，并根据地质属性建模与地质结构建模的关系和要求，实现由三维矢量结构（模型）向三维栅格结构（模型）的转换。城市地下空间数据信息主要有三类，即地质环境信息、地下构筑物和地下管线等。具体构建的三维空间实体模型可分为包括地下构筑物三维模型、地下管线三维模型、三维地质结构模型及三维地质属性模型，其中三维地质结构模型、地下建（构）筑物三维模型和地下管线三维模型是基于边界表示、地下空间实体和拓扑关系的三维矢量数据模型，地质属性模型是采用规则体元模型的三维栅格数据模型。

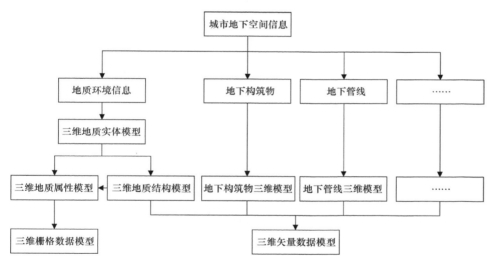

图 3-2　城市地下空间三维数据模型

3.3　城市地下空间数据结构与组织

空间数据结构是指对空间逻辑数据模型描述的数据组织关系和编排方式，对地理信息系统中数据存储、查询检索和应用分析等操作处理的效率有着至关重要的影响（汤国安，2019）。空间数据结构是城市地下空间系统沟通信息的桥梁，只有充分理解系统所采用的特定数据结构，才能正确有效地使用系统。

在城市地下空间系统中，较常用的有栅格数据结构和矢量数据结构，除此之外还有矢栅一体化数据结构、三维数据结构和拓扑结构等。空间数据结构的选择取决于数据的类型、性质和使用的方式，应根据不同的任务目标，选择最有效和最合适的数据结构。这些数据结构都具有方便管理、快速查询和准确性高等特点，为城市地下空间的管理和规划提供了有力的支持。

3.3.1 空间数据结构

1. 矢量数据结构

城市地下空间矢量数据结构是指将城市地下空间的地形、建筑物和地下设施等信息用矢量数据模型进行数据的组织。常见的矢量数据结构包括 ESRI Shapefile、MapInfo TAB 和 GeoJSON 等。

矢量数据结构的优点在于它可以精确地表示地下空间各组成部分的几何属性，这对于空间分析等任务来说非常有用，在这些任务中，数据中物体的精确位置和形状非常重要。另一个优点是它是可扩展的，这意味着它可以用来表示不同细节和分辨率水平的数据。例如，矢量数据结构可以用来表示整个城市地下空间的整体布局，以及该空间内单个隧道或公用设施的详细几何形状。

在城市地下空间的背景下，它可以用于表示城市地下空间中的地理信息，例如，使用矢量数据表示地下空间的几何属性，如隧道、公共设施线路和其他特征的位置、形状和大小。这可以为地下空间的空间特征提供精确和准确的表示。可以用来表示地下隧道、地下水管道和地下电缆的位置和方向。这些信息对于管理城市地下空间、规划施工项目，以及维护城市基础设施都非常重要。

总的来说，使用矢量数据结构表示城市地下空间数据，可以为理解和分析城市地下空间的复杂结构和系统提供一个灵活而强大的工具。

2. 栅格数据结构

栅格数据结构可以用来存储各种类型的地理信息，包括高程、温度、植被类型等。例如，在一个代表图像的栅格数据结构中，单元格的值可能代表图像中像素的颜色。在一个代表地理区域的栅格数据结构中，单元格的值可能代表该地点土地的海拔高度。常见的栅格数据结构包括 GeoTIFF、ERDAS IMAGINE 和 MrSID 等。

在城市地下空间中，栅格数据结构可以用来表示地下公共设施，如水和污水管道、电力和通信电缆，以及煤气管道。使用栅格数据表示地下空间的连续数据，如深度、温度、人流或物流。这可以提供一种灵活而有效的方式来表示和分析数据。栅格数据结构可以用来存储每个地下设施的位置、大小和类型的信息，从而实现对地下基础设施的有效分析和管理。例如，栅格数据结构可用于快速识别特定类型的公共设施的位置，或确定一个拟建设项目对现有地下公共设施的潜在影响。这可以帮助城市规划者和工程师做出明智的决定，避免对地下基础设施的冲突或破坏。

使用栅格数据结构来表示城市地下空间数据的一个优点是，它可以方便地可视化和表示连续数据，如不同位置的地下空间的深度或温度。这对于空间分析等任务来说非常有用，因为在这些任务中，了解数据的空间模式和趋势非常重要。另一个优点是它的计算效率高，它可以用来快速和容易地表示大量的数据。此外，栅格数据结构还可以用来支持地下空间规划和建设。例如，可以使用栅格数据结构来存储城市中地下空间的地质信息，这有助于地质勘探人员了解地下构造，并为建设者提供重要的决策依据。栅格数据结构可用于与城市地下空间有关的各种应用，如空间分析、三维建模和地形分析。例如，栅格数据可用于创建详细的地下空间三维模型，分析地下设施和其他特征的空间分布，并研究地下岩石的地质和地形。

总的来说，在城市地下空间的背景下，栅格数据结构提供了一种方便有效的方式来存储、访问和分析有关地下设施的位置和特征的信息。这可以帮助城市规划者和工程师做出明智的决定，有效地管理地下基础设施。

3. 矢量栅格一体化结构

目前，大多数地理信息系统平台都支持矢量数据和栅格数据这两种数据结构，而在应用过程中，应根据具体的目的，选用不同的数据结构。矢量和栅格数据结构各有优缺点，如何充分利用两者的优点，在同一个系统中将两者结合起来，是 GIS 中的一个重要的理论与技术问题。人们联想到能否，可以在记录每个面状地物的多边形边界的同时，还记录其中包含的栅格数据，这样，既保留了矢量数据的特性，又具有栅格数据的性质，从而将矢量与栅格数据形式统一起来，这就是矢栅一体化数据结构的基本概念。总体来看，一体化结构就是采用"细分格网"的方法，提高数据表示精度，这种数据结构中，同时具有矢量实体的概念，又具有栅格覆盖的思想。

矢栅一体化结构的优点是能够充分利用矢量数据结构的精确性和栅格数据结构的快速性，提高数据的灵活性、适用性。常见的矢栅一体化数据结构包括 GeoTIFF 和 MrSID 等。

城市地下空间数据结构中的矢栅一体化结构是指将城市地下空间的地形、建筑物和地下设施等信息用矢量图形和栅格图像两种数据结构相结合的形式来表示。为城市地下空间的研究和管理提供了更为丰富的信息。

例如，矢量栅格一体化数据可用于表示地下基础设施，如管线、隧道和地铁站，以及地下空间中的地形、土壤和地质特征。这些信息可以为城市规划、地下建筑物的设计和建造，以及地震准备等方面提供重要的参考。此外，矢量栅格一体化数据还可用于分析地下基础设施的运行状态和使用情况，从而支持对地下空间进行有效的管理和维护。例如，通过对管线的监测，可以及时发现和修复损坏的管道，避免可能导致的泄漏和环境污染。

将矢量和栅格结合起来，创建地下空间的综合模型或模拟，这可以提供一个更完整和真实的空间表现，并允许探索和分析不同的情况和潜在的变化。利用矢量和栅格数据的优势，更有效地进行空间分析和其他任务，如识别数据中的空间模式和趋势，预测空间变化的影响，以及优化地下空间的布局和配置。

总之，矢量栅格一体化数据为城市地下空间的研究和管理提供了一种有效的工具，有助于更好地利用城市地下空间，为城市发展和居民的健康和安全提供保障；有助于改善空间数据的管理和分析，支持地下基础设施的规划和发展。

4. 三维数据结构

目前 GIS 主要还停留在处理地球表面的数据，若数据是地表以上或者以下，则先将其投影到地表，再进行处理，其实质是以二维的形式来进行模拟、处理数据，在有些领域可行，但涉及三维问题的处理时，往往力不从心，三维GIS 的要求与二维 GIS 相似，但三维数据在组织与重建，三维变换、查询、运算、分析、维护等方面要复杂得多。

三维数据结构旨在存储和管理三维空间中的数据。这种类型的数据结构通常用于计算机图形、工程和地理空间分析等领域，这些领域的数据在三维空间中被表示和操作。

在三维数据结构中，数据通常被组织成一个对象或元素的层次结构，每个元素代表三维空间中的一个特定实体或特征。例如，一个三维数据结构可能代表一个建筑物的三维模型，数据结构中的每个元素代表建筑物的不同部分，如墙壁、窗户或门。三维数据结构可以用各种不同的方法来实现，这取决于应用程序的具体要求。例如，三维数据结构可以使用几何基元的组合来实现，如点、线和多边形，或使用基于网格的方法，其中数据被表示为三维空间中的单元的规则阵列。

三维数据结构在三维空间中表示和操作数据，优点在于能够更好地表示城市地下空间的真实空间结构和特征，并且可以方便地进行三维建模和分析。三维数据结构支持复杂的操作和转换，如旋转、缩放和平移，使数据能够以各种方式被操作。三维数据结构可以是分层的，数据被组织成树状结构，允许有效地表示复杂的物体和场景。还可以针对不同的应用进行优化，为特定的目的设计特定的数据结构，如渲染、模拟或分析。使用三维数据结构来表示城市地下空间数据的一个优点是，它可以更真实和全面地表示空间，包括垂直维度和空间的不同组成部分之间的关系。这对于空间分析和可视化等任务是非常有用的，有助于了解空间的全部三维结构和空间变化的潜在影响。

使用三维数据结构的另一个作用是，它支持使用三维可视化和分析工具，如三维模型和模拟，这可以提供一个更直观和可互动的方式来探索和分析数据。例如，三维数据结构可用于创建地下空间的虚拟模型，允许以一种更真实和可参与的方式探索不同的场景和空间的潜在变化。常见的三维数据结构包括CityGML 和 COLLADA 等。

三维数据结构缺点是实现和管理较为复杂，需要专门的算法和数据结构来支持三维空间中的数据操作。三维数据结构可能需要大量的存储和计算资源，这取决于所代表的数据的大小和复杂性。三维数据结构可能难以理解和解释，特别是对那些不熟悉数据结构和组织的用户。三维数据结构对数据中的错误和不一致可能很敏感，如果不仔细管理和验证数据，会导致误差或其他问题。

在城市地下空间的背景下，三维数据结构可以用多种方式来表示和分析城市地下空间数据。例如，三维数据结构可用于存储和操作有关地下基础设施的数据，如公用事业线路、交通系统和其他元素。这些数据可以用分层结构表示，数据结构中的每个元素都代表地下空间的一个特定部分，如隧道、车站或通风井。

三维数据结构也可用于存储和管理有关地下空间物理特性的数据，如地质数据、地下水位和土壤特性。这些数据可用于支持地下结构的设计和施工，或评估不同地下开发项目的可行性。三维数据结构可以表示地下空间的几何属性，如隧道、公用事业线和其他特征的位置、形状和大小。这可以提供一个更真实和全面的空间表现，并允许分析空间的不同组成部分之间的关系。

此外，三维数据结构还可以用来表示和处理不同地下元素之间的空间关系的数据，如隧道之间的距离、不同车站的海拔、或不同交通系统的连接。这些数据可用于支持地下空间的规划和管理，并实现数据的有效分析和可视化。

利用三维可视化和分析工具的能力，能更有效地进行空间分析和其他任务，如识别数据中的空间模式和趋势，预测空间变化的影响，以及优化地下空间的布局和配置。利用三维数据结构支持城市地下空间的新技术和新应用的开发，如用于探索和分析的虚拟现实工具，或用于地下空间规划和管理的数据驱动决策系统。

总的来说，使用三维数据结构可以实现对城市地下空间相关数据的有效存储和操作，可以支持地下空间基础设施和设备在规划、设计和管理中的广泛应用。

5. 动态数据结构

城市地下空间的动态数据结构是指将城市地下空间的地形、建筑物和地下设施等信息用能够随时间变化的数据结构来表示。动态数据结构通常包含时间序列数据和事件数据两种类型，可以表示城市地下空间的时间变化和事件特征。可以方便地进行时空分析和模拟。常见的动态数据结构包括 Time Series GIS 和 Event GIS 等。

有许多不同类型的动态数据结构可用于存储和操作有关城市地下空间的数据。例如，一个链表可以用来存储不同地下设施的位置和属性信息，如水管、电缆和污水管道。一个动态数组可以用来存储和处理关于地下隧道或其他地下结构的尺寸和布局的数据。堆栈或队列可用于管理有关地下设备或其他资产的位置和状态的数据。

动态数据结构在城市地下空间中的应用主要包括以下几点：

（1）进行时空分析和模拟。动态数据结构能够提供丰富的时空信息，可以用来进行时空分析和模拟，例如模拟地下车库的客流量变化情况等；

（2）表示地下设施的时空变化情况。动态数据结构能够记录城市地下空间中地下设施的时间序列数据和事件数据，可以用来表示地下设施的时空变化情况，例如地下管线网络中水流量和水压的变化情况，并且可以对不同时间段进行比较，从而分析水管网络的可靠性和安全性；

（3）支持动态编辑和更新。动态数据结构能够支持动态编辑和更新，它能够随着数据的增加或删除而动态地改变其结构。假设我们正在管理一个城市地铁系统，为了跟踪每条地铁线路中所有的车站，我们可以使用一个动态数据结构，如链表或数组，来存储车站信息。如果要新增或删除一个车站，我们就可以动态地更新数据结构，而不需要重新创建整个数据结构。此外，动态数据结构还可以用于处理城市地下空间中的路线规划问题。例如，我们可以使用一幅图来表示地铁网络，并使用动态数据结构来存储每个节点之间的边。这样，当新增或删除一条线路时，我们就可以动态地更新图中的边信息，而不需要重新创建图。

如在城市地铁系统中，可以使用图的数据结构对各个车站之间的连通性进行维护。当新的地铁线路建成时，可以动态地将新的车站添加到图中，并在必要时修改图中车站之间的连接关系。在管理地下停车场时，可以使用动态数据结构来维护停车位的使用情况，以便随时确定哪些停车位可以使用，哪些已经被占用。在城市地下水管网维护中，可以使用树的数据结构来维护水管网络的层次结构，方便查询和管理水管的连接关系。在城市地下通道管理中，可以使用链表的数据结构来维护各个地下通道的连通性信息，以便随时查询和管理地下通道的使用情况。

总之，动态数据结构在城市地下空间中可以用于处理各种数据管理和路线规划问题，使得我们能够更加灵活、高效地维护和管理各种信息。

6. 拓扑数据结构

具有拓扑关系的矢量数据结构就是拓扑数据结构。城市地下空间数据结构的拓扑数据结构是指将城市地下空间的地形、建筑物和地下设施等信息用拓扑关系来表示的数据结构。拓扑结构通常由点、线和面三种元素组成，每个元素都有相应的坐标和属性信息，同时还有相邻关系和连通关系等拓扑关系。

拓扑结构的优点在于能够更好地表示城市地下空间的空间结构和连通性，并且可以方便地进行拓扑分析和编辑。它可以有效地分析数据集中的对象之间的连接和空间关系。通过以正式和结构化的方式表示对象之间的关系，拓扑数据结构可以被用来快速和容易地分析地下特征的连接性和相邻性，以及识别数据中的空间模式和关系。常见的拓扑数据结构包括 TopoJSON 和 Geopackage 等。

使用拓扑数据结构对数据集中的对象进行操作和编辑，由于对象之间的空间关系在数据结构中被明确表示出来，一个对象的变化可以自动传播到与之相连的其他对象，减少了手动更新的需要，确保了数据的一致性和完整性。

拓扑数据结构以多种方式应用于城市地下空间的研究和管理，一些潜在的应用包括：

（1）地下特征的绘图和可视化。拓扑数据结构可用于创建地下空间的详细地图，显示隧道、公共设施和其他特征的位置和连接。这可以为基础设施的规划和管理，以及应急响应和其他应用提供有价值的信息。

（2）对空间关系的分析。拓扑数据结构可用于分析不同地下特征之间的空间关系，如公用设施之间的接近程度，或隧道的连接情况。拓扑数据结构可以用来分析地下管线网络的连通性，找出管道断点和环路等信息，并且可以方便地进行管道网络的修改和维护。这可以为地下空间的组织和结构提供有价值的见解，并可以支持各种情况下的决策。

（3）基础设施规划和管理。拓扑数据结构可用于支持地下基础设施的规划和管理，如公用设施和交通系统。通过表示基础设施的不同组成部分之间的空间关系，拓扑数据结构对其进行有效的规划和管理。

总的来说，使用拓扑数据结构可以为城市地下空间的研究和管理提供有价值的支持，为该空间中的对象和特征之间的空间关系提供详细和准确的表述。

3.3.2　空间数据组织

空间信息技术包括空间数据获取、空间数据处理和空间数据应用 3 个部分，而空间数据管理必将成为上述 3 种技术的基础和核心。在数据获取过程中，空间数据库用于存储和管理空间信息及非空间信息。在数据处理系统中，它既是资料的提供者，也可以是处理结果的归宿处。在检索和输出过程中，它是形成绘图文件或者各类地理数据的数据源。然而，空间数据具有的数据量以及空间复杂性，使其组织与管理给传统数据库系统带来巨大挑战。通过合理的数据组织，可以更好地管理城市地下空间，并为相关决策提供便利。

1. 空间数据库

通用数据库作为文件管理的高级阶段，是建立在结构化数据基础上的。而空间数据具有其自身的特殊性，这就使得通用数据库管理系统在管理空间数据时表现出较多不相适应的地方。城市地下空间数据库是某一区域内关于一定地理要素特征的数据集合，是城市地下空间系统在计算机物理存储介质存储的与应用相关的地理空间数据的总和，一般是以一系列特定结构的文件形式组织在存储介质上。也就是说，城市地下空间数据库是存储和管理地下空间数据的载体。

城市地下空间数据库的特点包括：

（1）它可以存储大量的城市地下空间信息，城市地下空间系统是一个复杂的综合体，要用数据来描述各种地理要素，尤其是要素的空间位置和空间关系等，其数据量往往很大。

（2）它可以利用 GIS 技术来展示城市地下空间信息，方便用户查询和分析。

（3）它可以为城市建设提供重要的信息支持，数据应用广泛，帮助城市管理者更好地规划城市发展。

空间数据库的组成，从类型上分为栅格数据库和矢量数据库两类，其中栅格数据包括航空遥感影像数据和 DEM 数据，矢量数据则包括各种空间实体数据（图形和属性数据）。如图 3-3 所示。

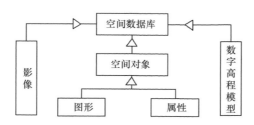

图 3-3　空间数据库的组成

总之，城市地下空间数据库是一种重要的工具，可以帮助我们更好地理解城市地下空间的结构和功能，为城市发展提供重要的信息支持。

2. 空间数据管理

城市地下空间的数据特征主要包括：

（1）空间特征。每个空间对象都具有空间坐标，即空间对象隐含了空间分布特征。在空间数据组织方面，要考虑它的空间分布特征，一般需要建立空间索引。

（2）非结构化特征。在当前关系数据库管理系统中，数据记录中每条记录都是定长的，而空间数据不能满足这种定长（结构化）要求。空间图形数据难以直接采用通用的关系数据管理系统。

（3）空间关系特征。空间数据除了空间坐标隐含空间分布关系外，还通过拓扑数据结构表达了多种空间关系。拓扑数据结构虽然方便了空间数据查询和空间分析，但也增加了数据处理的复杂度。在查找、显示和分析操作时都需要操纵和检索多个数据文件。

（4）数据类型多样性特征。城市地下空间的数据包括图像数据、三维地图数据、土壤污染数据、地下水位数据等等。不同观察比例尺具有不同的尺度和精度，同一地物在不同情况下也会有形态差异。

（5）分类编码特征。一般情况下，每个空间对象都有一个分类编码，这种分类编码往往是按照国家标准，或者行业标准、地方标准来应用的。

（6）海量数据特征。由于城市地下空间的面积很大，因此需要管理的数据量也非常庞大。这样的数据量在城市管理的其他数据库中是很少见的，由此，需要在垂直方向上划分层来进行组织。

基于以上特征，为了有效管理城市地下空间的数据，需要采用一些特定的数据管理技术。常用的方法是建立数据库来存储和管理所有的数据信息，这个数据库可以采用关系型数据库，也可以采用非关系型数据库，具体选择取决于实际情况。此外，为了方便管理人员查询和使用数据，还可以开发一些特定的数据管理软件，比如地下空间管理系统。这样，管理人员就可以通过这些软件来查询和管理地下空间的数据，提高工作效率。另外，为了保证数据的安全性，还需要对数据库进行安全设置，比如设置权限和密码，以防止数据被非法访问。同时，还需要定期备份数据，以防止数据丢失。

总的来说，城市地下空间的数据管理需要采用多种技术手段，包括数据库技术、数据管理软件、数据安全技术等。通过这些技术手段，我们可以有效管理城市地下空间数据，为城市建设和管理提供支持。

3. 空间数据组织

空间数据组织是组织、管理和存储空间数据的过程。地下空间数据可能有各种来源，包括遥感图像、地图和地理信息系统（GIS）数据等。空间数据组织通常需要专门的软件和技术来规范整合数据，使其能够被计算机识别和处理。城市地下空间数据组织指的是对城市地下空间的数据进行组织和管理的过程，不同的管理模式所对应的空间数据组织方式也不一样。空间数据组织对于分析地理环境、规划城市发展和管理资源等应用至关重要。

空间数据组织的一些关键特征包括：

（1）地理编码，即为数据点分配地理坐标的过程，使它们能够与其他空间数据一起被绘制和分析。

（2）数据整合，这涉及到将来自多个来源和格式的数据合并成一个单一的、标准化的数据集，以便于访问和分析。

（3）数据模型，这指的是定义不同数据元素之间关系的框架或结构，以及它们在空间中的相互关系。

（4）数据可视化，这指的是使用图形工具和技术，使得易于理解空间数据。

（5）数据分析，这涉及到使用统计和计算方法，从空间数据中提取有意义的见解，如识别模式、趋势和关系。

总的来说，空间数据组织的概念特征集中在使空间数据的管理、分析和展示变得高效和有效。这些特点使研究人员、规划人员和决策者能够根据准确的、最新的空间信息做出明智的决定。

在城市地下空间的背景下，地下空间数据可能包括地下建筑物的平面图、管线布局图、地下控制室的位置等。这些数据的组织有助于帮助工作人员更好地了解城市地下空间的布局，并为维护和管理地下空间提供便利。例如，工作人员可以通过查看平面图来了解城市地下空间的基本布局，包括哪些建筑物有地下楼层，哪些地方有管道，哪些地方有地下控制室等。这些信息可以帮助工作人员快速定位问题，并更快地解决问题。此外，地下空间数据的组织也可以帮助管理人员更好地维护和管理城市地下空间。例如，如果管理人员知道某些地方的管线需要定期检查和维护，他们就可以利用地下空间数据来安排工作人员对这些管线进行检查和维护。

城市地下空间数据组织是一项重要且复杂的工作，涉及多个领域，并且需要综合运用不同的技术和方法来处理和组织数据。这些技术和方法可能包括数据库和 GIS 等数据管理工具，以及数据整合和标准化等技术。通过这些工具和方法，我们可以更好地组织和利用城市地下空间数据，为决策提供更全面、更准确的信息。

4. 空间索引

空间索引帮助用户从数据库中快速检索、提取所需要的空间数据，来满足空间分析、模拟与决策的需要。空间索引就是指依据空间对象的位置和形状或者空间对象之间的某种空间关系，按一定的顺序排列的一种数据结构。作为一种辅助性的空间数据结构，空间索引介于空间操作算法和空间对象之间，它通过筛选作用，大量与特定空间操作无关的空间对象被删除，从而提高空间操作的速度和效率。

在这里，我们可以把城市地下空间数据索引看作是一种技术，它可以帮助我们快速查找和定位特定的城市地下空间数据。这种技术可以用来处理大量的城市地下空间数据，并且可以提供高效、精确的搜索能力。

城市地下空间数据索引可以通过各种方式来实现，例如基于数据库的索引、基于文本的索引和基于地理信息的索引等。这些索引方式都有各自的优劣，可以根据实际情况进行选择和应用。

基于文本的索引是通过对城市地下空间数据中的文本信息进行分析和处理，来实现对数据的索引。这种方式可以通过语言处理技术实现，并且可以支持多种语言。基于数据库的索引通过创建索引表和索引字段来实现对城市地下空间数据的索引。这种方式可以提供快速、精确的搜索能力，并且可以有效地利用数据库的性能优势。基于地理信息的索引则是通过利用地理信息技术来实现对城市地下空间数据的索引。这种方式可以利用地理坐标系统和地图数据，来精确地定位城市地下空间数据的位置，可以通过 GIS 等工具来实现，并且可以提供可视化的搜索界面，方便用户查找和定位数据。这种方式也可以通过在线地图服务来实现，使用户可以通过互联网访问城市地下空间数据。

总的来说，空间索引的性能的优劣直接影响空间数据库和地理信息系统的整体性能，它是空间数据库和地理信息系统的一项关键技术。可以帮助我们快速查找和定位城市地下空间数据，为决策提供更有价值的信息。

5. 数据库维护与更新

城市地下空间数据库是一个重要的信息资源，它记录了有关城市地下空间的各种信息。维护和更新这些数据库是一项重要且复杂的工作，它需要我们运用不同的技术和方法来保证数据库的准确性和完整性。数据库的更新维护不仅要从技术方法上，还要从管理的角度进行考虑（李春满，2009）。

维护与更新城市地下空间数据库的工作可能包括以下几个方面：

（1）备份数据库，这涉及创建一个数据库的副本，在发生数据丢失或其他灾难时可以用来恢复数据库。备份可以按照定期计划进行，如每天或每周，并可以存储在一个单独的服务器上或可移动存储设备上。

（2）优化数据库性能，这可以包括各种活动，如索引，有助于加快数据库查询的性能，以及碎片整理，这可以帮助提高数据库的整体效率。

（3）删除过期或不必要的数据，随着时间的推移，数据库可能积累了大量不再需要或不再准确的数据。删除这些数据可以帮助提高数据库的性能和效率。检查和修正城市地下空间数据库中的数据，以确保数据的准确性和完整性。这可能包括去除重复的数据、更正错误的数据、补充缺失的数据等。

（4）数据更新，数据更新是数据库保持生命力的重要保证。城市地下空间数据是一个动态的系统，它随时都可能发生变化。因此，我们需要不断更新数据库中的数据，以确保数据的有效性。这可能包括收集来自各种渠道的最新数据，并将其整合到数据库中。新的数据必须被添加到数据库中，因为它是可用的。这可以包括新建成或发现新的地下空间的信息，及对现有地下空间的更新。

（5）更新数据库模式，数据库模式是数据库的结构或布局，它定义了数据库中的表、字段和数据之间的关系。随着组织需求的变化，数据库模式可能需要更新，以确保数据库中信息的准确性和实用性。

总的来说，城市地下空间数据库的维护和更新是一项重要且复杂的工作，它需要我们运用不同的技术和方法来确保数据库的准确性和完整性。包括数据清洗、数据更新和数据整合等工作。通过这些工作，我们可以确保城市地下空间数据库中的数据是及时、准确和完整的，为决策提供更有价值的信息。可以帮助城市规划者、工程师和其他专业人士就城市地区地下空间的使用和发展做出明智的决定。

3.4　课　后　习　题

1. 尝试自己收集地下空间数据，并将收集到的数据分别从城市地下空间的用途、形成原因和开发深度三个方面进行分类。

2. 简述城市地下空间资源的特点，并思考其与城市地上空间资源的区别。

3. 通过本章的学习，了解了城市地下空间信息基础平台所涉及的三维空间实体/对象与数据模型，简述城市地下空间三维实体的构成及三维几何结构信息的基本构成。

4. 简述城市地下空间信息常见的数据类型与其特点。

5. 简述城市地下空间数据模型的类型及各个类型的优缺点。

6. 简述城市地下空间数据结构的类型及各个结构类型的特点。

参 考 文 献

陈宏刚. 2005. 钱江新城核心区地下空间规划管理研究. 杭州: 浙江大学.

陈志龙. 2006. 浅谈城市地下空间规划的前瞻性和可操作性. 地下空间与工程学报, (S1): 1116-1120.

程朋根. 2005. 地矿三维空间数据模型及相关算法研究. 武汉: 武汉大学.

葛剑雄. 2002. 对中国人口史若干规律的新认识. 学术月刊, (4): 92-100.

侯恩科, 吴立新. 2002. 面向地质建模的三维体元拓扑数据模型研究. 武汉大学学报(信息科学版), (5): 467-472.

李满春. 2009. GIS 设计与实现. 北京: 科学出版社.

刘潭仁. 2005. 基于粗糙集和遗传算法的空间数据挖掘技术研究. 重庆: 重庆大学.

刘义海. 2013. 八方向法与全路径法对矢量线要素栅格化的比较. 科技资讯, (10): 66.

罗靖, 罗威. 2003. GIS 与 CAD 相结合的方法探索. 四川建筑, (1): 16-18.

聂俊兵, 谢迎春. 2007. 基于特征的空间数据模型及新一代地理信息系统. 西部探矿工程, (9): 73-75.

宋敏聪. 2012. 基于社会经济因素的城市地下空间开发潜力评估. 天津: 天津商业大学.

汤国安. 2019. 地理信息系统教程(第二版). 北京: 高等教育出版社.

王芳. 2019. 数字城市地下空间三维技术研究进展. 绿色科技, (20): 201-203.

王珊. 2014. 数据库系统概论. 北京: 高等教育出版社.

王曦. 2016. 基于功能耦合的城市地下空间规划理论及其关键技术研究. 南京: 东南大学.

王妍. 2016. 物联网感知数据处理关键技术研究. 辽阳: 东北大学.

魏鹏. 2014. 中小城市人民防空体系规划研究. 西安: 西安建筑科技大学.

吴冬静. 2012. 地下空间多功能多层次整合研究. 保定: 河北农业大学.

张翔翔. 2017. 基于状态数据的包装生产线故障诊断方法研究. 温州: 温州大学.

郑坤, 刘修国, 吴信才, 等. 2006. 顾及拓扑面向实体的三维矢量数据模型. 吉林大学学报(地球科学版), (3): 474-479.

朱良峰, 庄智一. 2009. 城市地下空间信息三维数据模型研究. 华东师范大学学报(自然科学版), (2): 29-40.

Kang-tsung Chang. 2016. Introduction to Geographic information systems. New Jersey: Wiley.

第4章　城市地下空间数据采集与处理

城市地下空间数据采集与处理是指对城市地下空间的各类信息进行收集和加工处理的过程，是一个复杂且需要高精度作业的过程，需要专业的测绘地理信息技术支持。城市地下空间数据对于城市的规划、建设和管理有着重要的作用，能够为城市的可持续发展提供有力支撑。

4.1　城市地下空间数据采集内容

4.1.1　城市地下空间的数据分类

城市地下空间一般是指城市规划区内地面之下，或在地层内部一定长度、宽度、高度内的空间。地理信息、地质数据、岩土工程数据、地下管线数据、地下建（构）筑物数据构成了城市地下空间数据范围。城市地下空间数据的主要采集内容包括：

（1）地下空间本体数据：包括地下建（构）筑物、通道、管线、综合管廊等地下设施的位置、结构、尺寸、材质等相关数据，涵盖设施管理类信息、属性类信息、安全隐患类信息三类；

（2）地下空间利用数据：包括地下空间的利用情况，以及地下车库、地下商业区、地下车站、地下通道等的产权单位、运营单位、建设用途、面积、容量等相关数据；

（3）地下空间规划与设计数据：与地下空间规划与设计相关的数据，包括规划方案、设计图纸、地下空间布局、建设成本等相关数据；

（4）地下空间环境数据：地下空间所处的环境数据，包括空气质量、温度、湿度、噪声水平等，以及地下空间的采光、通风、排水、周边地质隐患等相关数据；

（5）地下空间安全数据：包括地下空间的安全设施、消防系统、监测设备等相关数据，以及地下空间的安全管理情况、安全隐患排查（本体及其环境）及事故记录等相关数据；

（6）地下空间维护与管理数据：地下空间的维护与管理情况，包括维修记录、巡检报告、在线监测、设备运行状态等相关数据；

（7）地下空间交通与流量数据：地下空间的交通流量数据，包括车辆流量、人员流量、交通拥堵情况等，以及与地下空间交通相关的数据，如地下车库的停车位使用情况等；

（8）地下空间历史与文化数据：地下空间的历史文化价值，包括历史遗迹、文物保护区等相关数据。

以上数据的采集可以通过实地调查、勘查测量、遥感影像解译、设备监测、地球物理探查等方式进行。收集和整理这些数据可以为城市化地下空间的规划、设计、施工和管理提供重要依据，帮助决策者和规划者更好地利用和管理地下空间资源。

参照《城市地下空间数据规范》（DB3401/T 230—2021），城市地下空间数据分类采用线分类法，按从属关系设置大类、中类、小类三层类别。每个类别所包含的数据分类见表 4-1。

表 4-1　地下空间数据分类表

序号	数据大类（简称）	数据中类（简称）	数据小类（简称）
1	综合管廊（GL）	综合管廊（GL）	管廊线路基本信息（ZT）
			舱体信息（CT）
			舱室信息（CS）
			通道信息（TD）
			重要节点信息（JD）
			其他管廊设施信息（QT）
2	地质（DZ）	地质勘查（DK）	地质钻孔信息（ZK）
			地质地层信息（DC）
			断层信息（DS）
			地下含水层（带）信息（HS）
			地下采空区信息（CK）
			垃圾填埋场信息（TM）
			其他地质调查信息（QT）
		地质环境监测（DH）	土地环境质量监测信息（TD）
			地下水检测信息（DS）
			地面沉降检测信息（DC）
			重大工程沉降检测信息（GJ）
			其他地质环境监测信息（QT）

续表

序号	数据大类（简称）	数据中类（简称）	数据小类（简称）
3	地下建筑物（JZ）	地下公共服务设施（GF） 地下工业级仓储设施（GC） 地下防灾减灾设施（FZ） 地下居住设施（DZ）	总部基本信息（ZT）
			内部分层信息（FC）
			出入口信息（CR）
			内部通道信息（TD）
			附属设施信息（FS）
4	地下交通设施（JT）	地下轨道交通设施（GD）	轨道线路总体信息（ZT）
			区间隧道信息（QJ）
			辅助线路（联络通道）信息（FX）
			轨道交通场（车）站信息（CZ）
			其他附属设施信息（FS）
		地下道路设施（DL）	地下道路总体信息（ZT）
			地下通道中心线信息（ZX）
			区间路段信息（QJ）
			地下车（场）站信息（CZ）
			附属设施信息（FS）
		地下停车设施（TC）	地下停车设施信息（TC）
5	地下管线（GX）	地下管线（GX）	执行 DBHJ/T 016—2016
6	地基基础（DJ）	浅基础（QJ）	总体概况信息（ZT）
		深基础（SJ）	基桩信息（JZ）
		其他基础（TJ）	围护信息（WH）
7	其他地下空间（QT）	其他地下空间（KJ）	其他地下空间信息（QT）

城市地下空间的规划和设计过程中，为了统筹地下空间基础设施的对接和连通，提供地下空间规划和设计的依据及地下空间建设的风险评估和风险分析等，还需要采集一些地上数据以提供丰富全面、空间协调的信息，主要包括：

（1）地表地形数据：地表地形数据描述了地上地形的高程变化和形态特征，包括地势起伏、河流、湖泊、山脉等。这些数据可以用于地下空间规划的地表交通、排水和水资源管理等方面；

（2）建筑物数据：建筑物数据提供了地上建筑物的位置、高度、用途、面积、建筑类型等信息。这些数据对于地下空间规划中与地上建筑物的关联性和隐患检测至关重要；

（3）道路和交通数据：道路和交通数据包括道路网络、道路等级、交通流量、交通规划等信息。这些数据对地下空间规划中与道路交通的联系、交通疏导和交通设施布局等方面至关重要；

（4）绿地和公共空间数据：绿地和公共空间数据描述了城市中的公园、广场、绿化带等地面上的开放空间。这些数据对于地下空间规划中的绿化、景观和公共设施的布置具有指导意义；

（5）土地利用数据：土地利用数据描述了土地的不同用途和分区，如住宅区、商业区、工业区等。这些数据对地下空间规划中的土地利用、用地变更和功能组织等方面具有重要影响；

（6）自然和环境数据：自然和环境数据包括气候、植被、水资源、生态环境等信息。了解地表的自然和环境条件，有助于地下空间规划中的生态保护、水资源管理和环境影响评估等方面。

通过采集这些地上数据，对城市化地下空间的空间数据进行综合分析，可以得到更全面、准确的地理信息，为地下空间规划和设计提供更可靠的依据。

4.1.2 城市地下空间的采集内容

1. 空间数据

空间数据可以用于许多领域，包括地理信息系统（GIS）、城市规划、生态环境、自然资源、应急响应、农业农村、交通规划等。通过分析和可视化空间数据，我们可以了解地理空间的模式、趋势和关联性，从而做出更准确的决策和规划。空间数据主要采集的是几何数据，几何数据描述了地理要素的形状、大小和位置。它们可以以点、线、面、体等几何对象的形式表示，用于确定地理要素在地球表面上的位置和空间分布。以下为主要采集的几何数据内容：

（1）地下通道的几何数据：包括地下通道的长度、宽度、高度、截面形状（如圆形、方形、椭圆形等），以及弯曲半径等几何特征；

（2）地下管线的几何数据：包括地下排水管线（雨水、污水、合流）、给水管线、燃气管线、电力管线等管线的长度、管径（断面尺寸）、数量、流量、压力（电压）、坐标、高程、埋深等几何属性；

（3）地下结构的几何数据：包括地下建筑物、地下停车场、地下商场、地下车站等结构的平面布局、楼层数、面积、高度，以及出入口的位置和形状等几何属性；

（4）地下设施的几何数据：包括地下设施如管井、调压站、泵站、变电站等的位置、尺寸、形状、连接关系等几何属性；

（5）地下空间的地形数据：包括地下空间中地表和地下岩层的高程数据、地形图和剖面图等几何属性。这些数据可以通过地质勘探和激光雷达扫描等手段获取，以了解地下空间的高低起伏、地下水位等几何属性；

（6）地下空间的三维模型数据：使用激光扫描、摄影测量或其他三维建模技术，可以获取地下空间的三维模型数据。这些数据可以呈现地下空间的几何形状、结构和布局，为规划、设计和决策提供可视化的支持。

城市地下空间数据的采集可以通过各种技术手段进行，包括激光扫描仪、地球物理勘查设备、摄影测量仪、全站仪等。采集到的几何数据可以用于地下空间的规划、设计、建模、仿真，以及结构分析等方面。

2. 属性数据

属性数据提供了有关地理要素属性和特征的信息。它们描述了地理要素的性质、分类、数量、状态、质量等方面的属性。例如，建筑物的用途、土地利用类型、道路等级、人口密度等都是属性数据。城市地下空间的属性数据采集内容可以包括以下几个方面：

（1）设施属性数据：包括地下建筑物、地下停车场、地下商场、地下车站等设施的名称、用途、所有权、管理单位、建设年代、设计建设单位等信息；

（2）功能属性数据：描述地下空间的功能或用途，例如地下空间是用于停放车辆还是用于人防或商业，以及地下停车位的数量、地下商场的商铺面积、地下车站的乘客容量等；

（3）土地利用属性数据：包括地下空间的土地利用类型、土地所有权、土地使用权等信息；

（4）管线属性数据：涉及地下排水管线（雨水、污水、雨污合流）、给水管线、燃气管线、热力管线、工业管线、通信管线、电力管线、综合管廊等管网的类别、连接关系、埋设方式、管径、材质、特征、附属物、建构筑物等信息；

（5）管理属性数据：描述地下空间的管理情况，包括管理单位、责任人、维护计划、检修记录等信息；

（6）安全属性数据：包括地下空间的安全设施、逃生通道、防火设备、管网本体及管网敷设环境隐患等安全相关的信息；

（7）环境属性数据：涉及地下空间的环境条件，如地下空气质量、温度、湿度、噪声水平等信息；

（8）地质属性数据：包括地下地质特征，如岩层类型、地下水位、地下水质、地质灾害等信息；

（9）历史属性数据：涉及地下空间的历史沿革、文化价值、重要事件等相关信息。

城市地下空间数据的采集可以通过调查问卷、实地调查、档案资料查询、现场观察、地球物理勘查等方式进行。这些数据的收集与整理可以提供对地下空间的全面了解，支持城市地下空间的规划、管理和决策制定。

3. 其他类型数据

1）状态数据

城市地下空间的状态数据是指反映城市地下空间现状、特征、功能、利用程度、发展趋势等方面的数据，主要包括：

（1）地下空间资源数据，如地下空间总量、分布、结构、类型、形态等；

（2）地下空间利用数据，如地下空间用途、功能、效益、效率、占用率等；

（3）地下空间环境数据，如地下空间环境质量、影响因素、风险评估等；

（4）地下空间管理数据，如地下空间规划、建设、运营、维护、监管等。

通过状态数据的采集，可以为城市地下空间规划和设计提供基础数据和参考依据，为城市地下空间开发和利用提供科学指导和决策支持，为城市地下空间环境保护和风险防范提供监测和评估手段，为城市地下空间管理和服务提供信息和技术支持。

2）动态数据

动态数据是指随时间变化的信息，与固定不变的静态数据相反。在城市地下空间方面，动态数据可以包括关于地下空间的使用和需求的信息、地下空间监测数据信息，以及关于地下结构的状况和维护的信息。

（1）使用和需求数据，可以提供有关地下空间实际使用情况和需求变化的信息，帮助规划和优化资源分配。如地铁隧道的乘客流量、地下停车场的车辆使用情况等。

（2）监测数据，可以提供关于地下结构状态和性能的信息，有助于及早发现问题并进行维护。如实时或定期监测地下管道系统的流量、地下设施的结构健康等。

（3）维护和修理数据，可以提供关于结构健康状况和改进潜力的信息，有助于规划维护策略和资源管理。如记录维护频率、费用，以及维修工作的性质等。

（4）改建和扩建数据，可以提供关于地下空间发展和扩展的信息，支持城市规划和基础设施决策。如新建地下结构、扩大地下设施容量的信息等。

（5）环境数据，用于了解地下空间的舒适性和安全性，有助于改善环境条件。如地下空间内部和周围环境的实时或定期监测数据，包括空气质量、温度、湿度等。

通过动态数据的采集，有助于实时决策支持，资源优化，预测维护需求，规划和发展指南。总体而言，动态数据在城市地下空间的管理、规划和改进中起着关键作用，使决策者能够更全面、及时地了解空间的状态，并采取相应的措施以提升其效能。

3）感知数据

感知数据是指关于人们如何感知或体验一个特定地点或环境的信息。在城市地下空间的背景下，感知数据可以包括人们对使用地下空间（如地铁隧道或地下室）的感受，以及他们对这些空间的整体体验。例如，关于城市地下空间的感知数据可以包括人们的安全顾虑、他们的舒适程度，以及他们对使用这些空间的总体满意度等信息。这种类型的数据对于了解人们如何感知和体验地下空间很有价值，对于改善这些空间的设计和管理很有帮助。

城市地下空间的感知数据收集关系到人们如何感知和体验这些空间信息。这可能涉及各种方法和途径，如进行调查和访谈，收集反馈，以及使用传感器和其他技术来测量人们的体验。以下是城市地下空间感知数据采集涉及的一些例子：

（1）对使用地下空间（如地铁隧道或地下室）的人进行调查和采访，以收集他们的看法和经验的信息；

（2）从使用地下空间的人那里收集反馈，例如通过在线评论或社交媒体，以了解他们的意见和关注；

（3）使用传感器和其他技术来测量人们在地下空间的体验，如测量他们的心率、体温和其他生理反应，以了解他们的压力和舒适程度；

（4）对地下空间的设计和管理进行研究和分析，如评估照明、通风和其他影响人们在这些空间的体验的因素。

总的来说，城市地下空间的状态数据收集可以涉及各种方法和途径，并可以为城市地区的规划、发展和管理提供有价值的信息；动态数据收集可以为了解地下空间的使用和需求，以及地下结构的状况和维护提供宝贵的信息。这对城市地区的规划、发展和管理很有帮助；感知数据收集可以提供关于人们如何感知和体验这些空间的宝贵信息，并有助于改善其设计和管理。

4.2　城市地下空间数据主要采集方法和技术

4.2.1　数据采集方法

1. 地下空间数据采集测量方法

测量作业前，应进行踏勘，并搜集测区已有的地形图、设计图资料及控制点成果，了解地下空间地面、地下的联系通道及其位置以及地下空间的整体分布状况等。地下空间数据的采集应先控制后碎部，按照《城市地下空间测绘规范》（GB/T 35636—2017）规定（杨吉明，2021），地下空间测绘的控制测量可分为地面控制测量、联系测量和地下控制测量。控制测量的精度等级应根据地下空间测量的目的、地下空间工程的规模等进行选择。通过控制测量，将基准引入到地下，随后开展地下空间碎部测量，碎部测量简单来说就是测定碎部点的平面位置和高程，并将其绘制成成果图的工作。

1）地面控制测量

地面控制点应布设在邻近地下空间的地面出入口或其他地面与地下联系处。平面控制点数不应少于 3 个，每个控制点应与一个或以上控制点通视；高程控制点数不应少于 2 个。当已有地面控制点满足地下空间测量需要时，可直接利用。地面平面控制点相对于邻近高等级控制点的平面中误差不应大于50mm，地面高程控制点相对于邻近高等级控制点的高程中误差不应大于20mm。地面控制点的平面坐标和高程可分别通过平面控制测量和高程控制测量确定。地面控制测量的主要技术要求应符合相关规范标准的规定，如《城市测量规范》（CJJ/T 8—2011）等的规定（王丹等，2018）。

2）联系测量

当需要建立地下空间测量成果与地面测量成果间的关联、使地面与地下的平面坐标系统及高程基准保持一致时，应进行联系测量。联系测量可分为向地下传递坐标与方位角的平面联系测量和向地下传递高程的高程联系测量，可根据现场作业条件选择合适的方法。对大型和高精度要求的地下空间测绘项目，应采用双井联系测量或采用单井联系测量、斜井直接传递两种方法进行平面及高程传递，提高成果的精度和可靠性。

　　a. 平面联系测量

　　当可通过楼梯、车道或斜井等通道进行联系测量时，宜采用导线测量直接传递。需要利用竖井进行联系测量时，可采用联系三角形测量、投点定向测量或陀螺经纬仪与铅垂仪组合测量等方法（郭沈凡，2005）。利用全站仪导线测量直接传递坐标及方位应符合下列规定：

　　（1）地面与地下布设为一条导线并进行整体平差；

　　（2）地面及地下联系段的测站应进行左右角观测；

　　（3）应独立测量 2 次地下定向边的方位角值，其互差不大于 30″；

　　（4）当垂直角大于 30°时，应采用具有双轴补偿的全站仪，无双轴补偿时应进行竖轴倾斜改正；

　　（5）仪器和觇牌安置宜采用强制对中或三联脚架法；

　　（6）测回间应检查仪器和觇牌气泡的偏离情况，必要时应重新整平；

　　（7）导线边长应往返观测。

　　联系三角形测量作业前，应在地面和地下分别设置传递点。地面传递点应设在地下空间地面出入口附近，应有两个以上的方向通视。地下传递点为地下控制测量的起算点。在同一竖井内，可悬挂两根钢丝组成联系三角形，当精度要求较高时，应悬挂三根钢丝组成双联系三角形。联系三角形测量应符合下列规定（刘敏和康宏伟，2005）：

　　（1）钢丝直径宜选用 0.3mm，悬挂 10kg 重锤，重锤应浸没在阻尼液中；

　　（2）布置井上、井下联系三角形时，竖井中悬挂钢丝间的距离应尽可能长，并使联系三角形尽量呈直伸三角形；

　　（3）至少独立进行两次测量，当两次测量方位角的互差不大于 30″、任一方向的坐标差不大于 50mm 时，取其平均值作为测量结果；

　　（4）联系三角形边长测量可采用全站仪或经检定的钢尺进行丈量，每次应独立测量两测回，每测回四次读数，测回内每次读数较差应小于 1mm。地上与地下丈量的钢丝间距较差应小于 1mm。钢尺丈量时应施加钢尺检定时的拉力，并应进行倾斜、温度、尺长改正；

（5）角度观测应采用不低于 2″级方向观测精度的全站仪，观测 4 测回。

投点定向测量可在已有施工竖井平台或地面钻孔上架设铅垂仪向地下投点进行。投点定向测量应符合下列规定：

（1）所用铅垂仪的精度应不低于 1/40000；

（2）应至少向下投测两个点，点间应相互通视，间距应不小于 60m；

（3）投点应独立进行两次作业，取两次投测点的中心点作为最终结果。每次铅垂仪应严格置平、对中，并在 0°、120°和 240°三个位置分别投测三点，取该三个点的几何中心作为投测中心。

采用陀螺经纬仪与铅垂仪组合方式进行单点定向测量应符合下列规定：

（1）所用陀螺经纬仪标称定向精度应不低于 15″、铅垂仪的精度应不低于1/40000；

（2）地下定位点采用铅垂仪投测，作业要求应符合上述铅锤仪投点定向测量的相应规定；

（3）地下定向边陀螺方位角应独立进行三次测量，每次测三测回，测回间陀螺方位角互差应不大于 20″，三次测量陀螺方位角平均值中误差应不大于 12″。

b. 高程联系测量

当可通过楼梯，车道或斜井等通道传递高程时，宜采用三角高程测量或水准测量方法。需要通过竖井传递高程时，可采用悬挂钢尺法。采用三角高程测量方法时，可与导线测量直接传递作业同步进行。采用三角高程测量或水准测量方法进行高程联系测量时，应按地下高程控制测量的等级实施三角高程测量或水准测量作业（令紫娟，2013）。

采用悬挂钢尺法通过竖井传递高程时，应符合下列规定：

（1）地下传递点作为地下高程控制测量的起算点应不少于 2 个；

（2）钢尺上应悬挂与该钢尺检定时相同质量的重锤；

（3）地面和地下安置的两台水准仪应同时读数；

（4）应独立观测三测回，测回间应变动仪器高，各测回测得的地上、地下水准点间高差较差应小于 3mm，并取其中数作为高差值；

（5）应对所测高差应进行温度、尺长改正，当井深超过 50m 时，还应进行钢尺自重张力改正。

3）地下控制测量

地下控制测量包括平面控制测量和高程控制测量，其精度等级应根据地下空间测量的任务要求选择（刘海飞等，2013）。通过联系测量传递到地下的坐标、方位、高程，应作为地下控制测量的起算数据。地下平面控制点和高程控制点的标志及其埋设，应根据地下空间及工程情况确定。标志应埋设坚固，便于使用和保存。

a. 地下平面控制测量

地下平面控制测量宜采用导线测量方法进行，其精度等级可分为一级、二级、三级和图根级，一级、二级、三级地下导线测量的主要技术及观测要求与同等级地面控制测量相同。图根导线测量的技术要求应符合《工程测量标准》（GB/T 50026—2020）的规定。地下导线可根据地下空间的布局及范围布设。地下导线可附合于地上导线。地下导线可同级附合一次。地下导线无法布设附合导线时，可布设支导线。布设支导线时，应测定左右角，边长应往返观测。

当地下空间范围大、连通性好时，可分区布设导线。当布设的地下导线网形复杂或超长过多时，应组成结点网进行平差计算。地下空间有出入口的，导线宜经由出入口布设，也可通过联系测量方式进行地下导线的定向测量。地下导线测量中，导线边长可适当缩短，但导线边数不宜超过 12 条，超过时其测角精度应提高一个等级，且成果精度指标应符合相应等级的要求。导线相邻边长之比不宜超过 1∶3。当地下导线或支导线超长时，宜在导线中间或支导线 2/3 处采用陀螺经纬仪加测方位角。

b. 地下高程控制测量

地下高程控制测量可采用水准测量或三角高程测量方法。地下高程控制测量的精度等级分为三等、四等和图根级。三等、四等水准测量和四等三角高程测量的技术要求应符合《城市测量规范》（CJJ/T 8—2011）的规定（王巨才，2007）。

图根级水准测量可利用导线点布设成附合路线或闭合环，路线起始点不低于四等的高程点，附合路线或闭合环线长度不应大于 5km。附合路线或环线高程闭合差应不超过 $40\sqrt{L}$ mm（闭合差单位为 mm，式中：L 为测距边长，单位为 km）。当条件困难时，可布设图根水准支线，图根支线长度不得大于 2.5km，且应往返观测。图根级水准测量的作业要求应符合 GB/T 50026—2020 的规定。

图根级三角高程测量可使用全站仪进行观测，路线起始点应不低于四等的高程点上，边数不宜超过 12 条。附合路线或环线高程闭合差应不超过 $40\sqrt{[D]}$ mm（D 为测距边长，单位为 km）。图根级三角高程测量的作业要求应符合 GB/T 50026—2020 的规定。

4）碎部测量

碎部测量是根据比例尺要求，运用地图综合原理，利用图根控制点对地物、地貌等地形图要素的特征点，用测图仪器进行测定并对照实地用等高线、地物、地貌符号和高程注记、地理注记等绘制成地形图的测量工作，是在控制下直接进行散点测量（李楠，2016）。碎部点是决定地物地貌轮廓的特征点的统称。地物指的是地面上各种有形物（如山川、森林、建筑物等）和无形物（如省、县界等）的总称，泛指地球表面上相对固定的物体，如：房屋的角点、道路的交叉点、境界线的方向变化点。地貌即地球表面各种形态的总称，也能称为地形，如：山脚点、山顶、山脊线上的坡度变化处。碎部点的测量方法有极坐标法、方向交会法、距离交会法等，下文介绍常用的极坐标法。

极坐标法是根据测量站点上的一个已知方向，测定已知方向与所求点方向的角度和量测测量站至所求点的距离，以确定所求点位置的一种方法。如图 4-1 所示，设 A、B 为两已知控制点，欲测碎部点 1、2 的坐标，可以将仪器安置在 A 点，以 AB 方向为零方向，观测水平角 β_1、β_2，测定距离（水平距离）D_1、D_2（叶照强和李宏艳，2012）。具体步骤为：

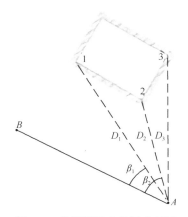

图 4-1　碎部测量中的极坐标法

（1）安置仪器于测站点 A（控制点）上，量取仪器高填入手簿；

（2）后视另一控制点 B 定向，水平度盘零；

（3）将棱镜安置在地物、地貌特征点上；

（4）观测转动照准部，瞄准棱镜，观测水平角并读数记录，观测水平距离（若不能直接观测水平距离，可观测竖直角和斜距经计算求得），量取目标高。

对于碎部点的编号要记清楚，要根据现场实际情况绘制草图；

（5）计算出碎部点的水平距离和高程；

（6）展绘碎部点，将测绘的碎部点展绘在相关图纸上。

2. 地下空间数据分类与编码

地下空间数据库中数据可包括地下空间的现状调查数据、现状测绘数据、三维模型数据、专题数据及其元数据。地下空间数据可按其描述的地下空间功能或特征进行分类并赋予代码。建立空间数据库的基础就是对地下空间要素进行分类和编码，这直接影响到系统内数据的组织、采集、存取、编辑和使用等方面，更影响到数据的共享和交换。地下空间分类可采用线分类法，并遵循科学性、合理性、实用性、可扩展性等原则，既能反映要素的类型特征，又能反映要素的属性、要素间相互关系，具有完整性，数据标准在要素的扩展信息上要具有可扩展性。分类代码长度以满足应用需要、易于分类识别等为原则确定。为与地面目标相区分，可在分类代码前设置统一的地下空间标识码。

建立地下空间数据管理系统时，可根据系统建设目的，拟包含的地下空间类型及数据情况等，通过技术设计确定具体分类及编码方案。地下空间按其功能分类编码时，应符合《城市地下空间设施分类与代码》（GB/T 28590—2012）的规定。

地下空间数据测绘涉及地下空间设施代码为层次码结构，数据编码方法根据地下空间的类别、实际需求进行编码，由阿拉伯数字加上层数附加码表示（徐东风等，2015）。城市地下空间设施的信息代码结构如图 4-2 所示。

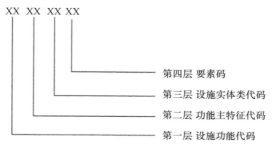

图 4-2　地下建（构）筑物信息的代码结构示意图

第一层为"设施功能代码"，完全按照国家标准《城市地下空间设施分类与代码》（GB/T 28590—2012），用于标识城市地下空间设施主要功能，取值如

表 4-2 所示。

表 4-2　城市地下空间设施功能分类代码表

设施功能代码	设施名称
01	地下电力设施
02	地下信息与通信设施
03	地下给水设施
04	地下排水设施
05	地下燃气设施
06	地下热力设施
07	地下工业管道设施
08	地下输油管道设施
09	地下综合管沟（廊）设施
21	地下固体废弃物运输设施
31	地下公共服务设施
32	地下工业及仓储设施
33	地下防灾减灾设施
34	地下交通设施
35	地下居住设施
41	基础
99	其他

　　第二层为"功能主特征代码"，作为上位类"设施功能代码"的细分，用于标识"设施功能"的最主要特征，取值范围为 01～99；

　　第三层为"设施实体类代码"，用于标识城市地下空间某种设施功能相对应的设施实体分类，取值范围为 01～99；

　　第四层为"要素码"，用于标识地下空间设施内部各类通用地理信息的要素，设定通用的地下空间内部地理信息要素不按照设施功能类别进行分类，第一层至第三层代码补"00"；第四层要素码取值"00"时为标识地下空间总范围线要素，取值"01"时为标识地下空间层次范围线要素（见表 4-3）。

表 4-3　要素码分类代码表

要素码	说明
00	标识地下空间总范围线要素
01	标识地下空间层次范围线要素
02～99	通用的地下空间内部地理信息要素

3. 地下空间数据入库

地下空间数字化输入的主要目的是将外业测绘、调查的原始数据资料进行编辑、整理、检查,形成准确、完整的数据成果,再进行入库。该数据是构建地下空间数据库的直接数据源。地下空间数据入库包括对收集到的地下数据建库及将地面上的已有数据进行统一处理。

1)数据建库

应在分析地下空间数据的类型、特征、更新与维护方式,以及管理需求的基础上,进行地下空间数据库的设计,并通过试验检验完善。

地下空间数据宜根据数据类型和几何特征采用面向对象的方式进行组织,并实现逻辑上的无缝衔接。地下空间数据库采用数据库管理系统及空间数据引擎统一管理地下空间的几何数据和属性数据。地下空间数据库应具有完善的扩展、更新、安全管理等能力。地下空间数据库设计完成后,可按数据准备、库体创建、数据入库前检查、数据处理、数据处理后检查、数据入库、数据入库后检查等步骤实施建库。地下空间数据库应按照《基础地理信息城市数据库建设规范》(GB/T 21740—2008)的规定进行测试验收、安全保障和运行维护(李红亮等,2018)。

2)地面综合数据库

建设地下空间数据管理系统宜具有下列地面综合数据:

(1)基础地理信息数据,包括描述建筑、道路、水系、管线、植被、地貌等特征的矢量数据,数据对应的比例尺一般为1:500~1:2000;

(2)遥感影像数据,包括地面分辨率不低于0.5m的数字正射影像数据。

地面综合数据可采用二维数据。当系统需要实现地上与地下三维一体化管理或展示时,应采用三维数据。地面综合数据库应按照GB/T 21740的规定和地下空间数据管理系统的建设要求进行设计、建立和维护。地面综合数据库应优先通过与基础地理信息、规划管理、国土资源管理等系统共享协同的方式建立和维护。

4.2.2　主流技术

1. 室内定位技术

1)室内 GNSS 定位技术

全球导航卫星系统(global navigation satellite system,GNSS)是目前应用

最为广泛的定位技术。当 GNSS 接收机在地下空间设施等室内工作时，由于信号受建筑物的影响而大大衰减，定位精度也很低，要想达到室外一样直接从卫星广播中提取导航数据和时间信息是不可能的。为了得到较高的信号灵敏度，就需要延长在每个码延迟上的停留时间，A-GNSS 技术为这个问题的解决提供了可能性。室内 GNSS 技术采用大量的相关器并行地搜索可能的延迟码，同时也有助于实现快速定位。利用 GNSS 进行定位的优势是卫星有效覆盖范围大，且定位导航信号免费。缺点是定位信号到达地面时较弱，不能穿透建筑物，而且定位器终端的成本较高。

2）室内无线定位技术

随着无线通信技术的发展，新兴的无线网络技术，例如 Wi-Fi、ZigBee、蓝牙和超宽带等，在城市地下空间涉及的办公室、仓库和工厂等区域得到了广泛应用。

（1）红外线室内定位技术。红外线室内定位技术定位的原理是，红外线（infrared radiation，IR）标识发射调制的红外射线，通过安装在室内的光学传感器接收进行定位。虽然红外线具有相对较高的室内定位精度，但是由于光线不能穿过障碍物，使得红外射线仅能视距传播。直线视距和传输距离较短这两大主要缺点使其室内定位的效果很差。当标识放在口袋里或者有墙壁及其他遮挡时就不能正常工作，需要在每个房间、走廊安装接收天线，造价较高。因此，红外线只适合短距离传播，而且容易被荧光灯或者房间内的灯光干扰，在精确定位上有局限性（陈明权，2011）。

（2）超声波定位技术。超声波测距主要采用反射式测距法，通过三角定位等算法确定物体的位置，即发射超声波并接收由被测物产生的回波，根据回波与发射波的时间差计算出待测距离，有的则采用单向测距法。超声波定位系统可由若干个应答器和一个主测距器组成，主测距器放置在被测物体上，在微机指令信号的作用下向位置固定的应答器发射同频率的无线电信号，应答器在收到无线电信号后同时向主测距器发射超声波信号，得到主测距器与各个应答器之间的距离（刘俊娟，2013）。当同时有 3 个或 3 个以上不在同一直线上的应答器做出回应时，可以根据相关计算确定出被测物体所在的二维坐标系下的位置。超声波定位整体定位精度较高，结构简单，但超声波受多径效应和非视距传播影响很大，同时需要大量的底层硬件设施投资，成本过高。

（3）蓝牙技术。蓝牙技术通过测量信号强度进行定位。这是一种短距离低功耗的无线传输技术,在室内安装适当的蓝牙局域网接入点,把网络配置成基于多用户的基础网络连接模式。蓝牙技术主要应用于小范围定位,例如单层大厅或仓库。蓝牙室内定位技术最大的优点是设备体积小、易于集成在 PDA、PC,以及手机中,因此很容易推广普及。理论上,对于持有集成了蓝牙功能移动终端设备的用户,只要设备的蓝牙功能开启,蓝牙室内定位系统就能够对其进行位置判断。采用该技术作室内短距离定位时容易发现设备且信号传输不受视距的影响。其不足在于蓝牙器件和设备的价格比较昂贵,而且对于复杂的空间环境,蓝牙系统的稳定性稍差,受噪声信号干扰大。

(4)射频识别技术。射频识别技术利用射频方式进行非接触式双向通信交换数据以达到识别和定位的目的。这种技术作用距离短,一般最长为几十米。但它可以在几毫秒内得到厘米级定位精度的信息,且传输范围很大,成本较低(田安红和张顺吉,2012)。同时由于其非接触和非视距等优点,可望成为优选的室内定位技术。目前,射频识别研究的热点和难点在于理论传播模型的建立、用户的安全隐私和国际标准化等问题。优点是标识的体积比较小,造价比较低,但是缺少行业标准,容易引起隐私问题且还缺少相关的法律法规支撑。

2. BIM 技术

1)BIM 概念

B:building,"建筑",不是狭义理解的房子,可以是建筑的一部分或一栋房子或建筑工程。

I:information,"信息",分为几何信息和非几何信息。几何信息是建筑物里可测量的信息,非几何信息包括时间、空间、物理、造价等相关信息。

M:从设计阶段,分为三个等级,三个递进概念:model,建筑设施物理和功能特性的数字表达;modeling,在模型的基础上,动态应用模型帮助设计、建造、运营、造价等阶段提升工作效率,降低成本;management,在模型化基础上,多维度、多参与方信息的协同管理。

2)BIM 优点

整体而言,BIM 与过去传统工程管理模式做比较,很显然的优点有:①可视化:BIM 比 CAD 图纸更形象、直观;②协调性:建筑物建造前期对各专业的碰撞问题进行协调,生成协调数据;③模拟性:在设计阶段,BIM 可以进行一些模拟实验;④优化性:通过对比不同的设计方案,选择最优方案;⑤可出图性：出具各专业图纸及深化图纸，使工程表达更加详细。

以上就是对 BIM，从概念到特点的一个简要解读，要理性对待这一门技术，其包含的不仅仅是一系列软件基础，也不仅仅是一个模型、一个动画，也不仅仅是一个施工流程。BIM 是一门技术的统称，以具体的工作流程为载体，借助各个信息化软件，将建筑工程信息化，推动社会信息化发展，是这样的一门技术。

BIM 是技术，也是一套管理方法，是基于建筑设计、施工管理、项目协同、运维等为一体的全生命周期的管理方法，能够让建筑节约能耗，减少污染等达到绿色节能的手段。目前的 BIM 包括很多软件，例如 Revit、lumion 等在城市地下空间信息化和设计工作中能发挥很大作用。

3. SLAM 技术

SLAM（simultaneous localization and mapping），也称为 CML（concurrent mapping and localization），即时定位与地图构建，或并发建图与定位。SLAM 最早由 Smith、Self 和 Cheeseman 于 1988 年提出。由于其重要的理论与应用价值，被很多学者认为是实现真正全自主移动机器人的关键。SLAM 问题可以描述为：机器人在未知环境中从一个未知位置开始移动，在移动过程中根据位置估计和地图进行自身定位，同时在自身定位的基础上建造增量式地图，实现机器人的自主定位和导航。

当你来到一个陌生的环境时，为了迅速熟悉环境并完成自己的任务（比如找饭馆，找旅馆），你应当做以下事情：

（1）用眼睛观察周围地标如建筑、大树、花坛等，并记住它们的特征（特征提取）；

（2）在自己的脑海中，根据双目获得的信息，把特征地标在三维地图中重建出来（三维重建）；

（3）当自己在行走时，不断获取新的特征地标，并且校正自己头脑中的地图模型（bundle adjustment or EKF）；

（4）根据自己前一段时间行走获得的特征地标，确定自己的位置（trajectory）；

（5）当无意中走了很长一段路的时候，和脑海中的以往地标进行匹配，看一看是否走回了原路（loop-closure detection）。实际这一步可有可无。

SLAM 涉及一系列复杂的计算和算法，它们利用传感器来构建未知环境中的地图和结构，并定位设备的位置和方向。全球 80%的智能手机都提供摄像头和惯性测量单元（inertial measurement unit，IMU），但目前一般只有高端智能手机能够实际运行 SLAM，而它们的整体占比较小。

从技术角度来看，SLAM 本质上是一种估算设备位置和方向的过程，并使用摄像头输入馈送和 IMU 读数来构建环境映射。能够在未知环境中确定设备的准确位置促进开发者带来全新的用例和应用程序。

4. 激光点云技术

三维激光扫描技术从 20 世纪 90 年代兴起以来，目前已经成为国内外研究的重点方向和尖端技术（曾如铁，2020）。而作为革命性的测绘技术，可以获取海量高密度的数据点云，从而可以对实体进行模型重构，而且能够保证在三维空间维度上达到很高的测量精度。三维扫描技术作为一种主动式遥感技术，能够适应各种复杂的环境，快速将各类复杂结构或地形、场景等进行全面的数据采集后，由计算机来进行处理，完成后续的高效三维建模。三维激光扫描技术已经正逐步渗透到生活的方方面面，从对文物的保护到数字城市的建设等。

目前，对于激光三维扫描系统的分类方式有很多，主要分类依据有：按测量原理、扫描距离和运行平台进行分类。当前，比较流行的分类方式是根据运行平台来进行，其主要包括：

（1）机载三维扫描系统。该系统主要是将三维激光扫描、惯性导航、GNSS 定位和摄影测量多系统与飞机相结合，可以在大区域范围内实现对地面三维数据的采集和城市三维模型的重建。这种激光扫描系统的数据获取效率最高、采集范围也最广。

（2）车载三维扫描系统。该系统则是以汽车为搭载平台，将激光三维扫描系统、定位系统等集中一体，通过车载平台将这些系统都集中于汽车顶部，形成一个激光扫描系统，该系统特别适合于道路、桥梁和高速公路的测量。

（3）地面三维激光扫描系统。该系统则是由激光扫描系统和彩色 CCD 相机系统所构成，是目前应用最为广泛的三维激光扫描系统，它是通过三脚架架设激光扫描仪进行点云数据的采集。同机载和车载激光三维扫描仪相比，地面三维扫描仪的突出优点是价格较低，操作简单，使用环境和场景更为丰富。

（4）手持三维激光扫描系统。激光三维扫描技术能够在短时间内获得海量的点云数据，但由于在实际扫描过程中，难免会存在扫描目标对象的自遮挡和扫描视角的限制，因此需要对研究对象进行多次数据采集并进行数据整合。采取何种有效的数据整合方法直接决定了三维模型重构精度。此外，激光三维扫描仪获取的海量点云数据的滤波质量，在一定程度上也会影响后续模型的重构质量。

因此，点云数据的滤波与配准等预处理过程也是极为重要的步骤。深入研究点云数据的处理方法，如何巧妙地选择方法完成模型的重构，是对激光三维扫描技术的进一步深化和推广，对技术的应用起到至关重要的推动作用。

在三维模型重建过程中，针对激光三维扫描仪获取海量的点云数据，进行点云拼接、点云分割和点云建模三个重要的步骤（李敏，2022）：

（1）点云拼接。在三维建模过程中，点云拼接，也称点云配准或者特征点匹配，是指将激光扫描仪采集到的点云数据进行适当的坐标系转换，这些点云数据往往就是建模对象的特征点，也就是使所有的点云数据都在一个统一的坐标系下，共同表征实体的空间几何信息。换句话说，点云拼接，就是将多个角度扫描得到的数据统一到一个共同的坐标系的过程。

要进行点云拼接，需要完成两个或多个坐标系之间的旋转参数和平移矩阵的选择和确定。在坐标系的转换方面，有相关的具体方法。例如，李亚萍学者提出的点云拼接的方法是采用实四元数组的方法来求解向量点云在三维空间中绕任何坐标轴的旋转，从而计算出转换参数。这种拼接的方法，计算过程简单，计算数据量不大，计算速度也快。这种方法在计算机图形学领域也具有同样重要的价值。在此基础上，其他学者也相应提出了改善的拼接算法，如朱延娟等学者提出了一种直接对散乱的点云数据进行配准的方法，即根据所扫描点的曲率和法向量，采用几何哈希技术提取出相应有效的同名点对集合，然后再利用迭代最近点法（iterative closest point algorithm，ICP）进行精确的匹配，进而提高了配准的可靠性和稳定性。总体而言，随着研究的不断深入，关于点云数据的拼接算法也在不断得到发展和完善，其最主要的发展方向就是朝着便捷易行，计算量小的方向进行发展。

（2）点云分割。点云分割，顾名思义，就是将代表同一属性的激光扫描得到的点云数据，一般是指如平面属性、圆柱面属性等，划归到相同的点云子集中的过程。激光三维扫描点云数据的点云分割对于后续三维实体的建模重构具有重要的意义。其扫描实体的表面形态、采集的点云数据的完整性及分割方法的合理性都直接决定了点云数据的分割效果。目前，点云数据的点云分割算法主要有三大类，即：①基于边界检测的分割方法；②基于区域生长的分割方法；③基于混合边界和区域生长的方法。

基于边界检测的分割方法主要是从数学的角度出发，其核心是认为一个区域与另一个区域的边界之间的点的曲率存在着突变，最终的分割结果是封闭的边界区域（温银放，2007）。董明晓等学者基于数据点的曲率变化的分割方法，是通过计算每一条扫描线上的点计算的曲率值，将曲率值变化较大的点作为边界，进而将点云分割成多个区域，这种分割的方法，其原理简单，边界提取速度也很快。

基于区域生长的分割方法，其分割思想则是将属于同一种几何特征的点划分到同一个区域的过程（匡小兰和欧新良，2012）。国外学者则提出利用 K–邻域估算每一个邻近点的法向量，然后再随机选取种子点，进而根据某一准则来进一步检测邻域点集的基于区域生长的分割方法。针对基于混合边界和区域生长的方法，则是结合了边界和区域生长方法。这种混合的分割方法在一定程度上能够提高分割精度，避免了实体模型的数据丢失。

（3）点云建模。激光三维扫描的点云建模，即利用实体的特征关键点，对实体进行几何重建和纹理重建。通常情况下，重建的几何模型可以有边界表示法、实体几何模型法和空间划分法三种常用的表示方法。在点云建模过程中，近年来提出了很多算法，如有学者提出采用 Alpha Shapes 算法来提取实体的轮廓线，并利用矩形与外接圆的几何关系和分类强制正交的方法来实现对实体轮廓线的规则化处理，最终得到建筑物的几何模型。随着各类算法的提出，点云建模的精度也在进一步提高，重构的速度也较原来有了很大的提升，这对激光三维扫描技术的推广具有很强的促进作用。

总之，伴随着硬件设备功能的日益强大和点云数据算法的丰富和完善，基于三维激光扫描技术的点云数据三维建模，为高效、高精度、智能化地获取目标实体的空间数据提供了一种极为有效的方法，这项技术也具有很好的应用前景。尤其在地下空间复杂建（构）筑物建模中，近年来取得了很好的效果。

5. 三维可视化技术

可视化（visualization）概念自从 1987 年第一次提出，随即被广泛引入各个学科。它的含义是指利用计算机图形学与计算机图像处理手段，将数据转换成图形或图像在屏幕上直观展示，并进行交互处理的理论、方法和技术。它涉及到计算机图形学、图像处理、计算机视觉、计算机辅助设计等多个领域，成为研究数据表示、数据处理、决策分析等一系列问题的综合技术（夏亮，2012）。目前正在飞速发展的虚拟现实技术也是以图形图像的可视化技术为依托的。使人类更加直观、生动地去理解原本抽象的事物，更好地去探索事物内在关联，对于提升人类的整体认知和空间概念起到重大推动作用。

地学空间可视化换言之就是地理空间科学的可视化（visualization in geo），它是基于计算机图形学和地理科学相关知识延伸的综合概念。几乎应用于地学的各个领域：地理学科研人员用来进行地学概念的图解与分析；地图学专家用来表现地图制图；工程测量专家利用其绘编基础地形要素等。可视化的应用是对地理空间概念的图像信息化，有助于人们了解分析三维空间尺度上的地理现象的发生、发展（张乐鑫，2015）。综合来说，地学空间可视化分为以下三类，如图4-3所示。

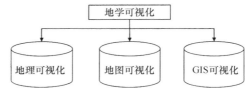

图 4-3　地学可视化分类

（1）地理可视化：所谓地理可视化（visualization in geography，VIG）是基于基础地理科学的可视化。由美国国家自然地理协会的科学家提出，通过引入可视化技术结合自然地理规律，研究自然地理中可视化的理论、方法与实践。

（2）地图可视化：所谓地图可视化（visualization in cartography，VIC）是基于地图制图科学的图像可视化概念。多数人对于地理的认识是从地图开始的，最早的地理工作者在理论研究尚未成熟的时候，主要是通过绘制地图来传递地理信息要素。纸质地图其实也是一种可视化方法，随着计算机图形学的引入，科技人员利用计算机技术将传统纸质地图的地图要素信息化而形成电子地图。

我国知名学者龚建华认为，地理学与地图学两门学科在可视化研究方面侧重点不同，地理学可视化是运用可视化技术来描述地理学基本概念；地图学可视化是基于地理要素的地图展示。虽侧重点不同但两者均是结合可视化技术来全面阐述本学科的基础理论和方法。

（3）GIS可视化：GIS可视化是基于地理信息系统数据的三维空间演示和空间分析。由于GIS技术作为信息化的地理手段发展时间不长，在其初期主要以二维平面信息为主，重点在对图像的数学算法、符号信息化和色彩表示等方面，随着三维技术的广泛应用，二维空间的数据表现无法解释事物内在变化规律，为了更好地表达三维空间属性，如 DEM 模型的出现就弥补了之前的不足。通过技术不断成熟 GIS 可视化的应用领域也由最初的地学拓展到岩土勘察测绘工程、数字矿山、数字城市、大气空间、海洋环境等学科，为地下空间信息化表达奠定了基础。

4.3　数据采集流程

4.3.1　确定采集范围

在开始城市地下空间信息采集工作之前，需要明确具体的数据采集范围。这一步骤中，采集数据的范围选择需要考虑以下几个方面：

（1）数据需求分析。根据城市地下信息空间系统的目标、功能和应用场景，分析需要采集哪些类型、层级和范围的数据，以及数据的精度、时效性和完整性要求。数据采集范围主要包括空间数据、属性数据、感知数据和状态数据，分别描述城市地下空间的位置、形态、属性、环境和运行情况。

（2）数据可用性评估。根据数据需求分析的结果，评估现有数据是否能够满足采集需求，以及所选取的采集数据的可靠性、合法性和兼容性等问题。

（3）数据选择策略。根据数据可用性评估的结果，制定缺失数据的采集选择策略，包括优先使用哪些数据，如何补充缺失或不足的数据，如何处理冲突或不一致的数据等。

采集数据的选择结果应该是一个清晰、完整和合理的数据源清单，包括每个数据的名称、类型、来源、格式、范围、精度、更新频率等信息，以及每个数据与采集需求之间的对应关系和优先级。

4.3.2　确定采集方法

确定采集方法是指根据数据源的特点和城市地下信息空间系统的需求，选择合适的数据采集技术和工具。确定采集方法的目的是保证数据的准确性、有效性和实时性，以及提高数据采集的效率和质量。

确定采集方法的步骤如下：

（1）分析数据源的空间分布、属性结构、感知特征和状态变化等，确定数据采集的难度、风险和成本等。

（2）选择适合数据源的数据采集技术，包括现场测量、数字化、数据转换、来源处理、分类、编码等，以及相应的设备、软件和人员等。

（3）制定数据采集方案，确定数据采集的范围、顺序、频率和标准等，以及数据采集过程中的质量控制和安全保障等。

（4）对选定的数据采集方法进行验证和测试，确保其能够有效地获取所需的数据。

针对不同类型的数据，可以选择不同的采集技术和工具，例如：

（1）空间数据：可以使用现场测量、数字化或者数据转换等方法来获取城市地下空间的位置和形态信息。现场测量可以使用室内定位技术、SLAM 技术或者激光点云技术等来获取空间坐标和几何形状。数字化可以使用 BIM 技术或者 PIM 技术等来将图纸或者模型转换为数字化空间数据。数据转换可以使用 GIS 软件或者数据库软件等来将不同格式或者标准的空间数据进行转换或者融合。

（2）属性数据：可以使用来源处理方法、分类方法或者编码方法等来获取城市地下空间的属性信息。来源处理方法可以使用文本分析、图像识别或者语音识别等来从各种文档或者媒体中提取属性信息。分类方法可以使用专家知识、规则库或者机器学习等对属性信息进行分类或者标注。编码方法可以使用编码规范、编码表或者编码算法等来对属性信息进行编码或者解码。

（3）感知数据和状态数据：可以使用传感器网络、物联网平台或者人工智能等来获取城市地下空间的环境信息。传感器网络可以使用温度传感器、湿度传感器或者光照传感器等来监测空间内部的环境参数。物联网平台可以使用云计算、大数据或者区块链等来收集、存储和分析传感器网络产生的感知数据。人工智能可以使用深度学习、神经网络或者强化学习等来对感知数据进行预测、优化或者控制。

4.3.3 数据采集

数据采集是指根据确定的采集方法和方案，实际执行数据的获取和存储的过程。数据采集的目的是满足后续的数据分析和挖掘的需要，因此，需要保证数据的准确性、完整性和一致性。

数据采集的步骤如下：

（1）准备数据源：根据数据需求，选择合适的数据源，包括地下空间的空间数据、属性数据、感知数据和状态数据等，以及相关的辅助数据，如地理信息、社会经济信息等。

（2）选择数据采集工具：根据数据源的特点和格式，选择合适的数据采集工具，包括硬件设备、软件平台、网络服务等。

（3）执行数据采集任务：根据数据采集方案，按照预定的范围、顺序、频率和标准等，执行数据采集任务，并将采集到的数据进行初步的验证和存储。例如，对于现场测量得到的空间数据，需要按照测量规范进行操作，并将测量结果存储在仪器中或导出到电脑中；对于数字化得到的空间数据和属性数据，需要按照建模规范进行操作，并将建模结果保存在本地或上传到服务器中；对于感知数据和状态数据，需要按照监测规范进行操作，并将监测结果实时传输到数据库中。

4.3.4　数据编辑与处理

数据编辑与处理的目的是对采集到的数据进行清洗、转换、融合等操作，以提高数据的质量和可用性。数据编辑与处理需要考虑以下几个方面：

（1）数据错误检测：根据数据的格式、范围、精度等规定，检测数据中的错误或异常，如缺失值、重复值、错误值、噪声值等，例如空间数据可以使用拓扑检查、几何检查或者坐标检查等来检测空间位置或形态上的错误。

（2）数据错误修正：根据数据的逻辑、拓扑关系、一致性等要求，修正数据中的错误或异常，如删除值、填补值、修改值、平滑值等。针对不同类型的数据，可以使用不同的方法来修正错误，空间数据可以使用插值法、平均法或者最近邻法等来修正空间位置或形态上的错误。

（3）数据格式转换：根据数据的标准、规则、兼容性等需求，转换数据的格式或结构，如编码转换、单位转换、类型转换、维度转换等。针对不同类型的数据，可以使用不同的方法来转换格式。空间数据可以使用投影转换、坐标转换或者网格转换等来转换空间位置或形态上的格式；属性数据可以使用编码转换、单位转换或者类型转换等来转换属性内容或关系上的格式。

（4）数据融合整合：根据数据的层级、范围、粒度等特征，融合或整合不同来源或类型的数据，如空间融合、属性融合、时间融合、层级整合等。针对不同类型的数据，可以使用不同的方法来融合或整合数据。

数据编辑与处理的结果应该是规范和统一的数据集，包括每个数据源经过编辑和处理后的数据，以及每个数据源与编辑和处理操作之间的对应关系和执行顺序。

4.3.5　数据入库

数据入库的目的是将质量合格的数据导入到城市地下空间地理信息系统的数据库中，以便于数据的管理和使用。要选择合适的数据库管理系统（DBMS）来存储这些数据。根据数据的性质和应用需求，可以选择关系型数据库、非关系型数据库或地理信息系统（GIS）。

对于空间数据，通常使用 GIS 来存储，因为 GIS 可以有效地处理和管理地理位置信息。而属性数据通常存储在关系型数据库中，因为它们通常是结构化的表格数据。感知数据和状态数据可能会以时间序列的形式存储，因此可能适用于时间序列数据库或非关系型数据库。

在选择了数据库管理系统后，需要设计数据库模式。这包括定义表格、字段和索引，以及设置约束和关系。接下来，将经过处理的数据导入到数据库中。这可以通过编程脚本、数据库管理工具或 ETL（提取、转换、加载）工具来完成。为了确保数据的安全性和完整性，需要定期备份数据库，并采取适当的安全措施，如加密和访问控制。

最后，为了支持后续的数据查询和分析，需要优化数据库的性能。包括创建索引、优化查询语句和调整数据库配置。

4.4　城市地下空间数据采集标准

4.4.1　采集作业标准

1. 城市地下空间数据采集基本规定

1）参考系统及图幅规格

城市地下空间普查，平面坐标系统应优先采用 2000 国家大地坐标系，若采用当地城市独立坐标系的，应与国家 2000 大地坐标系建立联系，高程系统采用正常高系统，高程基准采用 1985 国家高程基准。

普查成果图的图幅分幅应与地方基本比例尺地形图的图幅分幅一致，成果图件基本比例尺宜为 1∶500，局部放大图或断面图比例尺宜采用 1∶50～1∶200，分层图比例尺宜采用 1∶500～1∶10000。

2）城市地下空间普查的精度要求

城市地下空间普查测绘中采用中误差作为衡量测量精度的标准，并以二倍中误差作为极限误差。

城市地下空间测绘的各级平面控制点最弱点点位中误差相对于起算点不得大于 5cm；地面高程控制点最弱点的高程中误差，相对于起算点不得大于 5cm；地下高程控制点最弱点的高程中误差，相对于起算点不得大于 10cm。

参照国内部分已开展地下空间普查的地方标准和项目设计书，考虑到地下空间测量的难度系数，城市地下空间设施的测点精度按照界址点精度要求放宽 2 倍，平面位置中误差 m_S 不得大于±10cm（相对邻近控制点）；高程中误差 m_h 不得大于±15cm（相对邻近高程控制点）。也可直接参照 1∶500 数字地形图精度，平面位置中误差 m_S 不得大于±25cm（相对邻近控制点）；邻近地物点间距中误差 m_D 不得大于±20cm；高程中误差 m_h 不得大于±15cm（相对邻近高程控制点）。

2. 控制测量

1）城市地下空间设施普查控制测量

城市地下空间设施普查测绘工作的控制测量一般包括：地面控制测量、联系测量和地下控制测量。作业前应进行踏勘，了解地下空间设施出入口及竖井的位置和地道的分布走向，以及排风口、投料口等其他接触地面的出地口位置，绘制草图并选点。城市地下空间设施普查测绘的地面及地下控制导线宜按照图根导线或图根支导线的测量精度要求。图根控制点编号的格式宜为字母+数字流水号。各测区控制测量完成后，应编制成果表和绘制展点图，内容应包括测区的控制点、图根点。

2）地面控制测量

地面控制点平面精度应不低于二级的要求，测量应在城市 CORS 或在城市等级控制的基础上进行。平面控制测量可采用 GNSS 测量、导线测量、边角组合测量等方法施测；高程测量宜采用四等水准测量方法或 GNSS 方法，并应添加导线测量。

在地面上开阔的地方宜采用 GNSS RTK 的方式进行二级 GNSS 首级控制点的布设与观测，坐标转换参数可沿用已有城市坐标系，已有参数平面坐标拟合残差须≤±2cm，高程拟合残差须≤±3cm，采用 GNSS 测量应按《卫星定位城市测量技术标准》（CJJ/T 73—2019）的相关规定执行；不适宜 RTK 控制测量的地区宜采用城市二级导线测量方式进行，采用导线测量、边角组合测量、水准测量等方法的，应按《城市测量规范》（CJJ/T 8—2011）的相关规定执行。

3）联系测量

联系测量指的是将地面平面坐标系统和高程系统传递到地下的测量，地下空间普查测绘应进行联系测量，以保证地面和地下空间的平面坐标系统和高程系统的统一性。目前可采用的联系测量方法有：导线测量、水准测量、三角高程测量和竖井联系测量。

在进行联系测量工作前，必须在地面和地下分别建立近井点和联测导线点，地下空间导线点布设应不少于 3 个。

应至少独立进行两次，在互差不超过下列限差时，采用加权平均值或算术平均值作为测量成果：①方位角的互差不超过±30″；②任一方向的坐标差不超过±5cm；③高程互差不超过±2cm。

联系测量一般情况下，平面定向宜采用导线测量方法，高程传递宜采用水准测量法或三角高程测量法；当观测垂直角超过±60°时，平面定向宜采用联系三角形法、投点定向法（激光投点法）、陀螺仪与铅垂仪组合定向法；高程传递可采用悬挂钢尺法或垂直测距法。

4）地下控制测量

地下空间平面控制测量宜采用导线测量，按《城市测量规范》（CJJ/T 8—2011）的相关规定执行。

城市地下空间导线可根据地下建（构）筑物的布局及范围布设成结点网、闭合导线、附合导线或支导线，附合导线宜布设成等边直伸状。地下导线可附合于地上导线，地下导线可同级附合一次，由等级导线点起始的导线附合次数不应大于 3 次。地下导线无法布设附合导线时，可布设支导线。

地下空间导线测量按照图根技术要求，指标遵照表 4-4 的规定执行。

地下高程控制测量可采用水准测量或电磁波测距三角高程法施测，应符合《城市测量规范》（CJJ/T 8—2011）的规定。采用电磁波测距三角高程测量时，仪器高及镜高均应采用经检验的钢尺进行量度，取至毫米；附合路线长度不应大于 5km，布设成支线不应大于 2.5km，其路线应起闭于图根以上各等级高程控制点。其主要技术要求应符合表 4-5 的规定。

表 4-4　地下空间导线测量按照图根技术规定

导线长度/m	平均边长/km	导线相对闭合差	测回数 DJ₆	方位角闭合差(")	仪器类别	方法与测回数	最大边长/m	水平角测回数	边长测回数	圆周角不符值(")	备注
900	80	≤1/4000	1	±40$\sqrt{n}$	II级	对向观测1	160	左右角各1测回	单程观测1测回	≤±40	水平角观测首站应测联2个方向

表 4-5　地下高程控制测量规定

中丝法测回数	指标差较差和垂直角较差	对向观测高差的较差/m	附合或环线闭合差/mm
2	≤25"	≤±40×D	±40$\sqrt{L}$

注：D——测距边长度（km），L——附合线路或环线长度（km）。

陀螺经纬仪测量时，地面已知点的布设应远离强磁场区域。地面已知点的精度应高于一级导线控制，其测量精度应符合《城市测量规范》（CJJ/T 8—2011）的规定。

3. 城市地下空间设施数据采集

1）数据类型和属性

确定需要采集的数据类型和属性，包括但不限于地下管线、电缆、设备、通信网络、水文地质等。应指定每种设施类型的关键属性，如位置、尺寸、材料、功能等。

2）数据格式和编码

制定统一的数据格式和编码规范，以确保数据的一致性和互操作性。这包括使用标准的地理信息系统（GIS）格式、统一的属性字段命名和编码系统。

3）采集方法和工具

确定数据采集的方法和工具，如全站仪、激光扫描仪、无人机等。应规定数据采集的准确性要求、采集精度和工具的适用范围。

4）采集过程和流程

制定采集过程和流程的规范，包括现场勘测、数据记录、照片拍摄、采集时间和位置的记录等。标准应指导采集人员进行一致性的数据采集，并确保数据的完整性和可追溯性。

5）质量控制和验证

建立数据采集的质量控制和验证措施，包括数据的现场验证、数据的比对和纠正，以确保数据的准确性和一致性。

6）数据共享和管理

规定数据共享和管理的要求，包括数据的格式、存储和传输方式，以确保数据的可访问性和安全性。标准应指导数据的分类、归档和备份，并确保数据的保密性和隐私保护。

7）文档和报告

制定数据采集的文档和报告要求，包括数据采集报告、数据字典、数据质量报告等。这些文档应描述采集的过程、数据的来源和质量评估结果。

4. 地下空间普查外业调绘系统

地下空间普查外业数据采集涉及的工作主要有外业调查与核查、设施照片库的建立等，外业调绘实施推荐开发或购买地下空间普查外业数据采集平板系统，原因如下：①采用传统的方法进行外业数据调查与核查，地物的空间信息与属性信息不能在外业现场进行实时反映，需要在内业对采集的数据进行整理与处理后，方能利用；②设施照片的采集目前常用的方法是普通相机外业拍摄，一则编号混乱，不易与设施编号对应，二则没有照片位置信息，对于相似地下空间设施难以判别；③利用以上方法进行的外业数据采集，存在采集时间间隔长、投入多、劳动强度大、效率低等缺点，难以在规定的时间内完成地下空间普查任务。而开发地下空间普查调绘系统，将大幅度提高外业数据采集的工作效率，降低野外数据采集的工作强度，把外业工作人员从繁重的野外作业中解脱出来。

1）地下空间普查外业调绘系统总体目标

地下空间普查外业调绘系统建设的总体目标是：①系统的最终目标是改变外业调绘的方法，降低外业工作人员的工作强度，提高工作效率；②系统应实现整个外业调查过程无纸化操作。外业调查过程中无须携带纸质的外业调查底图，只需在平板电脑上进行加载和查看；③系统采用平板电脑作为运行载体，应充分发挥平板电脑屏幕大地图显示视野开阔，操作灵活，支持多点触控的功能；④系统应集成数据加载、地理实体专题调绘和照片采集功能，适合野外调绘现场作业等；⑤系统调绘成果提供数据处理支撑，可以实现调绘数据的批量化处理，与内业处理软件无缝对接。系统应具有良好的可扩展性，以便后期的应用扩展升级。

2）系统总体框架设计

地下空间普查外业调绘系统以 GIS 平台软件为基础，包含陀螺仪、高清摄像头、5G 模块等多功能安卓平板等多款硬件为支撑，以全面的调绘核查技术为核心，以强大的图属编辑技术为保障，结合项目具体要求，整套系统分为用户登录模块、数据加载模块、空间定位模块、地图浏览模块、图层控制模块、照片采集模块、照片管理模块、实体调绘模块、轨迹记录、质量检查模块、量测模块、调绘数据格式转换与输出模块、调查底图制作模块、影像裁切模块、成果合并整理模块十五个模块，涵盖了地下空间普查外业调绘所需的各种功能。系统框架图如图 4-4 所示。

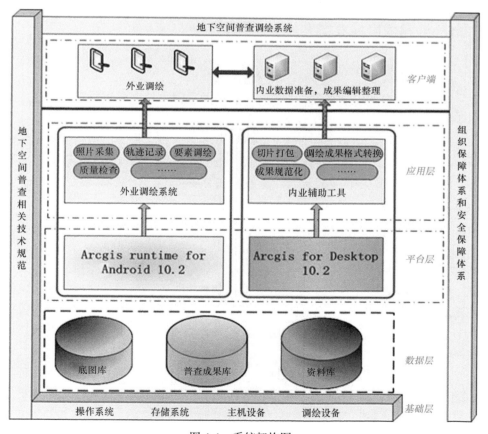

图 4-4　系统架构图

　　系统应具备以下几个特点：①能有效地对外业调绘作业进行监控、管理，能依据实际情况方便地设定外业信息采集作业路径，能对采集作业员进行实时监控，查看其作业轨迹；②支持对设施信息的多种采集方式灵活组合，可以采用类似手写记录、照相等方式记录地物的各类信息，采集的各类信息应该与设施相关联，且能方便查看、修改；③针对设施特征照片的采集，系统提供了多张实景照片快速采集功能，同时支持自动规则编号，实现了设施照片及设施属性的联动；④具备速记与涂鸦功能，从而使得外业人员可以如同在纸质图上进行数据采集作业，方便地将任意信息记录；⑤在采集地物信息时，不对地物要素进行过多的编辑作业，只是简单地采集地物的属性数据及大致形态信息；⑥能提供较为精确的定位功能，在网络畅通的情况下，能以其实地地理位置为中心实时加载一定区域的相关影像底图，方便数据采集。

4.4.2　数据成果标准

1. 数据处理标准

　　城市地下空间设施按照其功能、主特征及几何表达方式进行数据分层。在此基础上，对数据进行处理。主要包括：

　　数据完整性应符合下列要求：①各地理要素应符合规定的取舍要求，无遗漏和不合理替代；②地物要素分层准确，无遗漏层或多余层、重复层现象；③数据层内部各层应包括的文件完整，无遗漏或多余文件；④各种名称及注记正确、完整，无遗漏或多余、重复现象。

　　数据逻辑一致性应符合下列要求：①地物要素类型（点、线、面）定义符合要求；②数据层、数据集定义符合要求，要素类在正确的层或数据集中；③数据文件存储组织、文件格式、文件命名符合要求；④要素拓扑关系定义正确；⑤共线要素要保证每个要素的完整性和独立性；⑥线段相交或相接，无悬挂或过头现象；⑦连续地物保持连续，无错误的伪节点现象；⑧闭合要素保持封闭，辅助线正确；⑨应断开的要素处理符合要求；⑩要素所在地下层数信息正确。

　　数据表征质量应符合下列要求：①线划光滑、自然，节点密度适中，形状保证度强，无打折、粘连、自相交、变形扭曲等现象；②有方向性的地物符号方向正确；③地图符号使用正确；④注记字体、大小、字向、字色符合要求，配置合理，清晰、易读，指向明确无歧义。

2. 成果图编绘及成果提交规定

城市地下空间普查成果图应在数据处理工作完成并经检查合格后采用合适的软件进行数字制图，编绘的结果应为图形文件，并满足数据标准及《城市测量规范》（CJJ/T 8—2011）、《城市地下管线探测技术规程》（CJJ 61—2017）等相关规定。

地下空间普查项目完工后，应以项目为单位，按数字光盘和纸质资料的形式提交和归档地下空间普查成果数据资料。地下空间普查成果应遵循文件材料的形成规律进行整理，形成的案卷文件材料应科学系统地排列。案卷内不应有重复文件，不同载体的文件应分别组卷，案卷厚度不宜超过 40mm。归档的工程文件应为原件，内容应真实、准确。纸质资料应采用耐久性强的书写材料，不得使用易褪色的书写材料。字迹清楚、图样清晰、图表整洁、签字盖章手续完备。文字材料幅面尺寸规格宜为 A4 幅面，图纸宜采用国家相关标准图幅。

3. 三维建模成果标准

地下空间三维模型可分为地下建筑物模型、地下交通设施模型、综合管廊模型、地下管线模型等。三维模型数据宜采用分层、分区、分类相结合的方法进行组织，属性数据宜采用数据库管理系统进行存储。根据《城市地下空间测绘规范》（GB/T 35636—2017），三维模型数据的质量应符合下列规定：①应完整采集所需要素，并准确表达各要素之间的聚合关系；②数据应有良好的现势性；③纹理分辨率、尺寸、色彩、色调等应符合技术设计的规定；④属性编码、框架结构和属性内容等应符合技术设计的规定；各建模单元接边应正确、合理、数据格式及纹理数据命名应统一、规范。

4.4.3　质量标准

大多数城市地下空间开发利用仍处于起步阶段。虽然我国重庆、广州、昆明等多个城市先后开展了地下空间普查工作，但国家、行业均未有标准规范，产品检验办法可借鉴材料少。本章从成果质量检查内容、质量元素及质量评定等多方面展开，就地下空间普查的质量检查方法进行研究分析，制定一套符合地下空间普查特点的检查方法。主要从以下两个方面研究：①按照城市地下空间普查的最终成果质量，质量检查从测量成果、调查成果、数据库成果、设施平面图成果、文字报告等方面开展，针对每一项进行了系统的分析，并提出了具体的检查要求；②基于地下空间普查的项目特点，认定普查成果的质量元素、质量子元素及定权。

城市地下空间数据质量标准是指用于评估和确保城市地下空间数据质量的一系列指标和准则。这些标准旨在确保采集、处理和管理的地下空间数据具有准确性、完整性、一致性和可靠性，以满足相关应用的需求。

1. 地下空间普查成果质量检查基本要求

地下空间普查成果质量应通过二级检查一级验收方式进行控制，即地下空间普查成果应依次通过项目承担单位作业部门的过程检查、项目承担单位质量管理部门的最终检查和项目管理单位组织的验收或委托具有资质的质量检验机构进行质量验收。其要求如下：①作业单位进行成果质量的过程检查及最终检查。过程检查包括自检及互检，采用全数检查。最终检查一般采用全数检查，涉及野外项的可采用抽样检查，样本以外的应实施内业全数检查；②验收一般采用抽样检查。第三方质量检验机构应对样本进行详查，必要时可对样本以外的单位成果的重要检查项进行概查。最终检查应审核过程检查记录，验收应审核最终检查记录。审核中发现的问题作为资料质量错漏处理。

二级检查针对的是项目承担单位，其对地下空间普查成果进行全过程质量控制，保证了地下空间普查成果的质量，二级检查按阶段可分为过程检查和最终检查两部分，应符合如下规定：①各道工序间的产品必须检查合格后方可进入下一程序；②项目作业小组负责组织 100%的自检和互检；③现场技术负责人负责组织过程检查，并形成过程检查报告；④质量管理部门负责组织最终检查，并形成最终检查报告；⑤作业单位总工程师作为技术质量总负责人，负责最终检查报告的批准并签署。

2. 地下空间普查成果质量检查

地下空间普查有其自身特点，主要包括：①实现测绘与普查相结合及其数据建库工作。项目利用地下空间地面附近二级控制点，地面下通过导线进行图根点加密，以此为基础进行设施特征点测量，同时进行设施属性采集。②已有竣工资料利用与外业调查相结合，获得较为完整的地下空间的属性信息。通过外业调查单位、小区、企事业单位的名称，到城建档案馆或人防办查询审批时的"项目名称"、"建设工程规划许可证号"和"项目编号"，然后根据所查到的信息到档案馆查阅更多的属性信息，并对查询到的信息到现场核实，符合要求后加以利用。属性资料收集不全的和收集不到地下空间进行现场调绘。③通过导线测量将地面的平面和高程控制引入地下，通过地下控制点进行碎部测量，获得高精度的地下空间范围。利用架设仪器检核地下室内墙角点的位置，根据现场的墙厚推至外墙与竣工资料上的相应点进行比较（竣工资料表示的地下室范围线为外墙）。若检核边长的较差不大于10cm，净空高较差不大于20cm，直接利用已有资料相关数据，否则重新进行测量。④项目专业特点强，地下空间设施类型众多，种类繁琐，属性多达数十项，成果数据库的数据表结构复杂，属性数据量大。⑤项目由各部门（或小组）承担，各部门（或小组）对设计等要求的理解掌握不同，工作方法有细微差别。

城市地下空间测绘成果质量元素及权重划分参考表 4-6 规定。

表 4-6　城市地下空间测绘成果质量元素及权重表

质量元素	权	质量子元素	权	检查项	检查内容
控制测量质量	0.20	平面控制测量质量	0.50	1. 地面平面控制测量质量 2. 平面联系测量质量 3. 地下平面控制测量质量	1. 坐标系统的符合性 2. 仪器选型及检验的符合性 3. 平面控制测量等级的正确性 4. 观测方法正确性、观测条件的合理性 5. 平面联系测量方法及指标的正确性 6. 平面控制测量数学精度的符合性
		高程控制测量质量	0.50	1. 地面高程控制测量质量 2. 高程联系测量质量 3. 地下高程控制测量质量	1. 高程基准的符合性 2. 仪器选型及检验的符合性 3. 高程控制测量等级的正确性 4. 观测方法正确性、观测条件的合理性 5. 高程联系测量方法及指标的正确性 6. 高程控制测量数学精度的符合性
数据（集）质量	0.70	数学精度	0.30	1. 点位精度 2. 相对精度 3. 面积精度	1. 特征点平面、高程精度的符合性 2. 净高（深）的正确性 3. 相对精度的符合性 4. 面积中误差的符合性
		地理精度	0.50	1. 地理要素的完整性及正确性 2. 特征点测定的合理性 3. 属性完整性及正确性	1. 地下空间设施采集的完整性及正确性 2. 特征点采集的齐全性及正确性 3. 地理要素属性的完整性及正确性 4. 图形及属性要素接边质量
		逻辑一致性	0.10	1. 格式一致性 2. 概念一致性 3. 拓扑一致性	1. 数据文件命名、格式和内容的完整性及齐全性，数量的正确性 2. 数据表、数据集和属性项定义与规定要求的符合性 3. 邻接、包含、相离、重合、重复、连续、闭合、打断等拓扑关系的正确性

续表

质量元素	权	质量子元素	权	检查项	检查内容
数据（集）质量	0.70	表征质量	0.10	1. 图式、符号、线划质量 2. 注记质量 3. 关联成果一致性 4. 几何表达	1. 符号的正确性 2. 属性注记的正确性及合理性 3. 综合图、专题图与数据库文件的一致性 4. 图形要素的协调性 5. 图廓整饰的符合性 6. 几何表达的正确性
资料质量	0.10	资料完整性	0.80		1. 工程依据文件、工程凭证资料的完整性 2. 原始资料的完整性 3. 地下空间调查资料、统计汇总表、地下空间分布图的完整性 4. 元数据的定义、表达完整性 5. 技术报告或技术要求的完整性
		整饰规整性	0.20		1. 依据资料、记录图表归档的规整性 2. 报告、总结、图、表、簿册整数的规整性

城市地下空间特点决定了在质量检查中，需要做到：①内业检查与外业检查相结合，人工与自动化检查相结合；②已有资料利用的溯源检查；③图根导线是关键，过程记录须完整；④数据库结构及属性项检查需要统筹定制；⑤不同作业部门检查侧重点有所区分。

结合地下空间普查的生产作业流程，以及成果要求，其质量检查的主要依据如下：

（1）《项目招标文件》及《项目合同书》；

（2）经审批后的项目《项目技术设计书》；

（3）《城市地下空间测绘规范》（GBT 35636—2017）；

（4）《城市地下空间设施分类与代码》（GB/T 28590—2012）；

（5）《城市测量规范》（CJJ/T 8—2011）；

（6）《卫星定位城市测量技术标准》（CJJ/T 73—2019）；

（7）《测绘成果质量检查与验收》（GB/T 24356—2023）；

（8）《数字测绘成果质量检查与验收》（GB/T 18316—2008）；

（9）《国家基本比例尺地图图式　第 1 部分：1：500 1：1 000 1：2 000 地形图图式》（GB/T 20257.1—2017）；

（10）《城市地下管线探测技术规程》（CJJ 61—2017）。

4.5　城市地下空间数据处理

数据处理是理解城市地下空间情况的关键，应结合获取的城市地下空间设施的数据流、数据特点，有针对性地对其进行处理（傅坦坦，2018）。不同类型的数据同样需要不同的处理方法，这可以帮助我们进一步了解城市地下空间，为城市地下空间的信息管理提供了有效的基础数据。

4.5.1　空间数据处理

通过各种方法所采集的原始空间数据，都不可避免地存在着错误或误差，属性数据在建库输入时，也难免会存在错误，所以对图形数据和属性数据进行一定的检查、编辑是很有必要的（姜巍，2006）。不同系统对图形的数学基础、数据结构等可能会有不同的要求，往往需要进行数学基础、数据结构的转换。此外，根据系统分析功能的要求，需要对数据进行图形拼接、拓扑生成等处理。以下是面对可能存在的数据问题时相应的处理。

1. 图形编辑

数据的收集可能会存在缺失、重复和数据信息不匹配等问题，就需要我们对数据进行一些简单的操作来进行修改。常用的编辑功能有：

（1）增加数据：输入点元、线元、面元；复制点元、线元、面元；

（2）删除数据：删除点元、线元、面元；

（3）修改空间位置数据：移动点元、线元、面元；旋转点元、线元、面元；镜像点元、线元、面元；

（4）修改空间形状数据：修改线上点；修改面元的弧段上的点；线元和弧段的端点匹配；延长和缩短线元以及面元的弧段；

（5）修改非空间数据：如图元颜色、点元符号、线元符号等。

2. 坐标转换

采集完毕的数据，由于原始数据来自不同的空间参考系统，或者数据输入时是一种投影，输出是另外一种投影，造成同一空间区域的不同数据，它们的空间参考有时并不相同。为了空间分析和数据管理，经常需要进行坐标变换，统一到同一空间参考系下（沈映政等，2012）。坐标变换的实质是建立两个空间参考系之间点的一一对应关系。常用的坐标变换有以下几种：

（1）空间数据的几何变换。①二维几何变换：平移变换、比例变换、旋转变换，如图 4-5 所示。②三维几何变换：基本的三维几何变换也是平移、比例、旋转变换。平移和旋转变换是二维变换的直接推广。

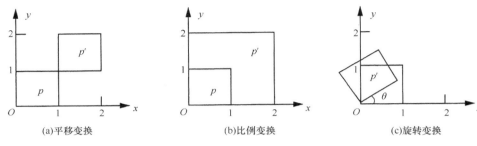

(a)平移变换　　　　　　　　(b)比例变换　　　　　　　　(c)旋转变换

图 4-5　三种基本图形变换

（2）空间数据的投影变换。实际的物体都是三维的，可以在三维直角坐标系中表示。但显示屏是二维的，从三维物体模型描述到二维物体模型描述的转换过程称为投影变换。

3. 几何纠正

1）空间数据误差分析

在 GIS 应用过程中，不可避免产生误差，在 GIS 生产过程中，各种空间数据操作、处理等，又会引入新的误差和不确定性，有时产生的各种精美 GIS 图件与其内在质量严重不符。

GIS 数据误差理论的研究内容繁多，就目前看来，最有前途的发展方向可概括为以下几个方面：①建立误差分析体系；②用敏感度分析法确定评价 GIS 产品质量的置信域；③尺度不变空间分析法；④空间集合与分区法；⑤空间数据误差的概念模式；⑥蒙特卡罗实验仿真；⑦空间滤波。

2）空间数据校正

前文所述的数据编辑处理一般只能消除操作过程中的误差，对于因图纸变形、数字化过程中产生的随机误差，则必须经过几何校正。几何校正分为三种：一次变换、二次变换、高次变换。一次变换：同素变换和仿射变换都属于一次变换（例如直线变换还是直线）；二（高）次变换：符合二（高）次曲线方程的变换。

4. 拓扑

在图形确定正确后，需要对图形要素建立正确的拓扑关系。目前，大多数

GIS 软件都提供了完善的拓扑关系生成功能。

拓扑关系的几个基本概念：①"拓扑（topology）"，源于希腊文，原意为"形状的研究"。②拓扑学，近代发展起来的一个数学的分支，研究各种"空间"在连续性的变化下不变的性质（丁在洋，2013）。③拓扑关系，拓扑几何原理中各空间数据间的相互关系。即用节点、弧段（线段连接）、多边形所表示的空间实体之间的邻接关系和包含等关系。正如拓扑的定义所描述的，建立拓扑关系时只需要关注实体之间的连接、相邻关系，而节点的位置、弧段的具体形状等非拓扑属性则不影响拓扑的建立过程。

常见的拓扑关系类型有拓扑邻接、拓扑包含、拓扑关联关系：

（1）拓扑邻接关系发生在同类型元素之间，一般用来描述面域邻接；

（2）拓扑关联关系存在于不同类型元素之间，一般用来描述节点与边、边与面之间的关系；

（3）拓扑包含关系用来说明面域和包含于其中的点、弧段、面域之间的对应关系，包含关系有同类的也有不同类的。

5. 数据重构

GIS 在发展过程中，出现了很多的研究机构和企业，不同的数据生产者在获取空间数据采用的数据采集平台不同，地理几何数据和属性数据存储方式和表现方法也各不相同。虽然不论何种平台，地理几何数据都可以归结为至少包括点、线、面 3 种要素，但因其在地图符号化的表现方式上，以及空间关系的组织上各不相同，所以不能简单地进行转换使用。为了实现相互之间的数据和资源共享，需要对数据格式进行转换，这个过程就是数据重构。数据重构是GIS 获取空间数据、共享空间数据的常用手段。

GIS 中的数据重构包括：矢量向栅格转换（便于空间分析）；栅格向矢量转换（便于输出，压缩数据量；经扫描的数据加入矢量数据库）。

1）矢量数据转换为栅格数据

（1）点状实体：每个实体只有一个坐标对表示，其矢量结构和栅格结构的相互转换只是精度变换的问题；

（2）线状实体：线是由多个直线段组成，其矢量化的核心就是直线段如何由矢量数据转换为栅格数据，通常有 DDA 法（数字微分分析法）、bresenham 法；

（3）面域实体：其边界与线状实体栅格化一致，接下来就是属性填充。判断栅格数据是否位于多边形内的一个前提就是，多边形严格封闭，没有缝隙。填充的方法有：内部点扩散法、射线算法、平行线扫描法、铅垂线跌落法、边界代数填充算法和边界点跟踪算法。

2）栅格数据转换为矢量数据

矢量化的过程中要保证以下两点：拓扑转换，即保持栅格表示出的连通性和邻接性；转换空间正确的外形。

栅格向矢量转换的主要步骤为：①扫描栅格数据→二值化→细化→边界跟踪→去除多余点及曲线光滑→拓扑关系生成；②分类栅格数据→边界搜索、边界提取→二值化→编辑→自动跟踪矢量化。

栅格向矢量转换的主要方法有两种：一种是本身为遥感影像或栅格化的分类图，在矢量化之前首先要作边界提取，然后将它处理成近似线划图的二值图像（二值化），最后才能将它转换成矢量数据（矢量化）；另一种情况通常是从原来的线划图扫描得到的栅格图，二值化后的线划宽度往往占据多个栅格，这时需要进行细化处理后才能矢量化。

6. 数据拼接

随着 GIS 应用领域的不断扩大，如城市规划系统、地下管网管理系统、土地管理系统、公安警用系统等，由于其管理的数据量很大，且比例尺也大。所以，靠对单幅图的管理已不能适应应用的需要。目前，像上述这样的一些 GIS 应用系统，多数都是以图幅为单位进行管理。即按图幅将大区域空间数据进行分割，目前世界各国的一般方法是采用经纬线分幅或采用规则矩形分幅（余秋冬和莫菲，2004）。

采用分幅管理空间数据就势必造成一个空间实体会分属多个图幅，对于整个空间而言，就不能保证正确的拓扑关系。在相邻图幅的边缘部分，由于原图本身的数字化误差，使得同一实体的线段或弧段的坐标数据不能相互衔接，或是由于坐标系统，编码方式等不统一，因此需进行图幅数据边缘匹配处理（宋伟东和符韶华，2004）。

图幅的拼接总是在相邻两图幅之间进行。要将相邻两图幅之间的数据集中起来，就要求相同实体的线段或弧段的坐标数据相互衔接，也要求同一实体的属性码相同，因此必须进行图幅数据边缘匹配处理。

　　在 ArcGIS 中拼接又叫镶嵌，在 ArcToolbox 中"数据管理工具"—"栅格"—"栅格数据集"下有两个工具，"镶嵌"和"镶嵌至新栅格"，前者需要先新建一个图像文件，然后进行镶嵌，而后者则一步到位，但前者又具有一些特殊的功能。

7. 重采样

　　重采样是栅格数据空间分析中处理栅格分辨率匹配问题时常用的数据处理方法。进行空间分析时，用来分析的数据资料由于来源不同，经常要对栅格数据进行几何纠正、旋转、投影变换等处理，在这些处理过程中都会产生重采样问题。因此重采样在栅格数据的处理中占有重要地位。

　　重采样从字面意思来理解就是对采样的数据进行某种校正（工具方法上的）以达到重新采样的目的。通常是指根据一类像元的信息内插出另一类像元信息的过程。在遥感中，重采样是从高分辨率遥感影像中提取出低分辨率影像的过程。

　　ArcGIS 提供了 4 种栅格数据重采样的方法，分别是最邻近分配法、众数算法、双线性插值法与三次卷积插值法（魏梦婷，2018）：

　　（1）最邻近分配法是速度最快的插值方法。这一方法主要用于离散数据（如土地利用分类数据），因为这一方法不会更改像元的值。使用这一方法进行重采样，最大空间误差将是像元大小的一半。

　　（2）众数算法根据过滤器窗口中频率最高的数值作为像元的新值。其与最邻近分配法一样，主要用于离散数据；但与最邻近分配法相比，众数算法通常可生成更平滑的结果。众数算法将在与输出像元中心最接近的输入空间中查找相应的 4×4 像元，并使用 4×4 相邻点的众数作为像元的新值。

　　（3）双线性插值法基于四个最邻近的输入像元中心的加权平均距离来确定像元的新值。这一方法对连续数据非常有用，且会对数据进行一些平滑处理。

　　（4）三次卷积插值法通过拟合穿过 16 个最邻近输入像元中心的平滑曲线确定像元的新值。这一方法适用于连续数据，但要注意其所生成的输出栅格可能会包含输入栅格范围以外的值。与通过运行最邻近分配法获得的栅格相比，三次卷积插值法的输出结果的几何变形程度较小。三次卷积插值法的缺点是需要更多的处理时间。

4.5.2　属性数据处理

1. 地下空间数据普查处理流程

地下空间数据普查基于现有资料提取图形数据和属性数据，结合现场调查和测量核实补充。其数据处理流程为：

（1）收集相关资料，提取地下空间设施图属数据；

（2）外业采集地下空间建筑及其设施的空间数据，调查核实属性数据；

（3）基于地下空间设施普查与测绘数据生产平台，制作地下空间及设施的图形数据、赋值属性，建立图属逻辑关系；

（4）最后，将数据成果整合到地下空间数据库。

地下空间设施普查数据复杂、种类繁多，给图属信息的组织管理造成了困难。首先在建筑本体上，分为常规建筑、轨道交通线站、地下通道、人防建筑、综合管廊等不同建筑种类。其次，同一栋建筑内，空间上按照楼层分布，采用传统地形测绘数据组织形式，压盖严重；同一层内又有基本设施、附属设施、出入口点标志等不同种类的设施。

结合地下空间设施普查数据特点，按照项目范围或者作业范围（作业小组或制图员）采用一个文件存储该范围内完整的地下空间数据。每个文件按照图 4-6 所示的项目范围线、地下空间建筑面、地层面、地下设施四大数据类型进行组织，对应设计四类属性表：

（1）地下空间项目属性表对应项目范围线，存储项目整体信息；

（2）地下空间建筑属性表对应各层建筑面，各层建筑再按照地下空间建筑类型进一步细分为常规建筑、轨道交通车站、车人行通道建筑、人防建筑、综合管廊建筑等；

（3）地层属性表对应地下空间分层面；

（4）地下空间设施属性表对应地下设施；按照地下设施类型，进一步细分为基本设施、附属设施、出入口点状标志等。具体如图 4-6 所示。

2. 数据资料收集与分析

地下空间设施属性数据主要来源于以下资料：

（1）1：500、1：1000、1：2000 大比例尺地形图；

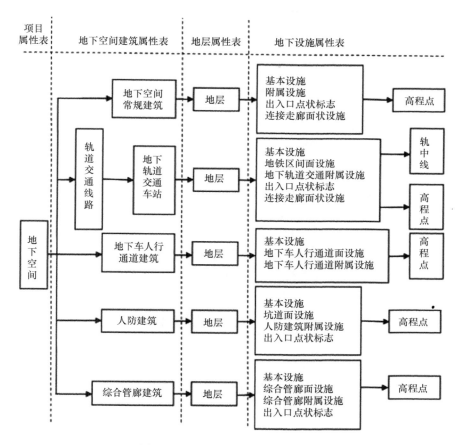

图 4-6　下空间设施数据组织结构图

（2）地下空间建筑工程规划验收测量资料，包括规划验收测量成果汇总表、面积计算略图、立面图等；

（3）《建设工程审核书》和《人防工程设计专项审查意见书》，包含地下空间设施的类型、防护等级、掩蔽人数等属性信息；

（4）规划放线资料、城建档案等其他资料。

结合地下空间设施属性信息表填写、图形成果制作等需求，检查各项图纸资料、属性信息的完整性和准确性，分析可用性。

3. 属性数据提取与核查

属性信息从收集的数据资料中提取，并通过现场调查核对补充。

（1）自动赋值：序列号、图幅号、行政区、普查单位、普查时间、入库时间和更新时间等。

（2）通过城市规划管理资料（放线资料、竣工验收资料、地形图、城建档案资料）提取下列信息：①建筑基础属性：外轮廓线、权属部门、所在道路、地址描述、地面关联物、中心点坐标、出入口最大地面高程、建筑规模、出入口数、建成时间和照片等；②地层属性：轮廓线、最大净空高和设施总数；③地下空间出入口属性：位置、出入口的朝向；④建筑连接通道属性：地下空间建筑连接通道的起止高程。

（3）现场对内业获取的属性信息进行核对，并拍摄反映设施与地面关联的建筑整体信息的照片。当信息不一致时，应以实地调查的数据为准。

4. 图形数据测量核对

项目范围线、各层建筑线，以及地下设施位置等空间信息由内业资料提取，外业测量核对。

外业测量主要获取地下空间建筑及其设施特征点的坐标、高程等图形数据，计算宽度、净空各层面积、建筑总面积等属性项。测量方法可采用 GNSS、RTK 和全站仪等传统测量手段，也可以使用激光扫描手段。当然，随着三维激光扫描技术的普及，使用三维激光扫描仪采集地下空间数据是大势所趋。

5. 图属数据编辑处理

1）实体编辑与属性关联

实体编辑与属性关联包括地下空间设施实体编辑处理与属性赋值、逻辑关系建立、分区数据合并（接边）等工作内容。

（1）设置图形和编码符号的选择规则，设置项目编号、地建标识码、所在地层、序列号、关联设施等属性信息录入和关联规则，确保图属数据之间正确关联。所有地下设施的地建标识码也应与其所在建筑面的地建标识码一致；

（2）根据收集的资料和外业测量数据提取项目范围线、建筑面、地层面等图形数据，关联属性信息、赋予地建标识码；

（3）对于自动录入的图形成果进行重叠压盖调整、楼层关系标注、地下设施标注、断面图制作等编辑处理。图形数据在平面图上高度重叠，应借助工作空间的开关与活动层锁定功能进行编辑。

2）地下空间关系表达

地下空间建筑用带边线的面状符号表示，边线颜色与面填充采用同一色相，不同亮度表示。不同层用该颜色的不同饱和度的渐变表示，选用 CMYK 印刷色彩模式，从地下负一层到最深层由浅到深依次表达。

地下空间层数采用前置 U 字表示，按楼层的绝对高程由高到低进行排序；地下空间配电房、停车场等设施的性质应进行标注，标注规则为"地下空间分层注记+设施性质符号"。

3）图形成果整饰与输出

按照地图制图要求，将处理后的数据文件进行符号化、注记压盖处理、裁边和图廓整饰，形成地形图和地下空间设施图形成果文件，并输出纸质成图。

6. 数据检查与入库

对于地下空间设施普查的成果，进行数据合法性检查，包括基础检查、图属一致性检查、逻辑一致性检查、空间分层与高程检查等。

（1）基础检查，主要检查项目范围线、建筑面之间是否存在相交、错位等情况；

（2）图属一致性检查，主要检查所在地层图形与属性信息的项目编号、地建标识码、包含关系的一致性；

（3）逻辑一致性检查，主要检查主体建筑面、各分层面、地下设施及属性数据的项目编号和地建标识码的唯一性；地下设施所在地层属性，与分层面的一致性；

（4）空间分层与高程检查，主要检查地层属性表的各层高程、最大净空等数据之间关系的合理性和一致性。

最后，采用 ArcSDE 一体化数据入库机制，将通过检查的图属数据加入到地下空间设施普查数据库。

4.6　城市地下空间数据库建立

4.6.1　数据库建设内容

城市地下空间数据库的建设是一个综合性的过程，涉及到数据收集、数据库设计、数据入库、数据库管理、数据安全，以及数据库性能优化等方面。下面为数据库的建设流程。

1. 需求分析

在开始建设数据库之前，首先需要明确数据库的目的和应用场景。需求分析包括确定要存储哪些类型的数据（如空间数据、属性数据、感知数据和状态数据），以及数据将用于什么目的（如工程项目需求分析、监控、规划或决策支持）。

2. 数据收集和预处理

数据是数据库的基础。需要通过各种途径收集地下空间的相关数据，包括地理信息、结构属性、使用情况等。在数据入库前进行数据清洗和预处理，以保证数据的质量。

3. 数据库设计

（1）选择数据库类型：根据需求分析的结果，选择适当的数据库管理系统（DBMS）。这可能是关系型数据库、非关系型数据库、地理信息系统（GIS）或时间序列数据库。

（2）定义数据库模式：设计数据库的结构，包括定义表、字段、索引和关系。对于空间数据，可能需要使用 GIS 扩展（如 PostGIS）来支持地理空间数据类型和查询。

（3）设置数据约束和验证规则：为了保持数据的完整性，需要设置适当的数据约束和验证规则。

4. 数据入库

将收集和预处理的数据导入数据库。可以使用脚本、数据库管理工具或 ETL（提取、转换、加载）工具来完成这个过程。

5. 数据库管理

（1）用户管理和权限控制：设置用户账户和权限，以控制对数据库的访问。

（2）数据备份和恢复：定期备份数据库，以防止数据丢失。并制定数据恢复计划以应对意外情况。

（3）数据库维护：定期检查和优化数据库的性能，包括更新统计信息、重建索引和清理日志文件。

6. 数据安全

保护数据库免受未经授权的访问和数据泄露。这包括使用加密、防火墙、审计和监控等手段来增强数据库的安全性。

通过以上步骤，可以构建一个高效、可靠和安全的城市地下空间数据库，以支持城市规划、建设和管理的各种应用。值得注意的是，数据库建设是一个持续的过程，需要不断地进行维护、更新和优化，以适应不断变化的需求和技术环境。

4.6.2　数据库建设方法

在城市地下空间系统的开发和管理中，数据库的建设是至关重要的。数据库不仅需要存储大量的数据，还需要有效地组织和检索这些数据。本节将介绍如何建立一个包含空间数据、属性数据、感知数据和状态数据的数据库。

首先，选择一个合适的数据库管理系统（DBMS）是至关重要的。对于包含地理空间数据的数据库，通常推荐使用支持地理空间扩展的 DBMS，例如 PostgreSQL 配合 PostGIS 扩展。

对于空间数据，需要存储地下空间的几何形状和位置。这通常通过使用地理信息系统（GIS）数据格式来实现，例如 Shapefiles 或 GeoJSON。应确保数据库管理系统支持这些格式，并且可以有效地查询和检索空间数据。

属性数据包括关于地下空间的描述性信息，如材料类型、用途和所有权。这些数据通常以表格形式存储，并且可以通过关系数据库模型与空间数据相关联。设计合理的数据表结构和关系对于维护数据完整性和提高查询效率至关重要。

感知数据来自于传感器和监测设备，这些数据通常是时间相关的，并且可能以高频率生成。因此，考虑使用时间序列数据库或在关系数据库中使用适当的索引和分区策略来优化时间相关查询，另外关注感知数据异常值的出现频次和异常值的处理（合理与否务必现场核实调查）。

状态数据反映了地下空间在特定时间点的条件，比如温度、湿度或结构完整性。存储状态数据时，需要考虑其与时间和空间数据的关联。此外，根据数据的复杂性和查询需求，可能需要使用数据立方体或多维索引来优化查询性能。

　　通过考虑上述因素并采用适当的工具和技术，可以有效地构建和管理包含空间数据、属性数据、感知数据和状态数据的城市地下空间数据库。这对于支持决策制定、优化资源配置和提高城市地下空间系统的可持续性至关重要。

4.7　课　后　习　题

一、简答题

　　1. 简述城市地下空间数据采集的重要性及其在城市规划中的作用。

　　2. 阐述地下空间数据预处理的主要步骤及其在数据处理中的重要性。

　　3. 描述一种地下空间数据采集技术的原理及其应用领域。

　　4. 阐述地下空间数据采集中的定量和定性数据的区别及各自的优缺点。

　　5. 简要介绍城市地下空间数据处理中的常用算法和工具。

　　6. 描述城市地下空间数据采集过程中可能遇到的问题以及相应的解决方案。

二、案例分析

　　1. 假设你是一个城市规划师，需要对一个城市的地下空间进行规划。请列举至少三种可能用到的地下空间数据采集方法，并说明它们的优缺点。

　　2. 设计一个城市地下空间数据处理流程图，包括数据采集、预处理、分析和可视化等步骤。针对每个步骤，简要说明其目的和需要注意的问题。

　　3. 假设你负责一个城市地下管线普查更新工程的数据采集，你将如何确定采集方法和技术？请结合项目背景，列举可能采用的方法和技术，并分析其适用性。

　　4. 某城市地下空间开发项目遭遇数据不一致问题，请分析可能的原因，并提出针对性的数据处理措施。

　　5. 假设你是一个城市地下空间规划团队的数据分析师，你需要对收集到的大量地下空间数据进行分析，以便为规划决策提供依据。请设计一个数据分析流程，包括数据预处理、分析方法选择、结果可视化等步骤，并针对每个步骤给出简要说明。

6. 根据某城市地下空间的实际情况，设计一个城市地下空间综合利用方案。请从数据采集、数据处理、规划设计等方面展开分析，阐述方案的实施步骤和可能遇到的挑战。

4.8　拓　展　阅　读

4.8.1　地下空间数据采集物探方法简介

前面几个小节关于城市地下空间数据采集主要介绍测量（测绘）方法，普遍适用于城市地下交通设施（如轨道交通、隧道、城市地下道路、人行通道、地下停车场及其他地下公共场所等）、综合管廊、地下其他工程（人防工程、地下河道、其他地下空间、废弃工程等）。城市地下管线（排水、给水、燃气、热力、电力、通信、工业、其他管线）埋设于地面下，处于隐蔽状态，需要通过物探手段，根据实际情况选用合适的物探仪器对地下管线进行探测，将隐蔽的地下管线投影到地面（即确定平面位置），并探测其埋设的深度（中心埋深、管线顶部/底部埋深），查明地下管线的类别、走向、平面位置、埋深、规格（管径/断面尺寸）、材质、特征点、埋设方式、权属、构建筑物、坐标和高程等及满足需求的其他数据（见 4.1.1 节）。

对于实地可见的或打开检查井（附属物或构建筑物）可见到管线本体的明显管线点，一般采用实地调查的方法，使用钢卷尺、"L" 型测量杆、钢筋杆、手持式激光测距仪、智能井下量测系统等直接量测管线埋深，并采集其他管线数据信息。

对于隐蔽于地下的实地不可见的隐蔽管线点，应采用地球物理探查手段探查其位置、埋深、走向、特征点等数据信息。目前国内生产中采用的仪器很多，如：各类管线探测仪、内窥检测仪器（机器人）、导向仪、探地雷达、有线/无线探头、地震仪、声呐仪、磁力仪、DM/PCM 防腐检测仪、陀螺仪、声波定位仪等。

本节以地下管线普查为例，简单介绍常用的地球物理探查方法（物探方法）。

1. 城市地下管线普查探测精度要求

（1）城市地下管线普查探测应以中误差作为衡量探测精度的标准，且以二倍中误差作为极限误差。

（2）明显管线点的埋深量测中误差不应大于 25mm。

（3）隐蔽管线点的平面位置探测中误差不应大于 0.05h，埋深探测中误差不应大于 0.075h，其中 h 为管线中心埋深，单位为 mm，当 h＜1000mm 时以 1000mm 代入计算。

（4）地下管线点位置坐标的平面位置测量中误差不应大于 50mm（相对于该管线点起算点或邻近图根控制点），地下管线点位置坐标的高程测量中误差不应大于 30mm（相对于该管线点起算点或邻近图根控制点）。

（5）普查探测质量检查遵循随机抽查、分布均匀、分布合理有代表性的原则。重复检查/量测明显管线点的点数不少于明显管线点总数的 5%，重复探测检查隐蔽管线点的点数不少于隐蔽管线点总数的 5%，重复开挖检查隐蔽管线点的点数不少于隐蔽管线点总数的 0.5%；明显管线点量测埋深的粗差（大于 2 倍中误差且小于等于 3 倍中误差）率不应大于 5%，错误（大于 3 倍中误差）率不应大于 2.5%，且粗差率与错误率之和不大于 5%；隐蔽管线点探测埋深的粗差（大于 2 倍中误差且小于等于 3 倍中误差）率不应大于 7.5%，错误（大于 3 倍中误差）率不应大于 5%，且粗差率与错误率之和不大于 7.5%。

（6）城市地下管线普查探测的数据信息错误率不得大于 5%。

2. 常用地球物理探查方法

1）被动源法（P 波或 R 波）

利用金属电缆或金属管道本身所产生的电磁场，用管线探测仪接收机接收并分析该电磁场的信号特征，即能确定其所处的位置。

2）直接法

直接法有三种连接方式：单端连接、双端连接和远接地单端连接。三种连接方式都是将发射机电磁信号直接加到被查金属管线上。该方法信号强，定位、定深精度高，易分清近距离管线，但金属管线必须有出露点，且需良好的接地条件。

选用直接法时，无论哪种连接方式，连接点必须接地良好，应将金属的绝缘层浔刮干净，接地电极尽量布设在垂直管线走向的方向上，距离大于 10 倍埋设深度的地方，应尽量减小接地电阻。

3）夹钳法

利用专用地下管线探测仪配备的夹钳，夹套在金属管线上，通过夹钳上的感应线圈把信号直接加到目标管线上，用接收机接收该信号并分析其分布特征，即能确定地下管线的所处位置。

4）感应法

根据电磁感应原理，在金属管线上方（或附近）放置有交变电流的发射线圈，线圈受交变电流的作用产生交变电磁场并向周围传播，该电磁场称为"一次场"。因穿过金属管线的"一次场"磁通量的大小、方向不断变化，使金属管线产生感应电流，其大小正比于磁通量的变化率，频率与"一次场"相同。同理，该感应电流在其周围产生频率相同的感应电磁场，即"二次场"。通过接收装置在一定距离外接收"二次场"信号，分析其分布特征，从而达到寻找地下金属管线的目的。

在实际探测生产实践中根据旁侧管线的分布特点，尽量减少其电磁场耦合干扰，可选择采用：垂直压线法；水平压线法；倾斜压线法；旁测感应法；差异激发法（或称选择激发法）。

（1）垂直压线法：利用水平偶极子施加信号时，线圈正下方管线耦合最强。根据这一特性，可将发射机直立放在目标管线正上方，突出目标管线信号，压制邻近干扰管线，以达到区分平行管线的目的。该方法适宜于埋深浅、间距大的平行管线，当两管线间距较近时效果不好。

（2）水平压线法：利用垂直偶极子施加信号时，将不激发位于其正下方的管线，而激发邻近管线。根据这一特性，可将发射机平卧放在邻近干扰管线正上方，压制地下干扰管线，突出邻近目标管线信号，是区分平行管线的有效手段。

（3）倾斜压线法：当平行管线间距较小时，垂直压线法和水平压线法均未能取得较好效果，可采用倾斜压线法。倾斜压线法是根据目标管线与干扰管线的空间分布位置选择发射机的位置和倾斜角度，在保持发射线圈轴向对准干扰管线的前提下，尽量将发射机置于目标管线上方附近，可确保有效激发目标管线，压制干扰管线。

（4）旁测感应法：对于平行埋设的多条管线，还可采用旁测感应法区分两外侧管线，即将发射机置于目标管线远离干扰管线的一侧施加信号，由于发射机距离目标管线近，对目标管线激发较强的信号，而对远离发射机的干扰管线激发较弱，从而抑制了干扰管线信号，突出目标管线异常。该法常用于密集埋设的多条平行管线最外侧管线的探查。

（5）差异激发法（或称选择激发法）：在管线分布复杂的区段，管线常常出现纵横交叉，个别管线还存在分支或转折。此时，可根据管线的分布状况，选择差异激发法施加信号。信号施加点通常可选择在管线分布差异（容易区分开）的区段，即管线稀疏、邻近干扰少，如管线间距较宽、转折、分支管线等，以避开邻近管线干扰，突出目标管线信号。

5）探地雷达法

对于非金属且没有出露点的管道不能采用现场调查方法探查，采取地质雷达法进行。地质雷达是探测 PVC、PE、混凝土等非金属管线探查的首选工具。

地质雷达是利用介质中电性差异（电导率、介电常数）分界面对高频电磁波（主频数十到数百兆赫）的反射来探测目的体。用一个天线发射高频电磁波，另一个天线接收来自地下介质界面（如非金属地下管线与土壤的界面）的反射波，在介质中一定深度范围内如果存在有异常物体，并且异常物体与周围介质存在有电性差异时，地质雷达天线在地表发射高频电磁波时，在介质中传播的电磁波遇到异常物体与周围介质分界面，电磁波被反射回地表，被地表的接收天线所接收，根据所接收的反射信号的双程走时，通过对接收到的反射波的分析处理，便可确定异常物体的位置，从而达到探测地下非金属管线的目的。

6）信标示踪法

对于未能收集到资料，采用非开挖工艺施工的通信、电力管线，通过其出入口采用信标示踪法进行探查。仪器信标（也称传感器、探头、导向仪）发出特定频率的电磁波信号，通过在地面上探查该信号的强度与分布即可知其深度与位置。

探测前先选择场地探测条件干扰少的位置，接收器和信标（即传感器）进行单点校准，校准后再进行定位检查，一般将接收器平行放在距传感器 3.0m 或 6.0m 处，检查实际探测距离，满足精度要求才可施测。

打开窨井盖，把带有信标示踪器的软杆插入空孔中，在地面上利用地下定位系统导向仪，接收由信标示踪器发出的信号，实现对信标示踪器的定位；

通过软杆逐步推进信标示踪器，同时在地面上利用管线探查仪逐点探查信标所经过的位置，实现对信息、电力管线的连续追踪。从而获得非开挖信息、电力管线的实际穿越轨迹与平面位置和埋深。

7）陀螺仪法

非开挖定向钻铺设的非金属管线，埋深≥10m 的情况下很难准确探测地下管线的埋设位置和深度，这种穿越管线的埋深已超出目前常用仪器设备（如电磁感应法管线仪、探地雷达等）的探测能力。随着技术进步，陀螺仪逐渐应用于探测此类管线，技术日臻成熟。

陀螺仪应用于管线探测的原理：一个旋转物体的旋转轴所指的方向在不受外力影响时，是不会改变的。人们根据这个道理，用它来保持方向，制造出陀螺仪（gyroscope）。陀螺仪在工作时要给它一个力，使它快速旋转起来，一般能达到每分钟几十万转，可以工作很长时间。陀螺仪用多种方法读取轴所指示的方向，并自动将数据信号传给控制系统。

陀螺仪和加速度计分别测量定位仪的相对惯性空间的 3 个转角速度和 3 个线加速度延定位仪坐标系的分量，经过坐标变换，把加速度信息转化为延导航坐标系的加速度。并运算出定位仪的位置、速度、航向和水平姿态。

陀螺仪三维精确定位技术作为新的地下管线定位方法，不受地形限制，不受深度限制，不受电磁干扰；适合于任何材质的中空的地下管线；自动生成三维空间曲线图，并与 GIS 无缝兼容；但是不适用于已运行管道，数据量大软件操作复杂。陀螺仪三维精确定位技术可作为管线定位仪、GPR 探地雷达、CCTV 摄像系统等检测方法的有力补充手段，对解决精确定位大埋深地下管线有重要作用（图 4-7）。

图 4-7　陀螺仪定位示意

8）直流电法

直流电法根据探测要求和应用条件，可供选用的方法有：自然电场法、充电法、电剖面法、电测深法、高密度电阻率法或激发极化法。

9）电磁法

电磁法根据探测要求和工作现场地球物理条件，可供选用的方法有：电磁测深法、电磁剖面法、瞬变电磁法、探地雷达法。

10）浅层地震法

浅层地震法根据探测要求和工作现场地球物理（地质）条件，可供选用的方法有：反射波法、透射波法、折射波法、面波法、微动勘探法。

地下综合管廊、地下岩洞、地下构建筑物等探测常用面波法；探测勘查洞穴、塌陷、采空区、道路空洞等常采用微动勘探法。

11）高精度磁法

可用于探测具有铁磁性的地下管线及水下铁磁性物体。

12）其他方法

用于城市地下管线探测的地球物理探查方法有很多，建议感兴趣的同学参考学习《城市工程地球物理探测标准》（CJJ/T 7—2017）。

特别说明：外业采用何种地球物理方法探测、确定、采集城市地下管线的位置信息、埋深信息、特征（弯头/转折点、三通、四通）位置信息，需要在实际探测过程中考虑旁侧管线干扰（耦合）并尽量减少其对目标管线的干扰，择优选择仪器和方法，或采用多种方法进行探测互为印证，随着新技术、新仪器不断涌现，及时学习以提高探测技能。

4.8.2   智能化外业数据采集

智能化管线探测外业数据采集系统已经被广泛应用于城市地下管线普查探测的生产实践。系统主要基于 Android 系统和内外业一体化探测技术开发完成，具备地下管线外业数据采集过程中的管线数据录入、更新、自动生成外业手机草图、查错、图库联动编辑、查询、统计、分析等功能，使管线普查的外业探测和内业数据处理二者真正联系起来。实现探测–测量–成图一体化、图库互动的作业模式，并能够快速、高效、直观地进行管线数据进行操作。

以地下管线探测外业数据采集系统为例简要阐述城市地下管线普查探测外业空间信息数据采集。

1. 数据采集系统运行环境

基于 Android 系统的手机或平板电脑，1GHz 或更高处理器，1G 或更高 RAM 存储器，4.3 英寸 1080p 及以上显示屏幕。

手机或平板电脑软件环境要求具备 Google Android 8.0 及以上操作系统。

2. 数据采集系统基本功能设置

1）图库互动录入功能

数据采集系统根据需求和相关规范、规程或标准规定的管线类别、颜色、代码、符号、图例、符号大小等图式要求，具备与输入数据信息一致的基本点线绘制功能。为适应外业探查数据录入的普遍性、现场实际情况差异及可能出现的不确定性，系统引入手机屏幕虚拟绘画连向的概念，同时支持点点相连、点线相连、线线相连三种连线方式，同时实现管线空间数据信息属性查询修改、插入管点、移动管点、点线删除等常用图库互动编辑功能。

2）地图显示功能

谷歌在线地图显示功能：通过移动或 Wi-Fi 网络下载谷歌矢量或卫星地图，并结合手机/平板电脑 GNSS（北斗）定位，在手机、PDA 或平板电脑上绘制外业管线草图，同步录入需要调查的管线空间数据信息。

谷歌在线地图离线缓存功能：系统提供谷歌在线地图批量缓存功能，可在 Wi-Fi 网络下预先将指定范围内地图缓存到本地数据库中。再次读取范围内地图时无须再次访问网络。

离线地图显示功能：系统支持如 ArcGIS shp 数据、ArcGIS tpk 切片数据、jpg 栅格数据等多种格式的离线背景地图。

3）自定义设置功能

管线成图自定义：用户可根据实际要求自定义管线的"管线种类""管线字段""管线特征""图幅信息"等地下空间数据信息，以适应不同用户数据格式的需求，满足复杂多变的实际需求。

数据路径自定义：可自定义设置系统数据的存放路径。

其他自定义：用户可以自定义管点符号与字体大小、屏幕是否常亮、震动截屏分享等，以满足所遵循的规范、规程、标准、规定的要求。

4）数据通信转换功能

通过简单通信方式转换，系统维护的数据库可发送到现有桌面平台的管线数据处理系统中直接使用，同时管线数据处理系统的数据库也可直接通信发送到手机或平板电脑，在本数据采集系统中所使用，二者之间真正实现了无缝连接，即实现内外业数据交互通用。

5）管线动态更新功能

重新定义管线更新作业流程，通过 Wi-Fi 网络，管线更新数据可预先下载到数据采集系统中，外业作业中实地对管线数据进行更新操作和坐标采集并查错后，可通过网络将数据发送到桌面平台的"管线数据处理系统"中，系统自动对更新数据进行更新替换，无须进行数据接边等操作，即可简单实现管线数据的动态更新。

3. 数据采集系统设置

数据采集系统安装后，内业人员或软件开发人员应根据项目需求或须执行的规程、规范、标准及地方规定对本数据采集系统进行设置。

需要系统设置的主要内容包括以下几方面：

（1）系统目录设置。系统目录设置用于指定系统的工作路径和相关文件保存位置。

（2）系统模式设置。系统模式设置用于指定系统管线图形加载模式，当管线数据量较小时，可指定为"打开模式"或"加载模式"，当管线数据量比较大时，请选择"重绘模式"，系统默认为"重绘模式"。

（3）数据表名设置。数据表名设置用于指定系统管类表名命名规则，当选择"数据表按管线大类命名"时表示管线数据库中点库、线库数据表的命名将按管线大类命名，当前大类对应所有子类数据都位于当前大类表中，当选择"数据表按管线小类命名"时表示管线数据库中点库、线库数据表的命名将按管线小类命名，第一个子类都对应有自己的点线表。

（4）管线类别设置。管线类别设置用于设置当前数据格式中所有管线代码及管线名称，须符合用户的规定。

（5）管线字段设置。管线字段设置用于设置当前数据格式中点表字段和线表字段的字段名称和字段类型等信息，须符合用户的规定。

（6）管线特征设置。管线特征设置用于设置当前数据格式中点表字段和线表字段的可选填写字段值信息。

（7）字段对应设置。字段对应设置用于设置当前数据格式中点表字段和线表字段中某些必要字段的标识信息，只能对记录进行修改，不能新增或删除记录。

（8）其他设置。需要根据用户需求进行的其他设置：管点字体大小设置、管点符号大小设置、明显点标识设置、背景地图模式设置、适应外业作业的其他设置。

4. 采集系统数据录入与编辑

点击工作界面底部工具条，根据本次需要选择"新建工程""打开工程""关闭工程"按钮，根据弹窗提示依次完成或填写后续详细步骤。

1）选定当前管类

在开始绘制管点或管线并录入空间数据信息属性前，必须先选择并确认当前管类，管类通过顶部工具条上最左边下拉列表框进行选定，系统默认上次工作时选定管类图层和数据表中添加记录。

2）绘制管点

当系统处于"新建工程"或"打开工程"状态，在工具条上选定管点绘制按钮并在管类下拉列表中选定当前管类代码，在地图窗口选定位置上点击后，会弹出管点绘制对话框，输入管点点号及相关属性后，点击"确定"，系统会在地图窗口当前点击位置新建一个管点，同时在当前打开工程数据库对应点表中录入相关记录信息（图 4-8）。

3）绘制管线

当系统处于"新建工程"或"打开工程"状态，在工具条上选定管线绘制按钮并在管类下拉列表中选定当前管类代码，当屏宽显示的工作底图小于 100m 时，在地图窗口以画线方式选定当前管类的起点管点和终点管点后松开，会弹出管线绘制对话框，系统自动调入选定的起点和终点的点号及埋深信息，输入管线其他相关属性（外业所能普查的属性信息）后，点击"确定"，系统会在地图窗口新建一条选定起点至终点的管线段，同时在当前打开工程数据库对应线表中录入相关记录信息（图 4-9）。

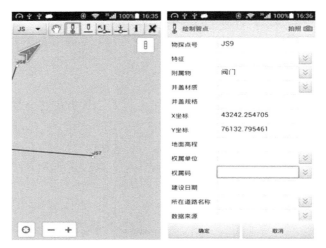

图 4-8　管点信息录入

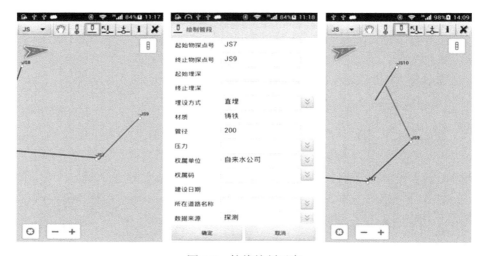

图 4-9　管线绘制示意

4）移动管点

当系统处于"新建工程"或"打开工程"状态，在工具条上选定移动管点按钮，以画线方式起笔在管线点上，在合适位置抬笔，如果起笔位置存在管线点，则该管点和与之相连管段被移动到抬笔位置，此功能用于对管线位置调整（图 4-10）。

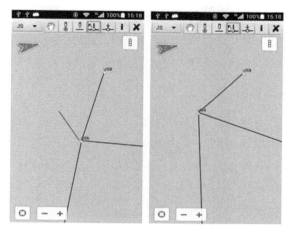

图 4-10　移动管点示意

外业实地巡图 100%检查时，核实点位相对位置更正、综合管网点位坐标错误更正等工作，彰显该系统的便捷性和契合外业习惯的优势及适用性。

5）插入管点

当系统处于"新建工程"或"打开工程"状态，在工具条上选定插入管点按钮，在需要插入管点的管线段上点击后会弹出插入管点对话框，输入插入管点相关数据信息属性后，点击确定后将在图面点击位置所选管线段上插入指定管号的管线点（图 4-11）。

图 4-11　插入管点示意

　　如原管段上发现并挖出掩埋的井盖，更新或更正原来的既有数据信息；将新增或补测管线的分支进行探测补录，图库联动录入数据信息属性；排水管道支管暗接混流，将暗接的分支管道数据信息属性进行补录等现场情况。

6）移动管线端点

　　当系统处于"新建工程"或"打开工程"状态，在工具条上选定移动管线端点按钮，在需要移动的管线段上靠近端点位置点击并拖动画线到该端点要移动到的同类别管线点后松开，则该管线段指定端点将移动到指定的管线点上。

7）管线复制

　　管线复制功能主要用于通信类管线重复管线（同坐标不同管类）的复制，在当系统处于"新建工程"或"打开工程"状态，在工具条上点击管线复制按钮，弹出管线复制对话框，在对话框中选定要复制的管类代码和输入复制时要同修改的字段属性。点击按钮"选择复制字段"可选择要步修改的字段，选定管类代码和指定复制时要修改的字段属性后点击按钮"选择管段"后将弹出顶部"管线复制"操作工具条，在绘图窗口中依次指定要复制的源管线段后，在操作工具条上点击"确定"按钮，则当前选定的源管线段及与其相连的管线点将复制到前面指定的管类中，相对应的数据信息属性同步生成并录入，保持唯一性和一致性。

8）管类变换

　　在当系统处于"新建工程"或"打开工程"状态下，在工具条上点击管类变换按钮，弹出管类变换对话框，先在对话框中管类列表中选定变换后的管类代码，点击按钮"选择管段"后弹出顶部"管类变换"操作工具条，在绘图窗口中依次指定要变换管类的源管线段后，在操作工具条上点击"确定"按钮，则当前选定的源管线段及与其相连的管线点将变换管类代码到前面指定的管类中（图4-12）。

　　线缆类管线探测和城市水环境治理（如黑臭水体治理、雨污混接治理中雨水管道、污水管道和雨污合流管道治理变更管道性质）工程中应用便捷、效率高、契合实际工作。系统设计灵感来源并服务于生产实践。

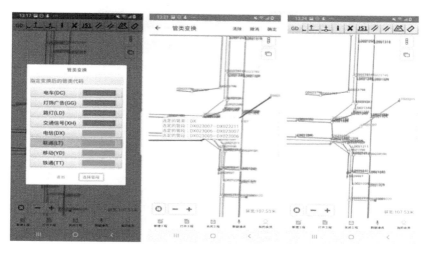

图 4-12　管类变换示意

9）其他常用工具

智能化外业数据采集系统具备如下通用的工具：属性查询修改、点线删除、查找点号、管线全图显示、管点数量统计、数据导出与导入、数据通信（从设备发送数据到桌面平台、从桌面平台发送数据到设备、从桌面平台发送设置到设备）、管线数据更新等服务于生产实践的工具。

4.8.3　内业数据处理

以目前国内主流的地下管线工程内业数据处理系统为例介绍城市地下管线普查探测更新类项目的内业处理技术和流程要点，以国内较新版本的地下管线内业数据处理系统为例作简要阐述。

1．数据处理系统功能

地下管线数据处理系统是利用 Visual C++和 ObjectARX、ObjectZrx 技术在 Autodesk、AutoCAD 或中望 CAD 平台上二次开发而成，现可运行在 AutoCAD2008、AutoCAD2016 及中望 AutoCAD2020 等平台上，主要功能如下：

1）数据建库功能

系统可以根据用户需求和实际作业条件采用以下三种方式录入管线数据：

（1）物探库过渡录入方式：此录入方式录入界面和外业记录表格格式（纸质/电子）一致，方便直观，便于前期大批外业数据的录入、查错和修改。

（2）直接分离点线录入方式：此录入方式将物探数据直接分离为点记录和线记录，便于管线内业数据的后期处理和修改。

（3）图库联动绘制录入方式：此录入方式通过图库联动的方式在绘制管线点和管线段图形的同时建立点线数据库。

2）数据查错功能

（1）可自定义的数据查错方式：用户可自定义数据查错的种类和方式。

（2）全新错误记录定位功能：用户只需双击错误提示行（在错误输出窗口中），即数据库可自动跳转定位到对应错误记录行（如果当前管种录入界面已打开）和管线图形中可自动跳到对应的管点和管线（如果当前图形已打开）。

3）管线成图功能

改进管线成图算法缩短管线机助自动成图时间，适合对大批量数据进行处理；具备三维管线成图和查询功能；分管类、分图幅、自定义 SQL 条件查询成图功能。

4）管线图及数据维护功能

图库联动：用户可通过管线图形直接对数据库进行查询修改。

库图联动：用户对数据库的修改可直接反馈给管线图形，自动更新图形中的有关的符号、注记等相关属性。

5）自定义设置功能

（1）数据录入自定义：用户可自定义数据录入的"管线类型""管线字段""管线特征""管点符号""名称""字体及大小"等设置。

（2）管线成图自定义：用户可自定义管线成图的"图层设置""字体设置""线型设置""注记设置""图廓设置""扯旗设置"等设置。

（3）管线成果表生成自定义：用户可自定义生成管线成果表样式和内容等。

（4）界面自定义。

2. 系统设置

地下管线数据处理系统的系统设置内容非常详细、涉及的设置细节较多。

受篇幅限制，仅简单概述。包括系统相关基本设置、一般设置、录入设置、查错设置、成图设置五个基本方面。

1）系统相关基本设置

系统相关基本设置如图 4-13 所示。

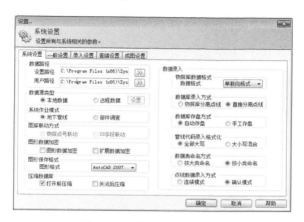

图 4-13 系统相关基本设置

2）一般设置

一般设置主要包括：类别设置、字段设置、字段对应、特征设置、图幅信息、测区信息。见图 4-14 和图 4-15。

图 4-14 一般设置（类别设置）

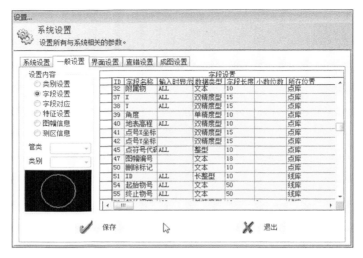

图 4-15　一般设置（字段设置）

3）数据录入界面设置

界面设置用于对系统录入界面外观、控件位置等信息进行设置，同时，还用于设置管线数据录入时物探数据分离成点、线格式数据时的对应关系（图 4-16 和图 4-17）。

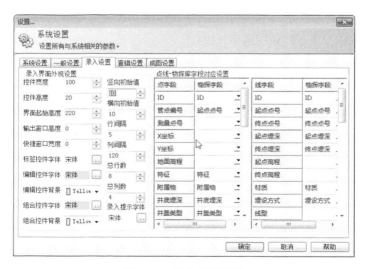

图 4-16　录入设置界面

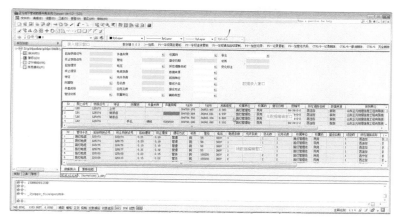

图 4-17 录入内容细节

4）数据查错相关设置

查错设置用于设置对管线当前数据库进行查错时的种类、方式以及相关自定义查错项。常用查错包含 16 个细节，见图 4-18。

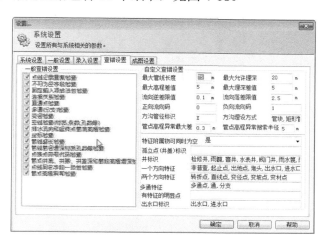

图 4-18 查错设置

5）管线成图相关设置

用于设置和管线成图相关的设置，如管线图层、线型、字体、比例尺、注记样式等，包括一般设置、图层设置、线型设置、字体设置、注记设置、图廓设置 6 个方面（图 4-19 和图 4-20）。

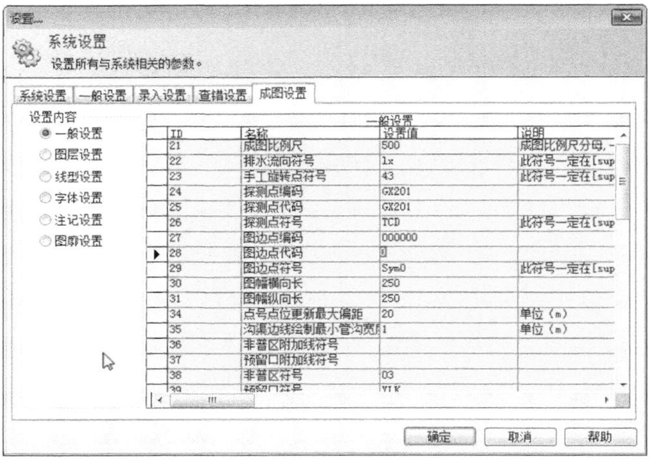

图 4-19　成图设置（一般设置）

图 4-20　成图设置（图廓设置）

3. 管线点成果表

　　系统可根据当前数据库或外部文本自动编制 excel 格式电子表格形式管线点成果表，编制时根据系统图幅信息以图幅为单元进行，每一个图幅对应一个 xls 文件，文件名以图幅信息中"图幅号"命名，生成后各管类在文件中分工作表进行存放。在工具栏操作工具选项页中选择"数据输出"子页后点击"管线点成果表"，打开"生成管线点成果表"对话框（图 4-21）。

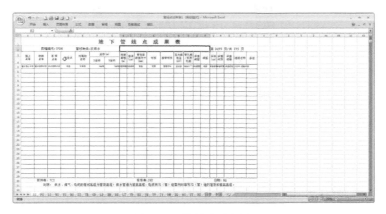

图 4-21　管线点成果表

在进行自动成果表编制时之前，必须先根据实际情况对相关内容进行设置，主要设置内容包括有：成果表模板文件设置、模板文件工作表表名设置、模板文件替代字串设置、目录或封面生成设置等。

4. 数据处理其他功能

针对管线数据处理数据量大，复杂多变等特点，系统提供多种处理工具以满足实际生产的需要，主要功能有：数据的导入、导出、合并，图面选定记录导出、扩展记录提取，以及 ArcGIS 格式数据导出等。

特别说明：不同城市基本上都有自己的地下管线探测规程，管线大类名称基本一致，但是小类代码或名称却存在差异，需要在实际工作中引起重视。大部分情况下要以地方规程或地标为准设置各项"字段名"，以执行地标为准，才能满足地方或业主对地下管线信息管理系统的要求，否则很难实现数据入库工作。

参 考 文 献

陈明权. 2011. 室内移动物体的无线定位研究与设计. 广州: 广东工业大学.

丁在洋. 2013. 拓扑建筑创作方法与特性研究. 大连: 大连理工大学.

傅坦坦. 2018. 数据流处理系统中优化调度算法研究与实现. 西安: 西安电子科技大学.

郭沈凡. 2005. 盾构隧道精密定位导向技术的研究. 南京: 河海大学.

姜巍. 2006. GIS 在校园环境导航系统中的应用. 大连: 大连理工大学.

匡小兰, 欧新良. 2012. 建筑物的着色点云平面区域分割研究. 计算机工程与应用, 48(5):

194-197.

李红亮, 张晓阳, 张宜华, 等. 2018. 《重庆市城市地下空间信息数据库标准》解析[C]//中国城市科学研究会数字城市专业委员会轨道交通学组. 《智慧城市与轨道交通 2018》——第五届全国智慧城市与轨道交通科技创新学术年会论文集. 北京: 中央民族大学出版社.

李敏. 2022. 三维激光点云数据的去噪算法研究. 信息技术与信息化, (9): 47-50.

李楠. 2016. EPSW 电子平板测图系统的应用. 北京测绘, (5): 143-145.

令紫娟. 2013. 矿山测量信息系统的研究与设计. 西安: 西安科技大学.

刘海飞, 杨敏华, 车建仁. 2013. 地下空间中测绘技术的探讨. 测绘与空间地理信息, 36(12): 16-18.

刘俊娟. 2013. 无源射频识别定位发放与系统研究. 上海: 复旦大学.

刘敏, 康宏伟. 2005. 矿区边界纠纷仲裁测量方法和工作程序探讨. 地矿测绘, (4): 27-30.

沈映政, 董云, 李北方. 2012. 规则格网数字高程模型的建立. 地理空间信息, 10(1): 153-157.

宋伟东, 符韶华. 2004. DLG 到 GIS 的数据转换方法研究. 测绘通报, (2): 54-56.

田安红, 张顺吉. 2012. 常见定位技术的分析与研究. 科技信息, (22): 227.

王丹, 耿丹, 江贻芳. 2018. 城市地下空间测绘及其标准化探索. 测绘通报, (7): 97-100.

王巨才. 2007. 引白水源测量工程设计及实施成果检验. 阜新: 辽宁工程技术大学.

魏梦婷. 2018. 基于 pRPL 的栅格地图投影变换算法并行化研究. 西安: 西安电子科技大学.

温银放. 2007. 数据点云预处理及特征角点检测算法研究. 哈尔滨: 哈尔滨工程大学.

夏亮. 2012. 电气化铁路对电网电能质量影响的可视化技术研究. 成都: 西南交通大学.

徐东风, 高俊强, 谢文国. 2015. 常州市城市地下空间数据采集及测量方法应用. 交通科技与经济, 17(4): 121-124.

杨吉明. 2021. 地铁控制测量方案设计与应用. 济南: 山东科技大学.

叶照强, 李宏艳. 2012. 碎部测量在矿山测量中的应用. 山东煤炭科技, (2): 6-7.

余秋冬, 莫非. 2004. 基于地理信息系统的天津房地产管理数据库. 天津通信技术, (2): 6-13.

曾如铁. 2020. 三维激光扫描的点云数据处理与建模研究. 重庆: 重庆交通大学.

张乐鑫. 2015. 城市地下空间的三维可视化研究. 兰州: 兰州交通大学.

第5章 城市地下空间地理信息空间分析

城市地下空间地理信息空间分析的目的是通过对城市地下空间数据的收集、处理、建模、分析和展示，来揭示城市地下空间的特征、潜力和问题，并提出有效的解决方案，为城市地下空间的开发利用和管理提供科学依据和技术支持。城市地下空间地理信息空间分析是一项具有重要意义和前景的研究方向，它可以为城市地下空间的合理开发利用和科学管理提供有效的工具和方法，促进城市地下空间与城市表层空间的协调发展，提高城市的综合效益和竞争力。

5.1 城市地下空间地理信息分析方法

在地学领域中，空间分析一般是指"GIS空间分析"，或"地理空间分析"，也还有其他不同的叫法，例如：地理信息分析、空间数据分析、空间统计分析等。任何信息，总含有空间、时间、属性等特征。如水文含属性和时间特征，疾病传播含时间、空间和属性特征，而河道演变则反映了空间形态特征随时间变化性质。空间分析是针对空间对象的位置和形态的空间数据的分析技术，其目的在于提取和传输空间信息。自从有了地图，人们就自觉或者不自觉地进行着各种类型的空间分析。空间分析能力是地理信息系统区别于一般信息系统的主要方面，也是评价一个地理信息系统成功与否的一个主要指标。空间分析源于60年代地理学的计量革命，在开始阶段，主要是应用定量（主要是统计）分析手段，用于分析点、线、面的空间分布模式。后来更多的是强调空间本身的特征、空间决策过程和复杂空间系统的时空演化过程分析，例如利用地图进行战术研究和战略决策等，都是人们利用地图进行空间分析的实例。

国内外许多学者都对空间分析进行了大量的研究，但是对空间分析下定义是比较困难的，不同的应用领域给出不同的含义，它们的侧重点各不相同：或侧重于地理学（地学），或侧重于测绘学（地图学），或侧重于几何图形分析，或侧重于地学统计与建模。综合这些学者的研究成果，空间分析可定义为使用几何分析、统计分析、数学建模、地理计算等方法，对地理空间中的目标的空间关系进行描述、分析、建模，并进一步为空间决策提供支持的技术。空间分析的核心在于"空间"，而"空间"的本质是位置。空间分析就是采用统计、拓扑、图论、计算几何等方法对空间对象的位置、关系进行定量描述。

随着 GIS 的发展，多种空间分析技术相继出现。根据分析的数据性质不同，可以分为：缓冲区分析、叠加分析、最短路径分析。

5.1.1 缓冲区分析

所谓缓冲区，就是地理空间目标的一种影响范围或服务范围。例如：公共设施的服务半径，大型水库建设引起的搬迁，铁路、公路以及航运河道对其所穿过区域经济发展的重要性等，均是一个邻近度问题，主要描述了地理空间中两个地物距离相近的程度（邻近度），是空间分析的一个重要手段，是解决邻近度问题的空间分析工具之一。

缓冲区分析是地理空间目标的一种影响范围或服务范围，是对选中的一组或一类地图要素（点、线或面）按设定的距离条件，围绕其要素而形成一定缓冲区多边形实体，从而实现数据在二维空间得以扩展的信息分析方法。缓冲区分析在农业、城市规划、生态保护等诸多领域都有应用。例如，在环境治理时，常在污染的河流周围划出一定宽度的范围，表示受到污染的区域；又如交通基础设施建设时，可根据道路扩宽宽度对道路创建缓冲区，然后将缓冲区图层与建筑图层叠加，通过叠加分析查找落入缓冲区而需要被拆除的建筑等等。

缓冲区主要分为点缓冲区、线缓冲区、面缓冲区、多重缓冲区几种形式。

（1）点缓冲区：是以点对象为圆心，以给定的缓冲距离为半径生成的圆形区域。当缓冲距离足够大时，两个或多个点对象的缓冲区可能有重叠。选择合并缓冲区时，重叠部分将被合并，最终得到的缓冲区是一个复杂面对象（图 5-1）。

（2）线缓冲区：线的缓冲区是沿线对象的法线方向，分别向线对象的两侧平移一定的距离而得到两条线，并与在线端点处形成的光滑曲线（或平头）接合形成的封闭区域。同样，当缓冲距离足够大时，两个或多个线对象的缓冲区可能有重叠。合并缓冲区的效果与点的合并缓冲区相同（图 5-2）。

当线数据的缓冲类型设置为平头缓冲时，线对象两侧的缓冲宽度可以不一致，从而生成左右不等缓冲区；也可以只在线对象的一侧创建单边缓冲区（图 5-3）。

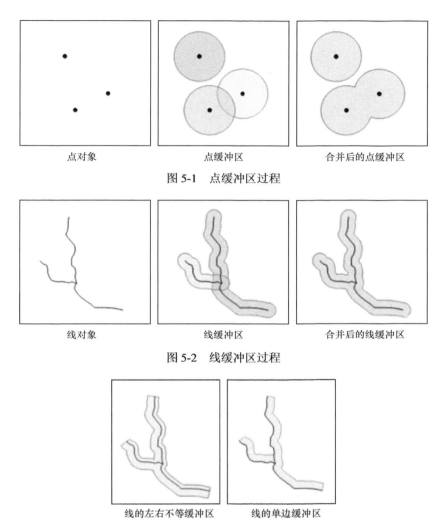

图 5-1　点缓冲区过程

图 5-2　线缓冲区过程

图 5-3　左右不等缓冲区与单边缓冲区

（3）面缓冲区：面的缓冲区生成方式与线的缓冲区类似，区别是面的缓冲区仅在面边界的一侧延展或收缩。当缓冲半径为正值时，缓冲区向面对象边界的外侧扩展；为负值时，向边界内收缩。同样，当缓冲距离足够大时，两个或多个面对象的缓冲区可能有重叠。可以选择合并缓冲区，效果与点的合并缓冲区相同（图 5-4）。

面对象　　　　　　　面缓冲区　　　　　合并后的面缓冲区　　　缓冲半径为负的面缓冲区

图 5-4　面缓冲区过程

（4）多重缓冲区：多重缓冲区是指在几何对象的周围，根据给定的若干缓冲区半径，建立相应数据量的缓冲区。对于线对象，还可以建立单边多重缓冲区，如图 5-5 所示。

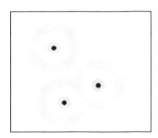 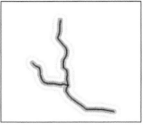 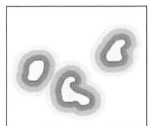

点多重缓冲区　　　　　　　　线多重缓冲区　　　　　　　　面多重缓冲区

图 5-5　多重缓冲区

5.1.2　叠加分析

大部分 GIS 软件是以分层的方式组织地理景观，将地理信息数据 GIS 叠加分析是将有关主题层组成的数据层面，进行叠加产生一个新数据层面的操作，其结果综合了原来两层或多层要素所具有的属性。叠加分析不仅包含空间关系的比较，还包含属性关系的比较。叠加分析可以分为以下几类：点与多边形叠加、线与多边形叠加、多边形叠加、栅格图层叠加。叠加分析是指将同一地区、同一比例尺、同一数学基础，不同信息表达的两组或多组专题要素的图形或属性数据进行叠加，根据各类要素的位置、形态关系建立具有多重属性组合的新图层，对在结构和属性上既相互重叠，又相互联系的多种现象要素进行综合分析和评价；或者对反映不同时期同一地理数据进行多时相系列分析，从而深入揭示各种现象要素的内在联系及其发展规律的一种空间分析方法。

　　叠加分析按照要素类型可分为三种：

　　（1）点与多边形的叠加，例如水质监测井分布图（点）和水资源四级分区图（多边形）进行叠加分析，水资源分区的属性信息就添加到水质监测井的属性表中，通过属性查询可以知道每个监测井属于哪一个区。

　　（2）线与多边形的叠加，例如一个河流层（线）与行政分区层（多边形）叠加到一起，若河流穿越多个行政区，行政区分界线就会将河流分成多个弧段，可以查询任意行政区内河流的长度，计算河网密度等。

　　（3）多边形与多边形的叠加，例如行政分区层（多边形）和水资源分区图（多边形）叠加到一起，能知道水资源分区和行政分区的潜在关系。

5.1.3　最短路径分析

　　最短路径分析是网络分析的典型应用。网络分析是运筹学的一个重要分支，主要是运用图论方法研究各类网络的结构及其优化问题。地理网络分析是从数学上揭示地理实体与地理事物的空间分布格局，地理要素之间的相互关系以及他们在地域空间上的运动形式，地理事件发生的先后顺序等，例如：城市体系问题，城市地域结构问题，城市规划管理，交通旅游，商业网点布局，医疗教育卫生资源优化，物流问题，地下管线布局和规划等，都可以运用网络分析方法进行研究。网络分析主要解决两大类问题：①地理网络结构的路径优化、链条分量；②资源在网络中的分配与流动，包括：资源分配范围与服务范围的确定、最大流量与最小费用流等。因此，网络分析常见的研究内容包括：最短路径问题、最小（大）支撑树问题和空间均衡分析等。

　　路径问题涉及的网络是固定的道路网络。最佳路径问题是在预先规划的道路网络上寻找一个结点到另外结点之间最近（或成本最低）的路径。最佳路径分析也称最优路径分析，其一直是计算机科学、运筹学、交通工程学、地理信息科学等学科的研究热点。这里"最佳"包含很多含义，不仅指一般地理意义上的距离最短，还有成本最少、耗费时间最短、资源流量（容量）最大、线路利用率最高等标准。很多网络相关问题，如最可靠路径问题、最大容量路径问题、易达性评价问题和各种路径分配问题，都可以纳入最佳路径问题的范畴之中。无论判断标准和实际问题中的约束条件如何变化，其核心实现方法都是最短路径算法。

　　最短路径问题的表达比较简单，从算法研究的角度看，最短路径问题通常可归纳为两大类：一类是所有点对之间的最短路径；另一类是单源点间的最短路径。从一个单一的源到网络中所有或许多其他的定点的最短路径分析,称为单源 SPAs 或单源查询。从一个单一的源产生的最短路径的集合被称为最短路径树(short path tree,SPT)。

Dijkstra 算法是计算最短路径的典型算法,是 Dijkstra 于 1959 年提出的一种按路径长度递增的次序产生最短路径的算法,此算法被认为是解决单源点间最短路径问题经典且有效的算法。算法基本步骤如下:假设:每一个点都有一对标号(d, p),其中 d 为从起源点 s 到点 j 的最短路径的长度(从顶点到其本身的最短路径是零路,即没有弧的路,其长度等于零);p 为从 s 到 j 的最短路径中 j 点的前一点。求解从起源点 s 到点 j 的最短路径算法也称标号法或染色法。①初始化,起源点设置为 $d = 0$,p 为空,并标记起源点 s,记 $k=s$,其他所有点设为未标记点;②检验从所有已标记的点 k 到其直接连接的未标记的点 j 的距离,并设置 d = min [d, d+l],式中 l 为从点 k 到 j 的直接连接距离;③选取下一个点,从所有未标记的结点中,选取 d 中最小的一个 i,有 d=min[d,所有未标记的点 j],式中 i 就被选为最短路径中的一点,并设为已标记的点;④找到点 i 的前一点,从已标记的点中找到直接连接到点 i 的点 j,作为前一点,记为 $i = j$;⑤标记点 i,如果所有点已标记,则算法完全退出,否则记 $k = i$,重复步骤②~④。

5.2 城市地下空间评价模型

为了分析相互作用机制,揭示内部规律,可根据理论推导,或对观测数据的分析,或依据实践经验,设计一种模型来代表所研究的对象。模型是对客观事物或现象的一种描述,反映了对象最本质的东西,略去了枝节,是被研究对象实质性的描述和某种程度的简化,目的是便于分析研究。模型可以是数学模型或物理模型。前者不受空间和时间尺度的限制,可进行压缩或延伸,利用计算机进行模拟研究,故得到广泛应用;后者根据相似理论来建立模型。在地理学物质和信息传递和转换的研究中,已建立了许多分析模型。借助模型进行分析,是一种有效的科学方法。

5.2.1 模型的基本原理

虽然模型的定义有很多种,但是通常认为模型是对现实世界中的实体对象或客观现象的抽象或简化，是对实体对象或客观现象中的最重要的构成及其相互关系的表述。抽象方法不同，就构成了不同的模型，如实物模型（地下构筑物模型、管线模型等），数学模型等。模型是为了理解和预测现实世界而构建的一种有效替代物，但是模型不是现实世界的复制品。这种替代就像是某一物体的漫画，它极为简化，但仍能够再现物体的关键特征。

1. 模型的特征

无论模型如何建立，其表现形式如何不同，模型本身应具备的特征有：

（1）结构性：模型与所研究的对象或问题在本质上具有相似的特性和变化规律，即现实世界这个"原型"与"模型"之间具有相似的物理属性或数学特征；对于复杂的研究对象，不同研究目的下所构建的模型也是不同的。所建的模型是多层次的，反映了不同视角下的不同认识，它们之间相互补充、相互完善。

（2）简单性：模型的描述表达简洁，模型的形式简约，尽可能包含少的数学方程式，模型的维数尽可能低。

（3）清晰性：模型的内容、构成和表示应足够的清晰，容易被研究人员所理解，并能够在使用中产生相同的结果。

（4）客观性：模型与研究人员的政治立场、宗教信仰、兴趣爱好等无关，不管使用了何种表达形式，只要这些表达形式最终被证明是等价的，就可以认为是客观的。

（5）有效性：有效性用实际数据和模型产生的数据之间的符合程度来度量，反映了模型的正确程度，分 3 个不同层次：①复制有效，建模者把实际问题看作一个黑箱，仅在输入/输出（I/O）端认识问题。模型产生的 I/O 输入—输出数据与从实际问题所得到的 I/O 数据相匹配，则可认为模型复制有效。实际上，复制有效只能描述实际问题过去的行为或模型试验，不能说明将来的行为，这是低层次的有效。②预测有效，即建模者在了解实际问题的总体结构及所处状态的情况下，可以预测问题将来的状况和变化过程。在获得实际数据之前，能够由模型得出相应的数据，即可认为模型是预测有效的。③结构有效，建模者在了解了实际问题的总体结构、内部各个要素间的相互关系和系统行为状态的情况下，把实际问题描述为由许多子问题相互连接而构成的一个整体，这就是结构有效，是最高的层次，不但能够沉浮被观察的实际问题的行为，而且还可以反映操作过程。

（6）可信性：也可称之为真实性，反映模型的真实程度，是否重现了真实世界的行为，能否与真实世界在状态上互相对应，是否可以通过模型对未来进行唯一预测，能否唯一表示真实世界内部的工作情况。可信性应贯穿建模全过程和模型应用中，充分考虑演绎的可信性、归纳的可信性、目标的可行性。

2. 模型的分类

根据模型的内容、建模方法、组织形式，一般将模型分为概念模型、物理模型和数学模型三大类。

（1）概念模型，是指利用科学的归纳方法，以对研究对象的观察、抽象形成的概念为基础，建立起来的关于概念之间的关系和影响方式的模型。概念模型的理论基础是科学归纳方法，模型的内容是概念之间的关系和影响方式。

（2）物理模型，又称为实体模型，是现实世界在尺寸上缩放的相似体。物理模型的理论基础是相似理论，例如：沙盘模型、建筑模型等。

（3）数学模型，用数学方程来描述现实世界结构和特性的模型。

此外还有一些其他常见的模型分类：

（1）与时间关联的，静态模型和动态模型；

（2）与表达连续关联的，连续模型和离散模型；

（3）与空间数据表达关联的，栅格模型和矢量模型。

5.2.2　城市地下空间常用的分析方法

目前，城市地下空间分析方法中，多目标线性加权函数法、模糊综合评判法、灰色综合评估法、可拓法、多层次加权平均型模糊数学综合法、可变模糊集组合法等被广泛应用。

1. 多目标线性加权函数法

多目标决策问题是目前建模中比较普遍的一类问题，多目标决策是具有两个以上的决策目标，并且需用多种标准来评价和优选方案的决策。此类问题要求我们满足多个目标函数最优与决策变量的线性约束条件或非线性约束条件下进行求解，主要有线性加权法、分层序列法。其中线性加权法的特点主要是实现了将多个目标函数通过线性加权的方式集成到了单个目标函数，那么问题就转化为一般性的线性规划类问题；分层序列法是将多目标按其重要性分类求解。

2. 模糊综合评判法

模糊综合评判法（fuzzy comprehensive evaluation method）是以模糊数学原理为基础，主要采用模糊数学里的隶属度理论把定性评价转变成定量评价，结合现实生产中的需求进行全面评价的一种方法。该方法的优点是系统性强、量化结果直观明了。在分析问题之前，一般会结合建立的指标体系构建数学模型，数学模型的求解过程就是评判方法的评判过程。运用模糊综合评判方法求解模型的一般步骤如下：①分析决策问题或者研究对象的特征，识别其影响因子组成指标集合，并给出合适的评价区间划分，组成评价层次区间；②运用合适的方法求解指标体系的权重排序，常用的方法为层次分析法，其次确定隶属度函数，隶属度区间的确定对于结果的影响较大，一般通过模糊分布来计算，最终得到评判矩阵；③把得出的判断矩阵和各个要素权向量用模糊理论计算，把数据归一化，最终得出评价结论。

因此，模糊综合评判的评价体系由两个基本要素组成：指标要素和评价等级，而其中指标要素和评价等级的确定一般都具有不确定性，不易用准确的数学语言确定和描述。具体的分析评价过程一般包括以下几个步骤：①确定分析评价的目标和范围，选择合适的模型和方法；②收集和处理相关的数据和信息，建立数据库和模型参数；③运用模型和方法进行计算和分析，得出结果和结论；④对结果和结论进行检验和修正，提出建议和措施。

3. 灰色综合评估法

在系统发展过程中，若两个因素变化的趋势具有一致性，即同步变化程度较高，即可谓二者关联程度较高；反之，则较低。因此，灰色关联分析方法，是根据因素之间发展趋势的相似或相异程度，即"灰色关联度"，作为衡量因素间关联程度的一种方法。

4. 可变模糊集组合法

可变模糊集评价模型是在可变模糊集理论的基础上建立的，可变模糊集理论是大连理工大学陈守煜教授于 2005 年提出的，以模糊理论为基础，运用辩证唯物理论关于相对性、差异性的思想，将隶属度与隶属函数作为一个可变量，建立起的一种以相对隶属度为基础的工程可变模糊集理论方法。

5.2.3　城市地下空间地理信息常用的评价模型

评价是城市空间规划的基础，其目的是为国土空间规划、合理开发服务，科学编制城市地下空间开发利用规划，实现对地下空间的统一规划、系统开发和整体保护。

根据不同的目的和角度，可以将城市地下空间评价模型分为地下空间开发风险评价模型、地下空间资源评价模型、地下空间开发效益评价模型等。

1. 地下空间开发风险评价模型

这类模型主要用于评估城市地下空间开发对地表建筑物、地质环境、交通系统等方面的影响和风险。常用的方法有限元法、数值模拟法、灰色关联分析法等。现有研究采用模糊综合评判法构建评价指标隶属函数和评价模型分别评价了北京、南京、合肥等城市地下空间资源质量或潜力，以及武汉、济南、宁波、南宁、成都、天津、无锡等城市地下空间资源开发利用适宜性。此外，也有通过多层次、加权平均型模糊数学综合评价方法，构建历史文化街区质量评价模型，实现城市地下空间开发质量的模糊综合评价。

2. 地下空间资源评价模型

这类模型主要用于确定城市地下空间的数量、质量和分布，以及开发的可行性和限制条件。常用的方法有地下空间资源质量法、地下空间资源价值法、地下空间资源潜力法等。此类模型主要应用于矿山地下空间的资源，提出矿区资源再利用途径；也有以国内重要城市为研究区，从承载本底（反映地下空间资源禀赋与环境容量优劣程度）和承载状态（反映地下空间资源供容能力与经济社会发展的匹配程度）2 个角度建立地下空间承载力评价指标体系；通过分析该区自然、环境、人文、建设 4 个要素，以及空间区位、用地功能等影响因素的基础上，运用 GIS 技术和模糊综合评价原理，评价地下空间资源工程适宜性和潜在开发价值，得出地下空间资源综合质量评估结果。

3. 地下空间开发效益评价模型

这类模型主要用于评估城市地下空间开发对经济、社会、环境等方面的影响和贡献。常用的方法有成本效益分析法、多目标决策法、生命周期评价法等。郭建民等针对城市地下空间资源评估影响因素的多源复杂性问题，采用层次分析法和专家问卷调查法，选择多目标线性加权函数法数学模型，建立了一套适用于地下空间资源潜在开发价值等级分类与分布评估的指标和参数体系。彭建等以岩土工程勘察原始数据为基础，采用层次分析法和专家问卷调查法，选择多目标线性加权函数法数学模型，建立了一套适用于某地级市地下空间开发利用适宜性分区的评价模型。

5.3　城市地下空间地理信息可视化表达

城市地下空间地理信息可视化是一种利用计算机技术，将城市地下空间的信息和特征以图形、图像、动画等形式展示出来的方法。它可以帮助城市规划者、设计者、管理者和公众更好地了解和利用城市地下空间的资源和潜力。与传统的城市地下空间规划和设计方法相比，城市地下空间可视化有以下优势：

（1）城市地下空间地理信息可视化可以提供更直观、更真实、更全面的城市地下空间信息，包括地下空间的形态、结构、功能、环境、安全等方面，使得城市地下空间的规划和设计更科学、更合理、更高效；

（2）城市地下空间地理信息可视化可以支持多维度、多层次、多角度的城市地下空间分析，如地下空间的需求分析、潜力分析、影响分析、风险分析等，为城市地下空间的决策提供更有力的依据和支持；

（3）城市地下空间地理信息可视化可以增强城市地下空间的交互性和参与性，通过动态的演示和模拟，让规划者、设计者、管理者和公众能够更直接地参与到城市地下空间的规划和设计过程中，提高城市地下空间的公众认知度和社会共识度。

5.3.1　城市地下空间地理信息可视化的表达形式

城市地下空间地理信息可视化不仅可以提高规划、建设、运行、管理的水平和效率，还可以为地质勘察、设计、施工、灾害防治等相关领域提供有力的决策依据和技术支撑。

城市地下空间地理信息可视化的展示形式有多种，根据不同的目的和需求，可以选择合适的方式。一种常见的展示形式是三维立体模型，即通过三维扫描、测绘、建模等技术，将城市地下空间的各种要素以真实比例和位置构建成三维模型，并通过专业软件进行渲染、动画、交互等处理，使之具有逼真的视觉效果和丰富的功能。三维立体模型可以在电脑屏幕上显示，也可以通过投影仪、虚拟现实设备等方式投射到大屏幕或特定场景中，实现沉浸式体验。三维立体模型适用于对城市地下空间的整体概览和局部细节的展示，可以满足多种层次和角度的观察和分析需求。例如，在杭州市，利用三维立体模型展示了城市地下空间与地上建筑、道路、水系等要素的关系，以及地下空间资源开发利用潜力评价结果，为杭州市国土空间规划编制提供了参考依据。

另一种常见的展示形式是二维平面图，即通过二维绘图、制图等技术，将城市地下空间的各种要素以符号、线条、颜色等方式表示在平面图上，并通过标注、图例等方式进行说明。二维平面图可以在纸质或电子媒介上显示，也可以通过打印机、复印机等方式进行复制和传播。二维平面图适用于对城市地下空间的简明概括和快速传达，可以满足基本的信息获取和交流需求。例如，在武汉市，利用二维平面图展示了岩溶塌陷灾害分布区域和危险程度，以及岩溶塌陷防治建议方案，为武汉市规划建设提供了岩溶塌陷防控指南。

除了以上两种展示形式外，还有一些其他的展示形式，如表格、柱状图、饼图等数据图表，以及文字、语音、视频等多媒体形式。这些展示形式可以根据不同的数据类型和内容特点进行选择和组合，以达到最佳的展示效果和传播效果。

5.3.2   城市地下空间地理信息地下空间可视化原则

城市地下空间地理信息可视化的原则是指在进行可视化设计和制作时，应遵循的基本规范和要求。本书认为，城市地下空间地理信息可视化的原则主要有以下几点：

（1）真实性。可视化的内容应该反映城市地下空间的真实情况，不应有虚假、夸张或误导的信息。例如，如果城市地下空间有水文、地质、生态等问题，可视化应该如实呈现，而不是掩盖或美化。可视化的形式也应该符合城市地下空间的特点，不应有不合理或不科学的设定。例如，如果城市地下空间是环形或网状的结构，可视化应该采用相应的投影或视角，而不是使用平面或立体的方式。

（2）有效性。可视化的目的是传递信息和提高认知，因此，可视化的内容应该具有明确的主题和目标，不应有冗余或无关的信息。例如，如果城市地下空间的功能是交通、商业、娱乐等，可视化应该突出这些功能的分布、规模、效益等，而不是展示其他无关的细节。可视化的形式也应该便于观众理解和记忆，不应有过于复杂或模糊的表现。例如，如果城市地下空间有多层或多维的特征，可视化应该使用清晰的图例、标注、动画等方式，而不是使用单一的颜色或符号。

（3）美观性。可视化的内容和形式应该具有一定的美感和审美价值，不应有粗糙或低质量的制作。例如，如果城市地下空间有艺术、文化、历史等元素，可视化应该体现这些元素的风格、色彩、气氛等，而不是使用简单或随意的图形。可视化的风格和色彩也应该与城市地下空间的氛围和特色相协调，不应有过于刺眼或单调的搭配。例如，如果城市地下空间是暗淡或冷静的环境，可视化应该使用暖色或明亮的调色板，而不是使用冷色或暗沉的调色板。

（4）互动性。可视化的内容和形式应该具有一定的互动性和动态性，不应有静止或单一的展示。例如，如果城市地下空间有变化或发展的过程，可视化应该使用动画、视频、音效等方式，而不是使用静态图片或截图。可视化的方式也应该与用户有良好的交互和沟通，不应有难以操作或反馈的界面。例如，如果城市地下空间有多个角度或层次的信息，可视化应该提供选择、漫游、缩放、旋转等功能，而不是只提供固定或预设的视图。

5.3.3　城市地下空间地理信息可视化方法

自 20 世纪 60 年代末世界上第一个用于自然资源管理和土地利用规划的地理信息系统——加拿大地理信息系统（Canada geographic information system，CGIS）面世至今，GIS 越来越广泛地应用于环保、国土、城市、电力、海洋、军事等各行各业。从最早的以制图功能为主，发展到结合各个行业模型为人们提供决策依据，GIS 已经成为了科学研究不可或缺的工具和手段。随着人类科技能力的不断提高，采用 GIS 应用的领域越来越广泛，许多研究人员开始研究三维 GIS（3D GIS），GIS 研究又更进了一步。在 1987 年，Kavouras 和 Masry 开发了用于矿产资源评价的 3D GIS 原型系统，该系统在当时的情况下就已经有了一些简单的空间分析能力和可视化能力。

随着计算机技术的发展，人们要求二维 GIS（2D GIS）空间分析功能可以在三维（3D）空间来获得更好的实现。Breunig 等人于 1994 年开发了一个 3D GIS 原型系统，他们的研究集中体现在将集合操作嵌入到面向对象的数据库管理系统中。另外，美国专门研究系统的公司 RSI（Research System Inc.）的交互式数据语言 IDL（interactive data language）也是目前应用广泛的软件工具，它主要侧重于进行 2D 及 3D 数据可视化表现、分析及应用开发。

自 20 世纪 90 年代初以来,中国科学院、清华大学、浙江大学等科研院所积极开展在视觉方面的研究工作,在地球物理勘探、气象、医疗和核技术等方面做了很多研究并加以应用。随后,北大的可视化和视觉计算研究团队在高维度数据、信息功能、几何图像关联、可视化、体绘制,以及可视化技术的研究和应用方面进行了一系列的研究工作。此外,国内其他一些大学的研究团队也在三维数据模拟显示方面开展了一些研究工作。

地理信息系统是解决地下空间可视化问题常用而又相对成熟的一种方式,通过数据的矢量化进行准确地展示。地下空间是城市的重要自然资源,其开发利用可视化是编制城市地下空间规划的重要基础条件。地下空间建设面临着向深部发展、深部浅部一体化设计、人文环境等新问题。因此,建立完备准确的地下空间信息对于规划、设计、施工等人类工程活动是至关重要的。

二维 GIS 主要应用在地下空间开发的初期,随着需求的不断深入,二维 GIS 不能够清晰明确地表达地下空间的层次关系,满足不了多维度分析和可视化的需求。研究者们开始尝试用虚拟现实技术和三维模型的方式对地下空间信息进行可视化应用。起初,只是对地下空间单纯的三维建模,并与二维 GIS 系统进行联动,以两个单独的模块分别对地下空间的二维地理信息和三维特征进行可视化。随着设计理念的提升和技术的发展,地理信息系统技术与虚拟现实技术进行了很好的融合,形成了当前主流的二三维一体化的城市地下空间地理信息系统。

5.4 城市地下空间地理信息三维可视化

5.4.1 城市地下空间地理信息三维可视化内容及方法

地下空间的三维可视化主要是对地下管线(排水管线、燃气管线、通信管线等)、综合管廊、地层地质条件与其他地下空间(地下商业区、地下停车场、地下通道、地铁线路等)的三维建模可视化。不同的地质条件影响着规划的开发情况,在对地下空间进行可视化的过程中,也要对区域地质条件进行一定的了解。

地下空间三维可视化是指利用计算机技术,将地下空间的形态、结构、属性等信息以三维图形的方式展示出来,从而为地下空间的规划、设计、建设、管理等提供直观的参考。地下空间三维可视化的内容主要包括以下几个方面:

(1)地下空间的几何形态,即地下空间的大小、形状、位置、方向等,可以用三维实体模型或者三维网格模型来表示。例如，北京市地铁系统的三维可视化，可以清晰地显示出各条线路的走向、站点、换乘等信息。

（2）地下空间的结构特征，即地下空间的承载体、隔离体、支撑体等，可以用不同的颜色、材质、透明度等来区分。例如，上海市中心区域的地下综合管廊的三维可视化，可以突出显示出各种管线的类型、位置、状态等信息。

（3）地下空间的属性信息，即地下空间的功能、用途、安全性、环境质量等，可以用不同的符号、标注、图例等来标示。例如，成都市地下商业街的三维可视化，可以展示出各种商铺的名称、类别、营业时间等信息。

（4）地下空间的动态变化，即地下空间的建设过程、运行状态、灾害情况等，可以用动画、视频、声音等来模拟。例如，汶川地震后四川省地下水资源的三维可视化，可以模拟出地震对地下水位和水质的影响。

针对于不同的设施，建立可视化的方式和用途也有所不同。在对于地下空间规划的三维建模可视化过程中，更多的是为了服务于城市规划，能够更好地利用有限的空间去达到人地平衡。而对于管网系统的可视化结果更多的是服务于其他管网的布设。

有学者在分析城市三维地质数据多种建模方法的基础上，采用一种基于 TIN 和 TEN 的混合数据结构来构建城市三维地质数据建模系统。另外，针对城市三维地质数据的特点，探讨了城市三维地质海量数据的采集与管理、城市三维地质数据信息的 Web 发布等重要问题，为系统功能的最终实现提供了完整的解决方案。

随着技术的革新，人们不再局限于只利用三维 GIS 来达到自己的要求。有学者将 GIS 与 BIM（building information modeling）结合，研究在地下空间设计中应用的可行性，总结了主流 GIS 与 BIM 软件数据的转换方式，并对其操作平台、数据的收集和调用方式进行了分析，最后基于地下空间的全周期设计思想，提出了将 GIS+BIM 技术用于城市中心型轨道站点核心区地下空间设计中的运用流程、适用范围和应用方法，为包含规划、建筑和施工三个不同阶段的地下空间整体性设计作出了前期探索。

有的研究人员在国内外既有研究中涉及到的地下空间开发适宜性、开发难度、开发潜力、综合价值等概念的基础上，尝试提出了地下空间可实施性的概念，用以探讨城市发展中历史文化街区地上与地下、保护与发展的关系。在对相关理论方法进行研究的基础上，构建了历史文化街区地下空间可实施性评估方法及指标体系，运用层次分析法确立了评估体系中各指标在地下空间不同深度层次的权重。在此基础之上，选取天津市历史文化街区为评估方法应用的实证评估对象，并依据评估结果提出了地下空间利用的优化策略。

也有单独以某一个行政区做研究对象，运用灰色层次分析法理论，构建出城市地下空间建设适宜性评价指标体系。选取保山市隆阳区城市规划区为研究区，对该区域的地质环境特征进行研究，分析研究区的地质环境条件和主要地质问题。最终建立了研究区城市地下空间建设适宜性分区三维数值模型，并对研究区的城市地下空间的合理规划与可持续发展提出了科学合理的地学建议。

与 GIS 可视化结合的空间数据挖掘技术以及评测方法已有部分研究，然而应用于数据挖掘的可视化技术一般只作为数据对象的表达工具，在分析方法及过程本身并没有进行有效的可视化。现有的可视化数据挖掘系统，其可视化与数据挖掘技术之间的关系是松散的。此外，在城市超前地质预报方面，已有将 GIS 可视化技术应用于地质工程、岩土工程领域的研究及一些软件系统，但这些系统有些只能实现对地表地形地貌的三维模拟，在几何建模、分析功能和交互功能上并不能很好满足用户的要求。因此，我们在对地下空间数据进行可视化的过程中，要注意对地理信息系统的合理运用，同时也要对不同的区域地质条件有一定的针对性，可以通过改进机器学习算法、空间和非空间的聚类算法等，去提高挖掘算法等相关可视化技术的准确性，从而研制一套针对区域条件、支持可视化数据挖掘的城市地下空间 GIS 原型系统。

5.4.2 城市地下空间地理信息三维建模常用技术

城市地下空间地理信息三维可视化首先要以具有三维信息的数据为基础。真实记录地下空间信息的三维数据通常包含几何数据、材质数据和纹理坐标三个方面，其中几何数据是由包含 x、y、z 三个维度坐标的顶点组成的几何图形，材质数据包括光照参数、纹理贴图等，纹理坐标由包含 u、v 坐标的点组成，与几何数据的顶点一一对应，用于将纹理贴图与几何数据叠加，展现出与现实相近的效果。这种三维数据通常称为三维模型，制作这种三维模型有人工的方式，也有自动化的方式，但是都需要专业的工具。同时，地下空间三维建模也应遵循相应的国家标准，比如 2022 年 4 月 15 日，由国家市场监督管理总局与国家标准化管理委员会批准发布，建设综合勘察研究设计院有限公司、国家基础地理信息中心、星际空间（天津）科技发展有限公司、南京师范大学等单位起草的国家标准《城市地下空间三维建模技术规范》（GB/T 41447—2022）。

1. 传统的三维建模技术

传统的地下空间三维建模的方式是使用专业的建模软件，比如 3dsMax、Maya 等。这种建模方式需要基于准确的二维基础数据，比如地形图、总平面图、户型图等，进行大量的人工建模处理，虽然效果好，但是工作量比较大，成本比较高。在传统的三维建模软件中没有空间参考的概念，在进行三维建模时，要结合空间地理的信息，才能保证各种格式的数据能够叠加融合。所以，传统的三维建模方法通常采用投影坐标系，以米为单位，进行建模。投影坐标往往数值比较大，在进行三维建模时影响渲染的精度，一般会将整体数据统一偏移一个比较大的向量，数据转换导入到地下空间数据库时再进行还原。在传统的三维建模软件中也没有几何体的概念，模型数据以三角形组成的 mesh 结构组织，转入地下空间数据库后需要构建特殊的空间索引以支持高效的空间分析（图 5-6）。

图 5-6　传统三维建模

2. BIM 建模技术

建筑信息模型（building information modeling，BIM）技术是 21 世纪建筑行业的一门新兴技术。在地下空间领域，BIM 技术最先应用于综合管廊的数字化设计，并辅助施工建设，发挥了积极的作用（图 5-7）。近年来，也有一些研究人员将 BIM 技术应用于岩土工程建设，形成透视地下空间，与地上 BIM 数据相结合，为工程项目的 BIM 全生命周期管理提供勘察环节的依据（图 5-8）。

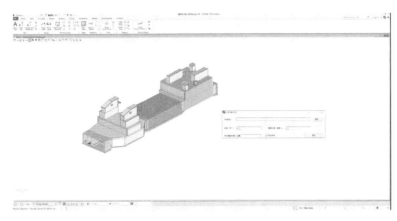

图 5-7　综合管廊 BIM 建模

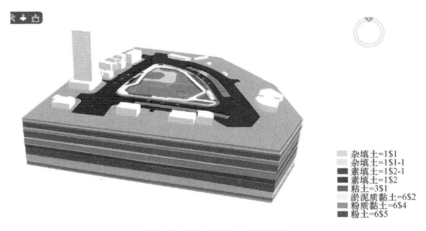

图 5-8　岩土地质 BIM 建模

　　BIM 建模软件常用的有 Autodesk Revit、Bentley Microstation、Dassault Catia 等。这些软件也没有空间参考的概念，但是可以利用项目基点进行坐标匹配。BIM 建模通常用于工程项目全生命周期的管理，可以比较准确地提前估算出项目建设的造价，并提前发现设计中的冲突问题，所以项目中的每个细小部件都要建模，比如门把手，甚至是螺丝钉。这些模型的坐标一般采用投影坐标系，单位小到毫米。可见，在 BIM 数据中，对象的密度非常大，数据量也很大。将 BIM 数据集成到城市地下空间地理信息系统中需要进行轻量化，才能保证空间分析和可视化的效率。

　　BIM 数据的轻量化通常有模型共享、舍弃非常小的对象、生成 LOD（level

of detail，多细节层次）等方法，需要编写特定的轻量化程序在数据转换入库时进行处理。

3. 激光点云建模技术

激光点云建模是一种速度快、精度高、非接触的建模技术。专业人员利用车载激光扫描仪或移动式扫描设备，对地下综合管廊、地下隧道等内部结构进行扫描。激光扫描设备会以极高的速度连续发射激光束来扫描周围环境。通过计算激光束的反射时间和角度，可以确定每个激光点接触到的部件的位置，形成了大量的点云数据。再通过滤波、配准、分类等处理，就可以得到每个部件的准确轮廓。根据每个部件的点云数据生成三维模型，包括管道的几何形状、材质特性以及连接关系等，用于城市地下空间地理信息系统的可视化应用（图 5-9）。

图 5-9　综合管廊激光点云建模

4. 自动化建模技术

有些地下空间数据的三维几何特征是规则的，可以基于规则化的参数进行自动建模。比如排水管线，经过探测得到其起始管点和终止管点的坐标、埋深、地面高程，以及管线的直径，根据这些参数自动构建出一个位置准确的三维管线模型，如果进一步测出管线管壁的厚度，也可以自动生成带有一定厚度的三维管线模型；在管线之间的连接处为管点，有的管点类型是一个接头，比如直连接头、三通接头等，有的管点类型是一个管井，可以根据管点和管线的参数生成管点的三维模型；如果管点是一个管井，一般来说，管井的几何特征也是规则的，可以根据管井的实测参数，包括井盖的参数，构建与实际完全一致的三维模型，如果对管井的实际尺寸要求不高，为了节省管线探测的工作量，也可以创建常用的管井模型库，同类不同尺寸的管井可以用一个标准化的管井模型经过平移、缩放等操作来表达，这种方式也可以称作为符号化表达的方式。

　　自动化建模技术是一种快速的、准确的、有效的建模方法，是地下综合管线、地质钻孔等属性数据进行三维建模的常用方法（图 5-10 和图 5-11）。

图 5-10　管线自动化建模

图 5-11　钻孔自动化建模

5.4.3　城市地下空间地理信息三维可视化常用技术

1. 三维渲染技术

　　地下空间三维可视化在硬件方面需要依赖显卡的渲染能力，在软件方面也有不同的图形编程接口。常用的图形编程接口有 OpenGL、Direct3D、OpenGL ES、WebGL 等，其中 OpenGL 支持跨平台，是一种桌面端的图形编程接口，能运行于 Windows、类 Unix、Linux、MacOS 等操作系统，Direct3D 是微软公司设计的，只能运行在 Windows 操作系统，但是性能比较强，OpenGL ES 是运行于移动端的，WebGL 是浏览器支持的一种渲染接口，借助于浏览器具有最广泛的适配性，也是目前三维 WebGIS 开发的主流技术。

传统的三维渲染技术是采用光栅化成像的方式，通过构建三角形面片来对物体进行建模，通过对顶点和面进行着色操作来进行贴图或表现光照，贴图通常是一个二维的图片。地下管线、综合管廊、地铁站、地下建筑物等三维模型都是以这种传统方式进行三维渲染，效率高。

对于实心的对象，比如地质体，可以采用高级的体渲染技术来可视化。体渲染采用立方体的体素（voxel）进行建模，将光线投射到物体内部进行散射来构建最终得到的颜色。体素是体渲染的最小单元，表示场的 3D 空间某部分的值。体渲染中的贴图是一个 3D 的纹理，通过一个 3D 坐标进行访问。利用体渲染技术，可以更真实地可视化实心的物体。

三维渲染技术是城市地下空间地理信息系统的底层可视化技术，通常由商业软件或者开源框架提供完整、成熟、性能高的二次开发接口。

2. 大范围海量地下空间数据可视化技术

城市级的地下空间信息是大范围的、海量的，尤其是利用三维可视化技术进行表达和应用，在有限的硬件资源下，是无法一次性把数据全部加载的，这就需要对数据进行分块分级简化和调度加载。

分块分级简化是先把整个数据范围划分为规则格网，格网的边长根据数据的密度而定。然后把每个网格中的模型提取出来进行逐级简化。在远距离、大场景的时候显示的是简化模型，在近距离、小场景的时候显示的是精细化模型。简化的级数可以根据场景的复杂程度而定，在简化的时候可以剔除掉小尺寸的对象，并压缩高分辨率的纹理。这个过程也称为三维模型的切片过程。

三维模型虽然做了切片处理，但是在可视化的时候也要控制好数据的加载和卸载，这个过程称为数据的调度。数据调度的时候，只加载需要可视化的数据，在视野以外不需要可视化的数据，不用加载到内存；已经加载到内存，一段时间内都没有进行可视化的数据，要及时地卸载出内存。这样，加载要可视化的，卸载不再可视化的，实现对内存占用的有效控制，有限的硬件资源也可以可视化无限的地下空间三维模型。

在大范围海量地下空间数据可视化的过程中不但要考虑硬件资源的问题，还要考虑可视化效率的问题，是一个复杂的过程，需要精巧的设计和反复的实践才能给使用者良好的体验。

3. 可视化融合技术

城市地下空间数据的来源是多方面的，内容是综合的，时效性往往也是不一样的。这就需要城市地下空间地理信息系统具有强大的可视化融合能力。

首先，可能各种数据制作时采用的空间参考不统一，有地方投影坐标系，有国家 2000 坐标系。要进行各种数据的坐标转换，使空间参考统一，往往需要较大的工作量，尤其是三维数据的坐标转换，有一定难度。如果系统可以进行各种坐标的实时映射转换，虽然数据采用不同的空间参考，但是可视化的时候能够显示在正确的地理位置上，不但保留了数据的原始状态，还能够进行准确的可视化，那将是一个很有生命力的城市地下空间地理信息系统。

另外，同一类数据可能会有重叠，比如可能有不同的范围，但是范围之间有重叠，可能有不同时期的局部数据，也可能有不同精度的局部数据。如果从数据层面解决数据融合的问题需要破坏原始数据，比如一片做了三维切片处理的地下空间现状三维模型，要在其中一个局部做城市更新，需要进行多个规划设计方案的比选，方案的比选需要参考周边现状情况，这就需要把方案与现状一起可视化，但是在方案的范围内与现状产生了可视化冲突，如果每一个方案都要从数据方面进行处理，把方案数据替换到现状数据中，工作量是非常大的，方案可能也会随时调整更新，所以从数据层面去做融合是行不通的，只有在可视化的时候，在冲突区域只显示方案数据，不显示现状数据，做到可视化的融合，才是解决问题的根本方法。

利用好可视化融合技术，不但可以降低数据制作的成本，也可以在可视化应用中成为一种创新的技术手段。

5.5 课 后 习 题

1. 利用信息化手段，搜集 1~2 幅地下空间可视化的成果图，并小组讨论与讲解。

2. 写出地下空间可视化的步骤。

3. 对比不同的可视化结果（题 1），进行分析与总结。

4. 地下空间常用的建模技术有哪些？

5. 地下空间地理信息常用的空间分析技术有哪些？

第6章　城市地下空间地理信息系统设计

城市地下空间地理信息系统是一种运用现代信息技术，对城市地下空间的形态、结构、功能、环境等数据进行采集、存储、处理、分析和展示的综合性系统。它可以为城市规划、建设、管理和决策提供科学的依据和有效的工具。城市地下空间地理信息系统对于地下空间的开发、利用和管理，有以下几方面的作用：

（1）城市地下空间地理信息系统可以提供地下空间的基础数据，如地质条件、空间分布、结构特征、功能类型、使用情况等，为地下空间的规划设计、建设施工、运行维护、安全监测等各个阶段提供科学依据和技术支持。

（2）城市地下空间地理信息系统可以实现地下空间的动态管理，通过数据采集、更新、分析、共享等，及时反映地下空间的变化情况，有效发现和解决问题，提高地下空间的利用效率和安全性。

（3）城市地下空间地理信息系统可以促进地下空间的综合利用，通过数据整合、挖掘、展示等，发现地下空间的潜在价值和优化方案，促进地下空间与城市功能、环境、文化等的协同发展，提升城市的品质和魅力。

6.1　城市地下空间地理信息系统设计内容

6.1.1　城市地下空间地理信息系统开发过程

开发一个城市地下空间地理信息系统是一个复杂的工程过程。为了保证系统开发的进度可控、质量优良、安全稳定，并达到建设者预定的目标，需要制定标准化的开发过程。这些过程可能包括项目启动、项目策划、需求开发、系统设计、编码实现、系统集成、测试、部署、试用、运行、验收、结项、维护等。

在项目启动阶段，需要有项目合同或者立项报告作为项目启动的依据。其中，以立项报告作为依据的，必须在立项报告中评估系统的技术、财务和操作可行性，包括分析与实施该系统相关的成本和效益。这可能包括分析采购和安装必要的硬件和软件的相关费用，以及运营和维护系统的持续费用。可行性研究还可能包括对该系统的潜在好处的分析，如改善决策或更好地管理地下空间，以帮助确定成本是否合理。项目决定启动后，召开项目立项会议，任命项目经理，由项目经理负责开展后续的开发实施工作。

在项目策划阶段，由项目经理将项目进行工作分解结构（work breakdown structure，WBS）的分解工作，对项目规模和工作量进行估算，制定项目的主计划、里程碑计划、人力资源计划、风险管理计划、配置管理计划，以及质量保证计划等。如果项目需要采购硬件，则制定项目采购计划。项目的配置管理人员确定后，由配置管理员创建项目配置库，并为项目组成员分配配置库权限，对项目的文档、源代码等项目资产进行统一的管理。

在需求开发阶段，首先要识别出需求用户；其次要制定好需求调研计划，编写好调研提纲，专业的开发人员应从用户的角度引导和挖掘用户真正的需求，保证系统开发出的功能能帮助用户解决实际问题；最后，由需求分析人员对调研报告进行整理和分析，形成需求分析说明书和需求跟踪矩阵，用于后续的功能设计、需求变更和测试。

在系统设计阶段，包括技术选型、总体设计、详细设计、数据库设计等内容。系统设计的过程是把用户的需求转化为数据结构和软件结构的过程，所以要充分考虑用户的需求和期望，以及对基础软硬件的要求，综合调研分析对比各种技术，设计出简洁实用、美观友好、扩展灵活、安全稳定的城市地下空间地理信息系统，达到用户的建设目标。

在编码实现阶段，开发人员应严格遵循相应开发语言的编程规范，并做好算法、类对象、方法、接口、变量、参数和返回值的注释。开发人员应每日提交已完成的代码到配置库，防止出现长时间不与配置库交互产生较大的版本冲突。为了保证编码的质量，还应进行定期的代码走查、抽查和审查。

在系统集成阶段，需要按照系统集成计划，定期发布系统版本，进行阶段性测试。系统集成需要从配置库中提取相应的源代码，准备编译环境和编译脚本，根据编译依赖的顺序进行系统框架和功能的整体集成。在集成发布的过程中，需要明确发布版本的命名，区分内部测试版本（Alpha 版）、公开测试版本（Beta 版）还是正式发布版本（Release 版），以及它们的版本号。并对每个版本变化的功能、修复的问题进行明确的说明，便于测试人员和用户的使用。

系统测试是一个较长的阶段。系统测试不仅要对功能的正确性和稳定性负责，还要对功能是否满足用户需求负责。所以，从需求分析阶段就要开始编写测试计划和测试用例。在测试的过程中发现的问题要采用有效的工具进行记录和管理，并分配给相应的开发人员解决。问题管理工具不仅可以帮助测试人员跟踪问题，例如，对解决的问题进行验证，还可以帮助管理者分析项目开发过程中的薄弱点和开发人员的水平。常用的测试方法包括功能测试、性能测试、环境测试、回归测试等。对系统测试后要进行总结，形成测试总结报告，通常包括测试用例数量、缺陷总数量、每版本总激活缺陷数（分析版本修复趋势）、缺陷修复率、各严重等级缺陷数量、修复/未修复缺陷数等。

在系统部署阶段，应提供系统安装包和系统部署手册。系统安装包应尽量完整，包含依赖的所有第三方软件；系统部署手册应尽量详尽，包含常见问题的解决方法。在现场部署系统后，应形成现场部署报告，记录部署的软硬件环境、遇到的问题和解决的方法。

系统试用的目的是通过对客户进行小范围试用，与客户确认系统功能，规避大规模使用时的风险。在系统使用之前，要准备好详细的系统操作手册，并对用户进行系统使用的培训。在培训的过程中，同步记录用户的意见，了解培训的实际效果。在系统试用的过程中，定期收集用户的反馈意见，做到及时沟通和解决。

经过试用阶段，系统达到运行条件后，首先要提交运行申请。得到用户批复后，系统正式上线运行。在运行阶段，同样需要对用户进行使用培训、定期收集用户反馈意见，并提供相应的技术保障，及时解决用户遇到的问题，确保系统功能符合用户预期，提升用户满意度。

在验收阶段，项目经理与客户或监理方一起，根据项目合同要求，共同确定验收材料的内容和格式要求，列出验收材料清单。项目经理和客户通过电话或者邮件约定验收的方式和时间，并确认验收议程、验收专家、验收时间等事项。在准备验收材料时，至少应包括项目开发总结报告和验收意见，并准备验收汇报。验收材料应进行装订和包装。完成验收后，验收组应在验收意见上签字（或盖章）。

在结项阶段，项目经理应编写项目内部总结报告，从项目组内部总结项目在实施过程中存在的问题和有效的解决方法，为其他项目的实施提供参考。同时，将验收的系统版本、相关文档及地下空间数据库进行归档并提交给用户，以及项目实施单位盖章的项目成果接收单，请用户单位接受并盖章。

在维护阶段，需要对基础运行环境、数据、系统和安全等方面进行维护。基础运行环境维护包括硬件、操作系统等的维护，例如，硬件可能需要定期检查和维护，操作系统需要更新和打补丁；数据维护包括数据的定期检查和更新，维护数据的准确性和时效性，可以为系统功能提供良好的数据基础；系统维护包括在系统运行过程中对产生的问题进行修复，在用户使用过程中对遇到的问题进行解决，对用户新的需求进行响应；安全维护包括定期进行备份、安全检查和审计，以免受潜在的威胁，以及在发生灾难性事件时进行数据和系统的恢复等。

　　在以上各个阶段，为了保证阶段性成果的质量，要特别注意每个重要节点和重点成果的评审。整个开发过程不一定是完全按照从前到后的瀑布式开发。也可以采用敏捷式的迭代开发方法，首先把用户最关注的软件原型做出来，交付或上线，并在实际场景中去快速修改，弥补需求中的不足，再次发布版本。通过这种敏捷实践方式，细化每个功能模块，提供更小的迭代。如此循环，直到用户满意。敏捷式开发适用于需求不明确、创新性不高或者需要抢占市场的项目。不论是瀑布式开发还是敏捷式开发，都需要有设计良好的系统架构。

6.1.2　城市地下空间地理信息系统的用户分析

　　城市地下空间地理信息系统的用户主要有四类。①地下空间数据的采集生产单位，比如各地的勘测院、设计院，他们在城市地下空间地理信息系统建设过程中参与地下综合管线的探测、数据的检查处理等工作同时在工程建设过程中参与地质土层的分析评价、地下空间的建筑设计等工作，积累了大量的地下空间数据，需要使用城市地下空间地理信息系统集成管理各种地下空间数据，他们具有比较专业的知识和技术，可能也是系统的承建方；②专业数据权属、使用单位，比如排水公司、供水公司、燃气集团、通信集团、电力公司、管廊公司等，他们依靠专项地下空间数据进行业务的运营和管理，他们虽然没有综合全面的地下空间地理信息数据，但是他们具有详实可靠的专项数据，需要使用城市地下空间地理信息系统进行专项数据的更新维护，保证数据的时效性，并与物联感知数据结合，利用系统的分析能力，提高管理的效率和对异常事件的响应能力；③地下空间规划管理部门，他们需要比较全面和现势的各种地下空间数据，利用城市地下空间地理信息系统科学、合理、高效地开展地下空间开发、利用、规划、审批等工作，为政府在城市建设、地下空间管理、招商引资、应急处置等方面的决策提供支持；④公众用户，由于含有空间坐标的地下空间数据和涉及国家安全的数据属于国家涉密信息，含有个人隐私的数据属于敏感数据，所以提供给公众使用的数据要做好脱密脱敏，为公共服务的地下空间地理信息公共服务系统要做好权限控制和数据的安全保护。

用户之间的数据交换和系统对接的用户分析图如图 6-1 所示。

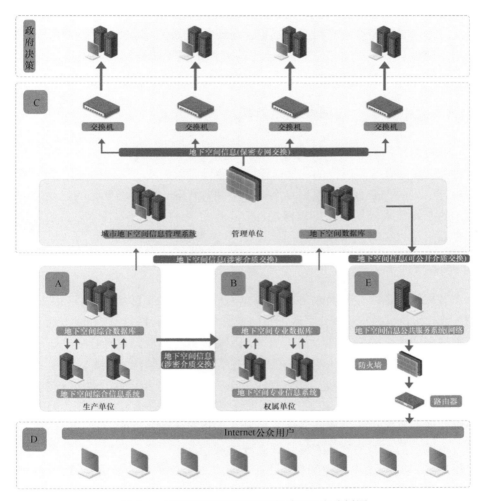

图 6-1　城市地下空间地理信息系统用户分析图

如图 6-1 所示，其中 A 为地下空间数据采集生产单位或者城市地下管线信息管理系统的承建单位，具有较强的测绘资质和专业技术，对涉密数据有严格规范的管理措施，B 为地下空间专业信息的权属单位，也是地下空间专业系统的建设单位，分别管理着不同专业的地下空间信息，C 为地下空间规划管理单位，他们掌握着较全面的地下空间地理信息数据，并维护数据的现势性，为政府提供城市建设和地下空间管理的决策支持，同时，建设地下空间地理信息公共服务系统 E，向社会发布可公开的地下管线信息。需要注意的是，城市地下空间数据为保密数据，因此，在缺乏保密专网的情况下，A、B、C 之间物理隔离，数据交换为涉密专用介质交换。而城市地下空间地理信息管理系统使用专用保密线路与政府决策部门实现互联互通，便于政府部门利用地下空间信息，支持城市建设决策。

6.1.3 城市地下空间地理信息系统的基本需求

通过对用户和使用场景的分析可见，城市地下空间地理信息系统的需求是多方面、多专业、多维度的。具体详细的项目需求需要对用户的使用场景和期望进行深入的调研分析，根据多个地下空间各行业信息管理系统的建设，总结得出的基本需求包括数据管理需求、分析评价需求、可视化需求、性能需求、安全需求，以及其他需求等方面。

1. 数据管理需求

数据管理需求主要是对多维多源异构地下空间数据的统一管理，包括数据的入库、编辑、更新等操作。地下空间数据包括二维栅格数据、二维矢量数据、三维模型数据、档案文件数据等类型，这些数据有属性信息，有空间信息，有纹理材质信息，有结构化的业务信息，也有文件等非结构化信息。在专业上也分为排水管线、给水管线、燃气管线、电信管线、综合管廊、地下轨道交通、钻孔、地质地层等类别。专业管线、管廊等管理单位还会管理对接传感器、视频等数据。地下空间管理单位更重视对地下空间历史数据的管理和回溯，以了解分析城市的发展变迁，为将来做更好的规划。在支持政府决策的时候，往往会将地下、地表、地上的空间数据进行一体化的叠加分析才能进行综合的评判，甚至会集成过去、现在、未来的时态数据，以时间轴或者多屏的方式对城市的建设进行规划布局。这就要求城市地下空间地理信息系统能够有效地管理海量的时空数据。

2. 分析评价需求

分析评价需求是指在复杂的地下空间环境中，利用综合数据进行的一些常用的空间分析和评价。包括距离、深度、面积的量算，叠加分析、缓冲区分析、连通分析、网络分析等空间拓扑分析，对地下空间的剖切、挖掘，以及对所涉及的地下空间要素的联动分析。不同的专业管理单位也有一些常用的分析需求，比如排水公司需要分析排水管道的流向，防止污水倒灌；给水公司需要掌握阀门的位置和控制的管道，在突发管道爆裂时能够及时分析出相关的阀门并关闭，从而阻止水的流出，防止灾情加重和资源浪费；燃气公司需要对燃气管道进行监测、维护和修复管理，包括管道的定位、管道状态的监测、维护记录的管理等；在施工建设的时候，需要咨询地下空间信息管理相关部门的地下管线在施工范围内，以及施工开挖深度内的分布情况，避免开挖事故；在地铁建设时，需要分析地下土层的分布和土质情况；管廊公司需要部署集成各种传感监测设备，并实时分析廊内温度、湿度、气体浓度等是否超标；地下空间信息管理单位在进行地下空间发展规划时，需要评估地下空间的承载力、开发潜力，以及规划方案，在地下空间开发利用过程中需要评估潜在的风险；政府管理部门需要利用系统中详细的数据和分析能力，整体、直观、动态地洞悉地下空间安全风险，能从全局视角提升对各种安全威胁的发现识别、理解分析、应急处置能力，在系统上进行资源调度指挥、逃生疏散通道引导等；地下空间相关的权属或管理单位也会有很多文档资料，需要进行电子化、分类、存储、检索和共享，以方便获取相关文档信息。

3. 可视化需求

可视化需求主要是对海量地下空间地理信息的渲染显示以及分析评价结果的呈现。在地下空间数据可视化时，需要将二维数据和三维数据在同一场景叠加显示，将不同维度的数据进行一体化呈现，将不同时态的数据进行融合渲染。可以在三维场景中任意漫游、绕点旋转，能够将场景定位到任意位置，比如常用的坐标定位、地名定位、道路定位、道路交叉口定位、兴趣点定位等。还可以保存场景的状态，便于快速定位关注的场景视图。对于场景中关注的要素，可以高亮或闪烁显示。在场景中，还需要模拟火灾、喷水、淹没、气体扩散等效果，以更逼真地展现和还原现实场景。对于分析评价的结果，也需要在可视化场景中叠加显示，便于更加直观地表达结果的空间信息。

4. 性能需求

性能需求包括服务性能和可视化性能两方面。城市地下空间地理信息系统要为政府管理部门提供高性能的数据服务和功能服务。数据服务包括结构化的数据和非结构化的数据，包括空间数据和属性数据，二维数据和三维数据。这些数据是海量的，用户也很多，要让用户快速地得到需要查看的地下空间数据，需要数据服务具有高并发高吞吐量的性能。功能服务包括空间分析服务和评价服务，需要分析评价的数据是海量的，逻辑是复杂的，要让大量的用户能够快速地得到地下空间分析评价的结果，要求功能服务具有大范围高密度空间要素的并行运算分析评价能力。大范围、海量的地下空间数据要在有限的硬件资源环境下满足任意位置、任意区域的数据实时呈现，需要具有高效的可视化能力。

5. 安全需求

安全需求主要考虑数据加密、脱敏脱密、权限控制、网络、软硬件环境、灾备恢复等方面。地下空间数据是城市的宝贵资源和财富，也属于涉密数据。从数据本身来说，应进行加密处理，防止意外流失后被轻易解析。用于互联网公开的空间数据要进行脱密处理；涉及到敏感信息，例如军事设施，或个人隐私的数据，要进行脱敏处理。在数据访问上要做好权限控制，对用户角色进行分类分级，权限控制的粒度可以控制到局部区域和个别字段，即可以控制到某个用户只能访问地理围栏范围内的空间数据，属性数据也只能访问到部分字段属性，做到权限最小化，不赋予多余的权限。在网络方面，要做到内网和外网物理隔离，内网设置防火墙，并建立数据交换机制。在软硬件方面，由于国家对信息安全越来越重视，要求核心技术要自主创新，政府管理部门的软硬件国产更替也在大规模开展，所以服务器、操作系统等软硬件要优先考虑国产信创品牌，选择的地理信息基础平台也应该是国产自研的，并且能够适配国产软硬件环境。另外，还要充分考虑在发生灾难或其他灾难性事件时，数据不被损坏，系统能够迅速恢复并正常提供服务。

6. 其他需求

其他需求包括与其他系统的对接，如权限的统一认证；架构的灵活性，如能够很方便地进行功能模块的扩展，所以在系统设计的时候要参考并符合相关的技术规范和接口标准；交互的友好性，界面美观、操作简洁、提示清晰，运行流畅都是用户的潜在需求，能够给用户带来良好的使用体验，增强系统的生命力。

6.1.4　城市地下空间地理信息系统的设计内容

系统设计是软件开发过程中不可或缺的环节，它直接关系到软件的质量、扩展性、可维护性和安全性等方面。地下空间地理信息系统设计的主要目的是根据地下空间数据的特点、用户的期望和需求，为系统制定蓝图，在各种技术和实施方法中权衡利弊，合理地使用各种资源，最终勾画出系统的详细设计方案。

城市地下空间地理信息系统的设计内容主要包括系统架构设计、技术选型、功能设计、界面设计、安全设计、数据库设计、模块设计、接口设计、算法设计等。

（1）系统架构设计是系统设计的核心，它决定了系统的整体结构和组成部分，需要考虑对地下空间数据的兼容性以及架构的扩展性、可靠性、可维护性、安全性等方面。

（2）技术选型指的是根据城市地下空间信息的管理和应用的需要，对硬件、软件及所要用到的技术进行规格选择，需要重点考虑的是数据的空间属性、兼容性和安全性。

（3）功能设计是指根据需求设计相应的系统功能，并对功能进行模块划分。

（4）界面设计是确定系统呈现给用户的操作界面和交互方式，需要考虑到用户的需求和习惯，它应该是易于使用的和直观的方式，提供清晰和简洁的信息，使用户容易找到和获得他们需要的信息，并且需要考虑适应不同的设备，如笔记本电脑、平板电脑和智能手机，以及不同的屏幕尺寸和分辨率。

（5）安全设计主要考虑用户权限的管理、数据的备份、系统的恢复等方面。

（6）系统架构设计、技术选型、功能设计、界面设计、安全设计有时统称为总体设计。

（7）数据库设计包括子数据库的划分和存储方式的确定，通常包括地下空间数据库、元数据库和业务数据库等。地下空间数据库要确定数据的时空基准，对地下空间数据进行分类分层设计，以及属性字段的设计，这些设计应符合相关的专业标准规定。业务数据要根据用户需求设计数据表及表之间的关联关系。数据库设计需要考虑到数据的完整性和安全性，以便实现数据的有效管理和保护。

（8）模块设计是系统架构设计的具体实现，需要根据功能要求考虑模块数据结构、算法和接口等方面的内容，以及模块与模块、模块与框架，甚至是模块与外部接口之间的关系。

（9）接口设计是详细描述接口的功能、参数的类型和说明、返回值的类型和说明，以及接口的调用关系。

（10）算法设计是详细描述算法实现的目的和逻辑流程，以及所需的各种地下空间数据。

6.2　城市地下空间地理信息系统设计方法

6.2.1　城市地下空间地理信息系统设计概念、特点

城市地下空间地理信息系统的一个关键特征是，它提供有关城市地下空间的信息。这可能包括关于这些空间的位置、布局和特征的信息，以及关于基础设施、公用事业和其他位于地下的系统的信息。该系统可以被设计成以各种不同的方式提供这些信息，如通过地图、可视化、报告或其他格式。

城市地下空间地理信息系统的另一个重要特点是，它的设计要便于使用和方便用户。该系统的设计应使用户容易找到并获得他们所需要的信息，而且应该是直观的。这可能涉及到将系统的用户界面设计成能够响应和适应不同的设备，如笔记本电脑、平板电脑和智能手机，以及不同的屏幕尺寸和分辨率。

就城市地下空间地理信息系统的整体设计理念而言，系统应被设计为全面的；并能够提供一个完整和准确的城市地下空间视图，能够纳入新的信息和数据；还应该具有灵活性和适应性，可以用于各种不同的目的，并由广泛的不同用户使用。城市地下空间地理信息系统的设计理念和特点将取决于具体的系统和它的预期用途。然而，这些系统的设计通常包括的共同要素有：提供地下空间信息的能力、用户友好性、全面性和灵活性。这些要素对于确保系统能够满足用户的需求，并提供关于城市地下空间的有用和准确的信息都很重要。地下空间是指建筑物地下部分的空间，具有广泛的应用价值和开发潜力。为了更好地规划、利用和管理地下空间，需要进行系统化的设计和管理。在此过程中，可以根据以下几个方面进行规划和设计：

（1）以地下空间规划为指导，根据地下空间的功能、结构、形态和环境等要素，确定系统的目标、范围、层次和模块。在设计地下空间系统时，必须考虑到地下空间的不同功能需求、结构限制、形态特征，以及环境因素的影响。系统的目标是指明确地下空间系统的预期成果和效益，范围确定了系统所涵盖

的地下空间范围，层次划分了系统的组成部分和层级关系，模块则指明了系统中各个功能模块的划分和相互关系。

（2）以地下空间安全为核心，根据地下空间的风险、灾害、应急等因素，确定系统的安全需求、安全措施和安全评估方法。在设计地下空间系统时，安全是最重要的考虑因素。系统的安全需求是指系统必须满足的安全性能要求，安全措施包括各种预防措施和防护措施，安全评估方法用于评估系统的安全性能和发现潜在的风险和灾害。

（3）以地下空间效益为目标，根据地下空间的利用、开发、管理等因素，确定系统的效益评价指标、效益分析方法和效益优化策略。在设计地下空间系统时，需要考虑系统的效益和经济可行性。效益评价指标用于衡量系统的效益和成本效益比，效益分析方法用于分析系统的效益来源和效益分布，效益优化策略则用于提高系统的效益和经济效益。

（4）以地下空间信息为基础，需要考虑地下空间的数据、知识、模型等因素，以确定系统的信息架构、信息采集、信息处理和信息展示方法。这可以包括建立地下空间的信息数据库、实现信息共享和交流，应用信息技术改进地下空间的管理和运营，提高地下空间的信息化水平。在设计地下空间系统时，需要考虑信息的获取、传输和利用。信息架构指明了系统中信息的组织结构和关系，信息采集确定了获取地下空间信息的方法和技术，信息处理包括对采集的信息进行处理和分析，信息展示方法用于有效地展示地下空间信息以支持决策和管理。

（5）以地下空间技术为支撑，根据地下空间的工程、设备、监测等因素，确定系统的技术方案、技术标准和技术创新途径。在设计地下空间系统时，需要依靠先进的技术来支持系统的实施和运行。技术方案指明了系统所采用的关键技术和技术路径，技术标准用于规范系统的技术实施和操作，技术创新途径则用于推动地下空间技术的发展和创新。

除了上述设计要素外，在设计城市地下空间地理信息系统时，还需要考虑其他几个重要特征。这些可能包括以下内容：

（1）整合。城市地下空间地理信息系统应被设计成能够与其他可能需要互动的系统和技术相整合。例如，该系统可能需要能够与其他城市规划、管理系统，或与其他数据源，如传感器或摄像机，进行整合以确保该系统能够提供对城市地下空间的全面了解。

（2）可扩展性。系统设计应具有可扩展性，以便扩展或修改，以支持更多的用户或更广泛的数据和信息。这可能涉及到将系统设计成模块化，这样就可以根据需要轻松地添加新的组件或功能。

（3）可持续性。城市地下空间地理信息系统的设计也应考虑可持续性问题，这对其更新维护十分重要。

在设计城市地下空间地理信息系统时，有许多不同的特点需要考虑。除了上述的设计理念和特点、集成性、可扩展性和可持续性，其他重要方面可能包括系统的性能、可靠性和可用性，以及系统的整体成本和维护。通过考虑所有这些特点，有可能设计出一个有效的、高效的和用户友好的系统，并且能够支持其用户的需求。

就软件的整体架构而言，城市地下空间地理信息系统的软件接口应被设计成可扩展的、灵活的和可适应的。这意味着该软件应该能够处理各种不同的数据和信息，并且应该能够支持各种不同的用户和使用情况。软件还应该被设计成容易扩展和更新的，这样就可以适应不断变化的系统需求和要求。

除了上述的用户需求和要求外，在为城市地下空间地理信息系统设计接口软件时，还需要考虑其他几个重要方面。这些可能包括以下内容：

（1）兼容性。确保接口软件与其他系统和技术兼容是重要的。测试软件时应考虑不同类型的系统和技术，如不同的操作系统或硬件配置，以确保系统在各种环境中正常工作。

（2）性能。接口软件的性能是设计软件时要考虑的重要因素。对软件的测试要确保系统能够处理各种不同的数据和信息，并且能够为其用户提供快速和响应的性能。

（3）用户体验。软件界面的用户体验是设计软件时需要考虑的重要因素。测试软件时应考虑不同类型的用户，如专家和新手，以确保系统易于使用和直观。这还可能涉及到进行用户研究和测试，以确定展示和组织软件所提供的信息的最佳方式，并确保系统对用户是有用的和可访问的。

综上，在为城市地下空间地理信息系统设计界面软件时，有许多不同的因素需要考虑。除了上述的设计内容、与其他系统的整合、安全和隐私，以及用户需求和要求之外，其他重要方面可能包括兼容性、性能和用户体验。通过考虑所有这些因素，有可能设计出有效、高效和用户友好的软件，并且能够支持用户的需求。

6.2.2　城市地下空间地理信息系统的设计方法

城市地下空间地理信息系统的设计方法将根据系统的具体应用环境而有

所不同。然而，在这些系统的开发过程中，有一些常见的设计方法通常被使用。城市地下空间地理信息系统的一个常见设计方法是以用户为中心的设计，这种方法包括让用户参与设计过程，以确保系统符合他们的需求和喜好；可能涉及到进行用户研究和测试，以确定用户需要的信息和功能类型，以及用户喜欢的访问和与系统互动的方式；通过考虑用户的需求和要求，系统可以被设计得对用户更有用和更有效。城市地下空间地理信息系统的另一种常见设计方法是迭代设计，这种方法包括以一系列小的、渐进的步骤来设计系统，每一步都建立在前一步的基础上；这使得设计者可以在开发过程中测试和完善系统，并根据用户和其他利益相关者的反馈进行调整；通过对系统设计的迭代，有可能创造出一个更加有效、高效和用户友好的系统。

除了以用户为中心的设计和迭代设计之外，城市地下空间地理信息系统的其他常用设计方法可能包括敏捷开发、设计思维和快速原型设计。这些方法都涉及到设计和开发系统的不同方式，可以用来创建一个有效、高效和用户友好的系统。

城市地下空间地理信息系统的设计方法因其应用的具体环境而不同。这些设计方法的一些共同特点包括：注重多种信息来源的整合，使用以用户为中心的设计方法，以及对技术和非技术因素的考虑。其中一个主要特点是强调多种信息来源的整合，包括来自不同来源的数据，如传感器、测量技术和现有的数据库，通过汇集这些不同的数据，城市地下空间地理信息系统可以提供一个更完整和准确的地下环境图；另一个特点是始终注重以用户为中心的设计，在整个设计过程中，城市地下空间地理信息系统的用户的需求和偏好都被考虑在内，以及将用户的反馈纳入系统的设计之中。

城市地下空间地理信息系统设计中的一个关键挑战是地下环境的复杂性。地下空间通常被各种基础设施所扰乱，如地下水电、隧道和其他结构。这种复杂性会使收集和整合多种来源的数据，以及在城市地下空间地理信息系统设计中准确表达地下环境变得困难。为了应对这一挑战，城市地下空间地理信息系统的设计方法往往涉及到先进技术的使用，如传感器、测量技术和绘图工具，这些技术可以帮助收集和整合来自多个来源的数据，并在城市地下空间地理信息系统中准确表达地下环境。设计城市地下空间地理信息系统的另一个挑战是需要同时考虑技术和非技术因素。技术因素，如数据的准确性和可靠性，对城市地下空间地理信息系统的有效性非常重要。然而，非技术因素，如用户的需求和偏好，对城市地下空间地理信息系统的可用性和可持续性也很重要。

为了应对这些挑战，城市地下空间地理信息系统的设计方法通常涉及多学科方法，将来自不同领域的专家聚集在一起，如工程、城市规划和社会学。这种多学科的方法允许在城市地下空间地理信息系统的设计中同时考虑技术和非技术因素。除了上述设计方法外，在不同的应用背景下设计城市地下空间地理信息系统时，还需要考虑其他一些重要因素。这些可能包括以下内容：

（1）在设计城市地下空间地理信息系统时，必须考虑系统用户的具体需求和要求。这可能涉及到进行用户研究和测试，以确定用户需要的信息和功能的类型，以及他们喜欢访问和与系统交互的方式。通过考虑用户的需求和要求，可以将系统设计得对用户更有用、更有效。

（2）城市地下空间地理信息系统的设计也应考虑到系统的技术能力和限制。这可能涉及到考虑系统可以处理的数据和信息类型，系统的性能和可扩展性，以及任何其他可能影响系统设计的技术因素。

（3）城市地下空间地理信息系统的设计应与系统的总体目标和目的相一致。这可能涉及到考虑该系统的具体用途，以及开发该系统的组织或机构的更广泛的目标和目的。通过使系统的设计与这些目标和目的保持一致，就有可能创建一个有效和高效的系统来实现其预期目的。在不同的应用背景下设计城市地下空间地理信息系统时，有许多不同的因素需要考虑。除了上述的设计方法、用户需求和要求、技术能力和限制，以及总体目标和目的之外，其他重要的考虑因素可能包括数据和信息的可用性、可能适用于该系统的法律和监管框架，以及该系统的总体成本和可持续性。通过考虑所有这些因素，有可能设计出一个有效的、高效的、用户友好的城市地下空间地理信息系统，并且能够支持其用户在各种不同应用环境下的需求。

6.3　城市地下空间地理信息系统设计流程

6.3.1　总体设计

城市地下空间地理信息系统的设计中集成了先进的地理信息技术、可视化技术和互联网服务技术，融合地下三维可视化无缝集成技术、BIM 与 GIS 融合技术、地质体三维可视化技术等，在计算机软、硬件的支持下，通过平台将各类地下空间资源信息整合、存储、管理，并通过信息挖掘以浏览、分析等形式展示给最终用户。城市地下空间地理信息系统需要处理复杂的三维数据，包括地下空间的形状、位置、结构、功能、利用率等。这些数据十分庞大且具有高度的异构性，包含了来自多个不同来源的各种类型的数据。因此，对于城市地下空间地理信息系统的模块设计来说，应该考虑如何支持三维数据的存储、管理、分析和可视化。首先，在数据存储方面，地下空间地理信息系统需要采用适合存储三维数据的数据库或文件格式；传统的二维数据库无法满足城市地下空间地理信息系统的需求，因此需要使用专门的三维数据库，例如基于对象关系映射（object relational mapping，ORM）技术的开源数据库 PostgreSQL 或者针对三维数据建模和管理的软件系统。其次，在数据管理方面，城市地下空间地理信息系统需要实现对三维数据的快速查询、检索和更新，这需要利用空间索引技术，例如 R 树和四叉树等；同时，城市地下空间地理信息系统还需要支持数据的版本控制和共享，以便多个用户可以同时对同一份数据进行编辑和管理。在数据分析方面，城市地下空间地理信息系统需要提供数据挖掘和统计分析功能，以帮助用户深入了解地下空间的结构和利用情况，常见的数据分析技术包括聚类分析、分类分析、关联规则挖掘等。在数据可视化方面，城市地下空间地理信息系统需要提供直观易懂的三维可视化界面，帮助用户更好地理解和分析地下空间的数据。这需要利用现代图形学技术，例如 OpenGL、WebGL等，实现高效的三维渲染和交互操作。城市地下空间地理信息系统的模块设计应该充分考虑处理复杂的三维数据，并且采用适合存储、管理、分析和可视化三维数据的技术和工具。只有这样，城市地下空间地理信息系统才能真正发挥其在城市规划、建筑设计等领域的作用。

①在多样性方面，不同类型的地下空间存在各自的特点和需求，因此，城市地下空间地理信息系统总体设计需要考虑如何适应不同类型的地下空间，并提供相应的功能和服务。例如，地铁和停车场需要考虑安全、通风、照明等问题，商场和仓库需要考虑货物运输和储存等问题，防空洞则需要考虑其历史遗留问题和文化保护等问题，所以在设计城市地下空间地理信息系统时，需要对各种类型的地下空间进行详细的调研和分析，了解其特点和需求，为不同类型的地下空间提供相应的功能和服务，以最大程度地满足用户的需求。②在整合性方面，城市地下空间与地表空间和其他城市要素相互关联，构成一个复杂的城市系统。例如，地下空间的开发和利用会影响地表空间的规划和建设，也会影响城市的交通、环境、能源等方面，所以地下空间地理信息系统的模块设计需要考虑如何实现地下空间与其他城市信息系统的互联互通，实现数据共享和

协同管理。③城市地下空间地理信息系统还需要提供可视化分析工具，展示地下空间在城市整体中的位置和作用，帮助用户更好地理解地下空间在城市中的重要性。考虑到系统的可扩展性和灵活性，城市地下空间地理信息系统随着城市的发展和演变，该系统应该能够适应和扩展，以支持用户不断变化的需求和要求。这可能涉及将系统设计成可以轻松添加或删除的模块化组件，或者具有灵活的数据存储和分析能力，可以支持广泛的数据类型和应用。④城市地下空间地理信息系统的设计应考虑收集和处理的数据和信息的安全和隐私。这可能包括设计具有强大数据保护和加密功能的系统，以及实施政策和程序，以安全和负责任的方式访问和使用数据。通过在系统设计中优先考虑安全和隐私，就有可能保护敏感数据，并确保其仅用于授权目的。城市地下空间地理信息系统的设计过程是一个复杂和多方面的努力，涉及许多不同的利益相关者、技术考虑和操作挑战。然而，通过仔细地规划和实施，这样一套系统可以为城市规划和发展工作提供宝贵的参考和支持。

城市地下空间地理信息系统的总体设计要充分考虑系统各方面的需求和要求，设计出整体的技术方案，帮助城市规划者、工程师和其他专业人士管理和决策城市地区的地下空间的使用，达到系统的建设目标。系统的总体设计通常包括以下几部分内容。

1. 明确系统的设计原则

1）标准化

设计的地下空间数据层次、数据结构和系统功能接口符合相关的标准，便于数据的共享和系统功能的复用。

2）兼容性

地下空间数据的种类多、格式多、维度多，系统的运行环境也多种多样，系统必须具备良好的兼容性。

3）一体化

城市地下空间地理信息系统管理的数据有二维数据、三维数据，有历史数据、规划数据，有空间数据、属性数据、物联感知的时序数据和文件型数据，需考虑将所有类型的数据以对象化的模型进行管理，提供统一的管理方式和接口，让所有数据形成组织良好的整体。

4）实用性

设计的系统能够切实满足用户的需求，解决用户关心的问题，为地下空间的管理、开发和利用服务。

5）可靠性

系统管理的地下空间数据的内容完整、精度准确，分析评价的结果正确，能够长期稳定地运行不出问题。

6）扩展性与开放性

采用低耦合的系统架构，进行组件式、模块化设计。模块的独立性强，功能的增减对整个系统的影响很小，便于系统的改进和扩充。预留与外部系统对接的接口和方式，降低与外部系统对接时对系统整体的影响。

7）易操作性

采用面向用户的设计风格、全中文操作环境，简化操作，易学易用，提示明确详尽。通过友好的界面交互，帮助用户节省时间、提高使用效率。

8）经济性

城市地下空间地理信息系统通常基于成熟的底层 GIS 基础平台进行二次开发，利用 GIS 平台已有的接口或复用其他系统已有的功能模块，实现低成本系统的建设思想。

9）安全性

地下空间数据属于涉密数据，在进行系统设计时要考虑数据的交换机制，系统、网络和软硬件运行环境的安全性。

2. 系统的架构设计

城市地下空间地理信息系统一般采用 C/S 架构和 B/S 架构相结合的方式。

C/S 架构采用客户端/服务器的模式，服务器存储数据，客户端使用专业的软件程序直接连接数据库进行调用。这种方式常用于数据的管理，因为是专业的软件程序直连数据库，能够很好地处理各种复杂的逻辑，保证数据的完整性和一致性。

B/S 架构采用浏览器/服务器的模式，不需要在客户端安装专业的软件程序，在浏览器上直接使用系统。这种方式常用于分析评价等应用性功能的使用，便于系统的部署、更新和推广。

城市地下空间地理信息系统的总体架构为 4 层技术架构，包括基础设施层、数据资源层、平台服务层、应用服务层，如图 6-2 所示。

图 6-2　城市地下空间地理信息系统总体架构

基础设施层是系统运行的软硬件环境基础。硬件包括服务器、网络、终端机、移动设备、传感器、摄像头等，软件包括 GIS 基础平台、操作系统、数据库等。这些软硬件都应优先考虑国产品牌，实现自主可控。

数据资源层一般包括基础地理数据、地下空间数据、地下空间三维模型、地下空间档案数据、物联感知数据等。基础地理数据包括遥感影像、电子地图、行政区划、路网、地名地址等数据，地下空间数据包括排水、给水、燃气、电信等专业管网数据、地下综合管廊、地下建（构）筑物、地下交通、地质等矢量数据，地下空间三维模型包括地下综合管网、地下综合管廊、地下建（构）筑物、地下交通、地层等三维模型，地下空间档案数据包括地下空间数据管理相关的业务数据、规划审批数据、文件数据等。数据资源中的地理信息数据利用 GIS 基础平台的空间数据引擎进行管理，空间数据引擎一般基于关系型数据库进行实现。

平台服务层一般包括数据服务、模型服务、分析服务和要素服务。这些服务大多利用 GIS 基础平台的服务能力提供共享的服务接口，支持专业功能的开发。

应用服务层一般包括地下三维建模、地下空间数据管理、地下空间分析评价。应用服务层针对系统具体的需求，利用 GIS 基础平台的二次开发接口和服务接口，开发实现相应的功能。

城市地下空间地理信息系统的分层架构可以根据实际情况进行扩充，以适应地下空间信息在不同环境和不同条件下的使用。

城市地下空间地理信息系统由多个子系统组成，其中 4 个子系统发挥着关键作用。这些子系统分别是城市地下空间地理信息管理系统、城市地下空间单位专业系统、通用型城市地下空间应用系统和基于互联网的城市地下空间公开信息服务系统。城市地下空间地理信息管理系统是该系统的核心，负责采集、动态管理、更新和维护城市地下空间及其附属数据。城市地下空间单位专业系统则是各个权属单位根据自身需求而开发的专业性很强的城市地下空间地理信息系统，是城市地下空间信息更新的重要途径。通用型城市地下空间应用系统是一种具有通用能力、低成本的城市地下空间地理信息系统，可供部分权属单位和建设单位使用，以实现城市地下空间数据在城市范围内深层次推广使用。基于互联网的城市地下空间公开信息服务系统（网站）则面向社会公众，通过提供公开发布的、有特定使用价值的城市地下空间信息，为提高城市人居环境、协调城市建设、保障城市居民安全生活作出贡献。

3. 技术选型

技术选型是指根据系统设计的原则和架构设计，对硬件、软件的规格以及开发使用的技术进行选择。一般来说，城市地下空间地理信息系统的技术选型需要考虑以下几点。

1）GIS 基础平台的选型

在技术路线上包括自研软件、开源软件、商业软件三种选择。自研软件对投入的成本、开发人员的技术水平、周期要求都比较高。开源软件在完善性和稳定性方面存在一定的问题，需要投入一定的人力和时间去解决，对开发人员的技术水平也有一定的要求。商业软件成熟稳定，有高水平的技术团队提供支持和保障，虽然需要一次性花费较高的费用购买，但是一种普遍的选择方式。

选择商业的 GIS 基础平台需要考虑的技术指标包括：对各种格式的地下空间数据的支持程度，对地下、地表、地上、过去、现在、未来多维度时空数据的集成管理程度，对于海量地下空间数据加载、渲染的性能，与国产服务器、操作系统、数据库的适配程度，二次开发的难易程度等方面。另外，成本也是一个考虑因素。

2）开发语言及框架选型

C/S 架构的城市地下空间地理信息系统一般基于 GIS 基础平台，采用 VB、C#或 Java 开发语言进行二次开发。B/S 架构的城市地下空间地理信息系统，后台服务端的开发一般采用 Java 开发语言，前端一般采用 JavaScript 开发语言。

在架构上，通常选择开源的、技术成熟的、模块化、松耦合的开发框架，需要结合使用的开发语言进行选择。

3）渲染技术选型

渲染技术属于底层技术，一般为 GIS 基础平台使用的技术。通常有 OpenGL、OpenGL ES、WebGL、Direct3D 几种图形 API 接口。OpenGL 是一种国际标准，兼容性强，通常用于桌面应用程序。OpenGL ES 是 OpenGL 的扩展，支持移动端设备。WebGL 是一种较新的技术，可以为 HTML5 Canvas 提供硬件 3D 加速渲染，这样 Web 开发人员可以借助系统显卡在浏览器里无须安装任何插件就可以流畅地展示 3D 场景和模型，不论在桌面端还是移动端，具有很好的兼容性，也是目前主流的一种技术。Direct3D 是微软公司制定的接口标准，只能在Windows 操作系统上使用，但是性能高于 OpenGL，是游戏引擎常用的渲染技术。渲染技术应该根据系统的实际使用场景进行选择。

4）软硬件运行环境

软硬件环境是城市地下空间地理信息系统运行的基础，在国家对信息安全越来越重视，并大力发展信息技术的应用创新产业的时期，应该优先选择国产品牌的软硬件。其中，硬件方面除了 x86 架构的 CPU 以外，还有 ARM、MIPS、RISC–V 等架构的国产品牌，操作系统有银河麒麟、统信等基于 Linux 内核的国产品牌，数据库有更多的国产品牌。在进行选型时需要考虑兼容性、稳定性、性能和价格等方面的因素。

4. 功能设计

城市地下空间地理信息系统的功能设计是指该系统用来管理和组织城市地下空间地理信息的一套流程和算法，包括系统用于存储和检索信息的数据结构和数据库设计，以及系统用于处理和分析数据的算法和功能。例如，城市地下空间地理信息系统的功能设计可能包括计算地下空间的使用和占用情况的算法，或识别潜在的维护问题或安全隐患的算法，同时还可以包括从其他系统或数据源（如地理信息系统或市政基础设施数据库）导入和导出数据的过程。此外，城市地下空间地理信息系统的功能设计可以包括各种工具和功能，用户可以通过这些工具和功能来管理和分析地下空间的信息，可能包括地下空间的地图和图形表示，搜索和查询功能，数据可视化和分析工具，以及其他允许用户访问和操作数据的功能。

城市地下空间地理信息系统的功能设计包括确保系统管理的数据的安全性和完整性的措施，包括用户账户、权限和加密，以防止未经授权的访问，以及在系统故障或其他问题发生时备份和恢复数据的过程。该系统应当采用多种手段对数据和信息进行保护，以确保敏感数据不会被泄漏或篡改。例如，可以利用加密技术对敏感数据进行加密，只有经过身份验证的用户才能够访问这些数据。此外，系统还应当具备防火墙、入侵检测等安全功能，以保证系统的安全性。城市地下空间地理信息系统功能设计的一个重要方面是该系统提供的数据管理能力，包括存储和检索地下空间地理信息的能力，以及系统用于组织和管理数据的过程和算法。例如，城市地下空间地理信息系统的功能设计可能包括数据结构和数据库设计，使系统能够有效地存储和检索有关地下空间的大量信息，包括关于地下空间的位置、大小和连接的信息，以及关于其使用、维护和其他因素的数据。城市地下空间地理信息系统的功能设计还可以包括分析和处理数据的算法和程序。例如，该系统可以计算地下空间的占用率或使用率，还能识别潜在的维护或安全问题的功能。

同时城市地下空间地理信息系统的功能设计应该包括用户可以访问的工具和功能，这些工具和功能可以帮助用户管理和分析数据。其中，地图、图表、图形和搜索查询功能是常见且必要的功能，它们能够提供直观的方式来展示地下空间的信息，同时也能让用户快速找到需要的数据。

城市地下空间地理信息系统的功能还应该包括三维可视化等功能。三维可视化功能能够将地下空间的地理信息以更加直观的方式展示给用户，使用户能够更好地了解地下空间的结构、位置和特征。这种功能可以在地图或模型中呈现出地下管线等物体的立体影像和参数信息，并且能够通过操作进行视角旋转、放大缩小等操作，方便用户进行观察和分析。先进的三维可视化技术可以实现对城市地下空间的立体化展示和可视化操作。例如，系统可以采用虚拟现实技术，让用户通过头戴式显示器或手持设备亲身体验地下空间的环境和情况。此外，系统还可以提供多种可视化工具和功能，如平面图、立体图、漫游等，使用户更加直观地了解城市地下空间的情况。

此外，城市地下空间地理信息系统的功能设计还可以包括基于数据挖掘和机器学习算法的分析工具，以及支持实时监测和告警的功能，可以帮助用户更好地理解地下空间的变化趋势和预测可能的风险，为城市规划和管理提供更加有力的依据和参考。总的来说，城市地下空间地理信息系统的功能设计应该能够满足用户对数据管理和分析的需要，并且不断更新和完善，以适应城市管理和发展的需求。在应急方面，该系统应当提供一系列紧急处理措施，以协助处理各种突发情况。例如，在发生火灾或其他自然灾害时，该系统可以通过快速定位出口、疏散路线和逃生设备等信息，帮助人员迅速疏散并处置灾害。此外，该系统还可以与其他紧急处理机构进行联动，提高应急响应的效率和速度。在规划方面，该系统应当提供丰富的数据和信息，以帮助规划人员更好地了解城市地下空间的现状和潜力，并制定科学有效的规划方案。例如，系统可以提供地下管线、设施、交通等信息，帮助规划人员了解城市地下空间的分布和状况。此外，该系统还可以进行数据分析和模拟，以评估规划方案的可行性和效果。

根据上述内容结合之前在模块设计中提到的部分对城市地下空间地理信息系统可以实现的功能设计具体如下：

（1）数据采集和管理是城市地下空间地理信息系统的基础，需要通过各种手段，如勘察、测绘、遥感、监测等，获取地下空间的各类数据，包括地质、水文、工程、规划、管理等，并建立相应的数据库和元数据，实现数据的存储、更新、共享和维护。

（2）数据分析和模拟是城市地下空间地理信息系统的核心，需要利用各种方法，如空间分析、统计分析、数值模拟等，对地下空间的现状、问题和发展趋势进行深入的研究和评价，并提出合理的建议和措施，支持地下空间的规划、设计、建设和管理。

（3）数据展示和交互是城市地下空间地理信息系统的窗口，需要通过各种形式，如二维图形、三维模型、动画、虚拟现实等，将地下空间的数据和分析结果以直观和生动的方式呈现给用户，并提供友好的用户界面和操作功能，实现数据的查询、浏览、编辑和输出。

（4）其他特有功能：①地下空间导航功能：提供地下空间的导航功能，包括路径规划、导航指引和导航模式切换等。考虑到地下空间的复杂性和多层次结构，系统可以提供针对地下通道、地下商场等特定场景的导航算法，并支持室内定位技术实现准确的地下空间导航。②地下设施管理功能：管理和监测地下空间中的设施，包括供水管网、排水管网、热力管网、通信线路、电力线路等。系统可以提供设施的位置信息、状态监测、维护记录等功能，支持管线的空间定位、状态监测和维修管理。③空气质量监测功能：监测地下空间的空气质量，包括氧气浓度、二氧化碳浓度、有害气体等。系统可以集成传感器设备，实时采集地下空间的环境数据，并提供实时监测、报警和数据分析功能。④火灾安全监测功能：监测地下空间的火灾安全状态，包括烟雾、温度等指标。系统可以集成火灾报警器、烟雾探测器等设备，实时监测地下空间的火灾风险，并及时发出警报和采取相应的应急措施。⑤地下空间规划评估功能：评估地下空间的规划方案，包括土地利用、空间布局等。系统可以提供规划数据的可视化展示、评估指标的计算和方案对比分析等功能，支持地下空间的合理规划和效益优化。⑥地下空间文档管理功能：管理地下空间相关的文档资料，包括设计图纸、施工记录、维护手册等。系统可以提供文档的分类、存储和检索功能，支持用户方便地获取和共享地下空间文档信息。⑦地下空间安全管理功能：监测和管理地下空间的安全状态，包括视频监控、入侵检测和应急预案管理等。系统可以提供视频监控画面的实时展示、入侵报警的处理和应急预案的制定与执行等功能，以确保地下空间的安全运行。

通过结合以上地下空间特有的功能设计，城市地下空间地理信息系统可以实现对地下空间的路径导航、设施管理、环境监测、安全管理等功能，提升地下空间的管理效率和安全性。

5. 界面设计

城市地下空间地理信息系统的界面设计是指为管理和组织城市地下空间地理信息的计算机系统设计用户界面。该系统的界面设计可能包括各种功能，使用户能够方便地访问和管理有关各种地下空间的信息，如隧道、地铁系统和地下基础设施。

　　城市地下空间地理信息系统的界面设计的一些潜在功能可能包括地下空间的地图或图形表示、用于搜索和查询特定地下空间地理信息的工具，以及用于可视化和分析地下空间使用和状况数据的选项管理和组织信息的功能，如添加、编辑和删除记录的能力。保护敏感信息和防止未经授权访问的安全措施在设计城市地下空间地理信息系统的界面时，必须考虑用户的习惯和需求。这可能包括确定用户的目标，分析他们的使用模式，并确定他们对界面功能的期望。

　　为了满足用户的需求，城市地下空间地理信息系统的界面设计应该是简洁、直观和易于使用的。这可能包括设计一个简单而有吸引力的界面，以及提供足够的帮助和支持信息，使用户能够快速上手。此外，城市地下空间地理信息系统的界面设计也应符合用户的习惯和偏好。这可能包括提供多种交互方式，让用户选择最适合自己喜好的方式。总的来说，城市地下空间地理信息系统的界面设计应该考虑到用户的需求，提供直观和易于使用的功能，以满足他们的要求。城市地下空间地理信息系统的界面设计应该是直观和易于使用的，同时也提供管理和组织地下空间地理信息所需的工具和功能。

6. 安全设计

　　城市地下空间地理信息系统的安全设计包括用户权限、系统安全、数据安全、网络安全等方面。在用户权限方面，要针对不同的数据权限设置不同的用户角色，保证权限分配的最小化，不分配多余的权限。对于用户密码的复杂度和过期时间进行合理的设定。在系统安全方面，要制定漏洞扫描和渗透测试的频率，保证系统的安全漏洞及时发现及时解决，设计系统的运行日志模块，能够对系统运行的过程进行记录、监控和审计，在系统宕机的时候能够及时发现及时恢复。在数据安全方面，采取加密方式存储数据，防止数据泄露被破解，要设计定期备份和异地备份的机制，防止发生灾难性事件时损坏数据，导致数据的丢失。在网络安全方面，利用防火墙防止外部攻击，对于涉密网络做好内外网的物理隔离设计。

6.3.2　数据库设计

　　城市地下空间地理信息系统的数据库设计首先要根据数据的类别划分子库。比如把作为背景的遥感影像、电子地图，作为查询定位基础的行政区划、道路、地名地址等基础数据分为一类子库；把需要管理的地下空间数据分为一类子库；把用于业务管理的数据分为一类子库。采用不同的子数据库进行管理使数据层次更加清晰，同时，也便于为不同的数据管理员设置指定的数据维护权限。

在子数据库中，可以采用数据集的方式管理不同专业的地下空间数据。比如采用地下综合管线数据集管理各类专业管线的矢量数据，采用地下综合管廊数据集管理管廊的综合体数据，采用地质数据集管理钻孔、土质分布等矢量数据。

对数据进行分类分层后，为每个数据层、数据表设计满足业务需要的字段信息。需要注意的是专业数据的分层和设计字段要参考、符合国家标准《城市地下空间数据要求》（GB/T 42987-2023）。设计空间数据库的时候，要明确数据的空间参考，并为空间数据指定相应的空间参考，才能实现地方坐标系数据与 CGCS 2000 等坐标系数据的叠加应用。为所有的空间数据建立元数据库，记录各数据图层的数据来源、时间、精度、比例尺、分辨率等信息，有助于数据的管理维护。

对于矢量空间数据，为了提高空间分析的效率，应该为其设计空间索引。

6.3.3 详细设计

1. 模块设计

城市地下空间地理信息系统的设计通常涉及各种模块或组件的开发，它们共同支持系统的整体功能。每个模块都有特定的作用和功能，它们通常被设计成模块化的，因此可以根据需要方便地添加、删除或修改。城市地下空间地理信息系统中可能包括的模块有：

（1）数据采集模块。该模块负责从各种来源收集数据，如传感器、调查或GIS 数据，并将其存储在中央数据库中。该模块还可能包括清理、组织和转换数据的工具，以确保数据的格式一致且可用。数据收集和管理模块通常是系统的基础，因为它负责收集和存储将被其他模块使用的数据。这个模块可能包括传感器和其他实时收集数据的硬件，以及在一个中央数据库中存储、组织和管理数据的软件。这个模块的设计应该是可扩展和灵活的，以支持广泛的数据类型和来源，并确保数据是准确、可靠和现势的。

（2）数据分析模块。该模块负责为用户提供分析数据和生成报告所需的工具和功能。数据分析和报告模块是系统的一个重要组成部分，因为它为用户提供了理解数据和生成报告所需的工具和功能。这个模块可能包括可视化，如地图和图表，以及分析工具，如回归分析或集群分析，以帮助用户探索和理解数据。这个模块的设计应该是灵活和可定制的，以支持广泛的分析和报告需求，并为用户提供他们需要的洞察力和信息，以做出明智的决定。

（3）用户界面模块（UI/UX）。这个模块负责用户界面的设计和功能，这是用户与系统交互的部分。这个模块的设计应该是直观和易于使用的，有清晰简洁的导航和控制，以帮助用户快速和容易地获取他们需要的数据和信息。该模块还可能包括搜索和过滤等功能，以帮助用户找到他们正在寻找的数据，以及定制和个性化选项，以支持个人的偏好和需求。

（4）安全隐私模块。该模块负责保护系统收集和处理的数据和信息，以确保其安全和隐私。安全和隐私模块对于保护系统收集和处理的数据和信息至关重要。这个模块可能包括诸如数据加密、访问控制和审计日志等功能，以帮助防止未经授权的访问或滥用数据的行为。它还可能包括以安全和负责任的方式管理和共享数据的政策和程序，以确保数据只用于授权的目的。

（5）系统集成和互操作性模块。这个模块负责确保系统的各个组成部分能够无缝连接，并确保系统能够根据需要与其他系统和数据源集成。这可能包括应用程序编程接口（application programming interface，API）集成、数据互操作性标准，以及其他支持数据交换和集成的技术和工艺。系统集成和互操作性模块对于确保系统的各个组成部分能够无缝协作，以及系统能够根据需要与其他系统和数据源集成是非常重要的。这一模块的设计应具有灵活性和适应性，以支持广泛的集成和互操作性需求，并使系统能够随着用户和利益相关者的需求的变化而不断扩展和适配。

总的来说，城市地下空间地理信息系统的设计涉及各种模块的开发，每个模块在整个系统中都有特定的作用和功能。通过设计模块化的系统，可以创建一个灵活和可扩展的系统，能够进一步满足用户和利益相关者不断变化的需求。在城市地下空间地理信息系统的模块设计中，可以结合以下地下空间特有的方面考虑：

（1）地下空间结构模块，该模块用于管理地下空间的结构信息，包括地下室、隧道、通道等。可以设计地下空间的拓扑结构、几何形状和连接关系，以支持地下空间的可视化展示和空间分析。

（2）地下空间导航模块，该模块用于提供地下空间的导航和路径规划功能。考虑到地下空间的复杂性，可以设计针对地下通道、地下商场等特定场景的导航算法，并结合定位技术实现准确的地下空间导航服务。

（3）地下空间环境监测模块，该模块用于实时监测地下空间的环境参数，包括温度、湿度、气体浓度等。可以集成传感器设备，采集地下空间环境数据，并提供实时监测、报警和数据分析功能。

（4）地下空间安全管理模块，该模块用于监测和管理地下空间的安全状态。可以包括视频监控系统、入侵检测系统和火灾报警系统等子模块，以及应急预案管理和事件响应功能，以确保地下空间的安全运行。

（5）地下综合管线管理模块，该模块用于管理地下空间中的各类管线网络，包括供水管网、排水管网、燃气管网、通信线路、电力线路等。可以设计管线的维护记录、巡检计划和损坏检测功能，支持管线的空间定位、状态监测和维修管理。

（6）地下空间规划与利用模块，该模块用于支持地下空间的规划和利用管理。可以包括地下空间规划数据的管理与分析功能，规划方案的展示与评估功能，以及地下空间利用的监测和管理功能，以促进地下空间的合理规划和有效利用。

（7）地下空间文档管理模块，该模块用于管理地下空间相关的文档资料，包括设计图纸、施工记录、维护手册等。可以设计文档的分类、存储和检索功能，支持用户方便地获取和共享地下空间文档信息。

通过以上地下空间特有的模块设计，城市地下空间地理信息系统可以实现对地下空间的结构、导航、环境、安全、管线、规划和文档等方面的综合管理，提升地下空间的运行效率和管理水平。通用型城市地下空间地理信息应用系统的构架具有多个设计特点。首先，系统采用了模块化设计，将不同的功能划分为不同的模块，这有助于提高系统维护和升级的效率。其次，系统采用开放式设计，可以与其他系统进行对接和集成，实现数据共享和交换，从而更好地服务于整个城市管理系统。同时，该系统还采用灵活性设计，支持用户根据自身需要进行自定义配置和功能扩展，能够满足各种不同的使用需求。此外，该系统还采用可扩展性设计，可以在系统运行过程中进行功能和模块的增加或删除，以适应快速变化的需求。安全性设计也是该系统的一个非常重要的方面，包括权限管理、数据加密等措施，可以确保数据的安全性和完整性，保护用户隐私和敏感信息。最后，该系统采用易用性设计，提供简洁清晰的界面和操作方式，降低用户使用门槛，使得广大用户能够快速上手并高效地使用该系统。总体来说，该系统的构架设计特点非常突出，旨在提供一个高效、安全、易用的城市地下空间地理信息应用平台，有助于提升城市管理水平和服务质量。

2. 接口设计

城市地下空间地理信息系统是一种用于管理和组织城市地下空间地理信息的计算机系统。这种系统的接口设计可能包括各种功能，使用户能够轻松访问和管理有关各种地下空间的信息，例如隧道、地铁系统和地下设施。

首先，城市地下空间地理信息系统的接口设计应该使用户能够方便地查看和管理地下空间的信息。这可能包括在地图上显示地下空间的位置和连接，以及提供搜索和查询功能，使用户能够快速找到所需的信息。此外，城市地下空间地理信息系统的接口设计还应提供数据可视化和分析功能，以帮助用户了解地下空间的使用情况和状况。例如，系统可能提供图表和图形，显示地下空间的使用率、维护情况等信息。另外，城市地下空间地理信息系统的接口设计还应提供管理和组织信息的功能。这可能包括添加、编辑和删除地下空间地理信息的功能，以及设置权限和安全策略，防止未经授权的访问。在设计城市地下空间地理信息系统接口时，需要考虑用户的使用习惯和需求。这可能包括确定用户的目标、分析用户的使用行为，以及确定用户对接口功能的期望。城市地下空间地理信息系统可以设计的具体接口分别为：

（1）地下空间导航接口。提供地下空间导航功能的接口，允许用户输入起点和终点，获取地下空间的最优路径和导航指引。该接口可以支持实时定位、路径规划算法和导航指示等功能。

（2）空间可视化接口。提供地下空间的三维可视化接口，允许用户在地下空间中进行交互式的可视化浏览和操作。该接口可以支持地下空间的旋转、缩放、平移等操作，以及标记、查询和注释地下空间中的元素。

（3）环境监测接口。连接地下空间的环境监测传感器，提供实时的环境参数数据。该接口可以支持数据采集、数据查询和数据分析等功能，以便用户了解地下空间的温度、湿度、气体浓度等环境信息。

（4）安全监控接口。连接地下空间的安全监控设备，提供实时的视频监控和报警信息。该接口可以支持视频流的传输、监控画面的展示和安全事件的报警处理，以保障地下空间的安全运行。

（5）管线管理接口。连接地下空间的管线管理系统，提供管线的位置、状态和维护信息。该接口可以支持管线数据的查询、维护记录的更新和管线损坏的报修，以保证地下综合管线的正常运行。

（6）规划与利用接口。提供地下空间规划和利用管理的接口，允许用户查询规划数据、提交规划申请和评估利用方案。该接口可以支持规划数据的可视化展示、申请表单的提交和利用方案的评估分析。

（7）文档管理接口。提供地下空间文档管理的接口，允许用户上传、下载和检索地下空间相关的文档资料。该接口可以支持文档分类、关键字搜索和文档分享等功能，以方便用户获取和共享地下空间文档信息。

通过结合以上地下空间特有的接口设计，城市地下空间地理信息系统可以实现与地下空间的数据交互、操作交互和信息共享，提供丰富的功能和用户体验，支持地下空间的管理和利用。

为了满足用户的需求，城市地下空间地理信息系统的接口设计应该简洁、直观、易于使用。这可能包括设计简单、美观的界面，以及提供丰富的帮助和支持信息，使用户能够快速上手。此外，城市地下空间地理信息系统的接口设计还应该符合用户的使用习惯和偏好，包括提供多种交互方式，使用户能够根据自己的喜好选择合适的方式操作系统。总的来说，城市地下空间地理信息系统的接口设计应该满足用户的需求，同时为用户提供便捷的管理和分析功能。

3. 算法设计

城市地下空间地理信息系统中作用最大的是在地下空间开发和利用的过程中的分析评价算法。这些算法需要综合考虑各方面的因素，包括空间的、时间的和相关指标的，非常复杂。所以，这些算法的目标、实现逻辑、需要的数据、得到的结果都要明确设计清楚。这样，也便于开发人员的开发实现和算法的检查测试。

城市地下空间地理信息系统可以设计的具体算法分别为：

（1）地下空间导航算法。根据用户输入的起点和终点，计算两点间的最优路径，并获取用户的当前位置更新起点，实时计算导航路径。该算法需要含有节点、边、方向、坐标和权重的路网。

（2）管线净距分析。计算两根管线的水平方向最短距离和垂直方向最短距离，并与国家标准对比。该算法需要两根管线的几何特征、管线的类别、各种管线之间的净距标准。

（3）开挖分析。根据开挖的范围和深度计算开挖的空间内涉及到的各种地下管线。该算法需要各种管线图层的数据，开挖范围的几何特征和深度。涉及到三维空间的拓扑分析，和大量的管线数据，对算法的性能要求比较高。

（4）爆管分析。根据爆管的位置和管线的路由，找到上游需要关闭的阀门。需要的数据是供水网络和爆管点位。值得注意的是上游可能有多个阀门控制该节点的供水，要找到最近的且数量最少的阀门，否则影响正常供水。供水网络比较复杂，对方法的效率和准确度都有要求。

（5）横断面分析。在路面拉一条切线，显示切线的路面下各类管线的分布情况，包括与路面的距离、管线的规格、管线间距等。需要的数据是各类管网数据和切线的几何数据，计算分析结果是一张分布图。用到的通用算法是空间查询和拓扑求交的算法。对于调用的其他算法不需要做进一步的设计。

（6）地层生成。在绘制的范围内，根据范围内的钻孔生成地层。需要的数据是海量的钻孔和绘制的几何范围。该算法通常需要先把范围生成缓冲区，再筛选出缓冲区内的钻孔数据，采用差值算法对钻孔进行差值，生成缓冲区范围内的地层，再利用体拓扑运算生成绘制范围内的地层。生成地层时，需要考虑地层缺失不连续的情况。同时，在设计的时候也要考虑一些通用算法的设计，以便其他算法的复用。

6.4　课后习题

1. 城市地下空间地理信息系统开发的过程包括哪些？分别描述每个过程的主要内容。

2. 城市地下空间地理信息系统设计概念和特点是什么？

3. 城市地下空间地理信息系统设计的主要流程包括哪几部分？

4. 城市地下空间地理信息系统设计的原则有哪些？

5. 城市地下空间地理信息平台由一系列承担不同用途的地下空间地理信息系统组成，列举出几个发挥着关键作用的子系统。

6. 通用型城市地下空间地理信息应用系统构架具有哪些设计特点？

7. 如果安排你来进行一个城市地下空间地理信息系统的设计，你会选择建设什么样的信息系统平台？主要设计思路和流程是什么？

第7章 城市地下空间地理信息系统应用案例

城市地下空间开发利用的目标是通过空间的地下拓展，满足城市对空间、容量的需要，最终实现可持续发展的目标。从城市综合效益最大化原则出发，根据地下空间的空间特性和地下空间开发利用的功能环境适应性原则，结合国内外地下空间开发利用经验与技术，未来城市地下空间开发利用的主要领域包括地下交通、市政公用、物流仓储、公共服务、防灾减灾和生产等功能，基本覆盖城市各功能子系统，形成地面以生活、居住、办公、游憩功能为主，地下以交通、市政公用设施、防灾减灾、物流仓储等为主的竖向功能划分，构建地上地下协调运作的空间系统。城市地下空间是城市发展中重要的组成部分，其包含着丰富的信息资源，对于城市规划、资源开发利用，以及灾害风险管理等方面具有重要价值。然而，由于地下空间的不可见性和隐蔽性，其信息的获取和数据挖掘一直以来都面临着较大的挑战。

随着信息技术的快速发展，城市地下空间数据挖掘的研究日益受到重视。数据挖掘技术可以帮助我们从大量的地下空间数据中发现隐藏的模式和规律，提取有用的信息，并为城市规划和管理提供决策支持。本章旨在探讨城市地下空间数据挖掘技术的实际应用，以及在城市规划、资源管理、环境保护和风险预防等方面的潜在价值，具体结合深入研究多个具有代表性的案例，通过实际的数据分析和解释，呈现出城市地下空间数据挖掘的多样性和实用性。希望本章内容能够为城市规划者、决策者和研究人员提供有价值的洞见和启示，推动城市地下空间的合理利用与智慧化发展。

7.1 青岛市城市地下空间大数据可视化管理与应用平台

7.1.1 案例背景

由于城市化进程不断加快，城市空间发展与土地资源供应的矛盾日益突出，开发城市地下空间资源成为拓宽城市空间的新手段，地下空间成为城市的"第二空间"。地下空间的开发利用早已引起我国政府的重视，1997 年 10 月，建设部印发了《城市地下空间开发利用管理规定》，对指导和促进我国城市地下空间的有序开发利用和科学管理起到了非常重要的作用。2016 年 5 月 25 日，住房和城乡建设部发布《关于印发城市地下空间开发利用"十三五"规划的通知》，为指导各地开展地下空间开发利用规划、建设和管理提供了重要依据。国内许多大中城市都在积极研究和编制地下空间开发利用规划，并把城市地下空间开发利用规划作为城市总体规划的一个重要组成部分。

青岛市是我国东部沿海的重要经济中心城市、对外开放城市、滨海风景旅游度假城市及国家历史文化名城，在国家经济空间布局体系中占有重要的地位。青岛市是个典型的半岛城市，西临胶州湾，南临黄海，东依崂山，只有北面一侧可以通过陆地与外界相联系，呈现出"三面环海，一面靠山"的自然格局。这种自然地理环境特点，成为青岛良好城市环境的基础，并使青岛市成为最适合人类居住的城市之一。但随着城市的不断壮大和各类功能的进一步集聚，现有的城市空间格局难以支撑起城市的持续、健康发展。"三面环海，一面靠山"的区域自然地理环境特点在奠定青岛市"山、海、城"为特色的空间格局的同时，也成为制约青岛市城市空间发展的重要因素。由于青岛市城市本身南北狭长，东西较窄，城市发展受自然条件限制较大，无论是跨海发展还是继续往北发展，城市都需要付出较大的代价，城市空间逐渐变得分散化。

城市地下空间的开发利用已成为当今世界城市发展的趋势，并成为衡量城市现代化的重要标志之一。地上、地下空间的统筹协调开发利用成为 21 世纪城市发展的必然趋势，青岛市已经具备地下空间开发的经济实力。根据《青岛城市地下空间资源综合利用总体规划（2014—2030 年）》和市政府的相关要求，受青岛市住房和城乡建设局委托，由青岛市勘察测绘研究院负责承担实施"青岛市城市地下空间开发利用前期项目"，以青岛中央商务区作为示范区，涉及面积约 2.46km^2。

该项目旨在通过利用先进的技术手段，彻底查清工程范围内的各类地下空间设施分布情况，建立空间数据库，并重点研究管理信息平台建设的有关技术路线。通过先试先行，探索总结出一套适合青岛实际情况的地下空间普查技术路线和方法，进而为全面推动青岛市城市地下空间普查及规划编制等工作奠定坚实的基础。

7.1.2　青岛市城市地下空间大数据可视化管理与应用平台介绍

构建城市地下空间大数据三维可视化场景，需要集成海量的空间数据和非空间数据,空间数据包括:地上建筑、道路、地形、地下建(构)筑物等各种三维模型数据,以及 POI 与各行业专题数据等二维数据;非空间数据包括各类地下空间设施的属性数据、实景照片、多媒体视频等。针对这些大数据,重点研究采用分类设计、集成管理、动态调度和建立空间索引等关键技术,实现海量级的城市地下空间大数据实时平滑加载、动态渲染和存储管理,从而为平台使用者带来良好的用户体验感,同时为真实呈现城市地下空间实景提供技术支撑。按照有关要求,该平台主要包含以下建设内容:

(1)收集并整理工程范围内各类地下空间规划、设计、施工建设、测绘、钻探等资料。

(2)针对示范区范围内的既有地下建(构)筑物、地下管线设施、地质地层、特殊功能地下空间等进行普查,获得示范区范围内完整的地下空间数据资料。

(3)搭建城市地下空间数据库,将普查成果入库,并将在建和已批待建地下空间项目规划、建设、施工资料的档案图纸进行收集整理并入库;同时探索有关地下空间管理信息平台建设的技术路线和方法。

(4)在开展示范区城市地下空间普查工作的基础上,结合国内外有关城市地下空间普查技术标准规范,编制地下空间普查技术导则。

1. 平台架构设计

平台采用 C/S 体系结构,实现数据集中存储,支持分布式计算,减轻服务器的负担,以满足对海量三维数据管理的需求。

平台从逻辑上划分为基础层、数据层、业务层、应用层,在计算机软硬件的支持下,将各类空间资源信息整合、存储、管理,并通过数据挖掘以浏览、分析等形式展示给最终用户。平台的体系结构如图 7-1 所示,功能结构如图 7-2 所示,具体功能描述详见表 7-1。

2. 关键技术

该平台的核心技术是针对 BIM 模型的渲染、空间数据内外存交换策略、空间数据 I/O 服务器设计等内容进行重点研究,以满足地下空间平台对三维场景数据的高效调度与使用。

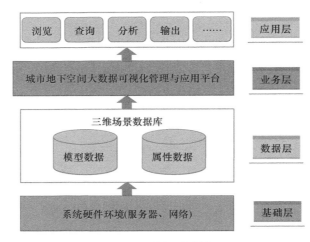

图 7-1 平台体系结构图

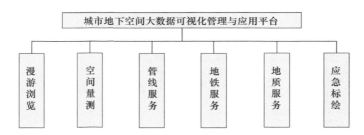

图 7-2 平台功能结构图

表 7-1 平台主要功能表

序号	模块名称	功能名称	功能描述
1	漫游浏览	书签	列出所有保存的场景视点，可以将场景快速定位到对应的视点，并可对视点进行修改和删除
		保存	将当前地图窗口的位置信息保存为一个新的视点
		正北视图	使观察者方位指向正北方
		地面透明	设置场景浏览时的地形透明度
		地上浏览	从地面上方浏览三维场景
		地下浏览	从地面下方浏览三维场景
		开启碰撞	当视角进入模型内部浏览时，开启摄像机与周围模型的碰撞模式，防止视角切换至模型外部
		场景剖切	基于场景中存在的地上与地下模型数据，实现场景在任意剖面下的剖切查看

续表

序号	模块名称	功能名称	功能描述
1	漫游浏览	新建路径	创建飞行浏览路径
		路径漫游	实现摄像机的运动路径定制和飞行控制
		坐标定位	通过输入精确的经纬度坐标或投影平面坐标，进行坐标定位
		道路定位	根据道路交叉口快速定位到指定位置
		地名定位	根据 POI 名称实现快速定位
		图层控制	显示场景数据图层列表，并可进行开关显示控制
2	空间量测	水平距离	测量空间两点连线或多点顺序连成的折线在水平面上的投影距离
		垂直距离	空间两点连线在竖直面上的投影距离
		空间距离	测量三维空间内任意两点连线的长度
		地表面积	测量选定区域在地形表面上的投影面积
		空间面积	测量选定区域的空间面积
3	管线服务	管线查询	通过在视窗内点选管线对象（管线段或管线点），查询该管线实体的属性信息
		区域统计	统计特定区域内的管线段或管线点信息
		条件统计	对指定类型的管线信息进行多条件统计，可通过逻辑运算符、关系运算符设置统计条件，查询范围可设置成全部范围、圆域范围或多边形范围
		横断面分析	系统根据用户自定义的任意横剖线，分析横剖线所切割区域的管线横断面情况，采用标准色的管线截面图显示地下管线的空间分布及相互位置关系，并标注地面高程、管线高程、间距、规格和埋深指标信息
		开挖分析	根据用户定义的开挖区域和深度模拟地面开挖，并展示出受影响的管线，及其他地下空间设施，计算施工开挖量，分析开挖所涉及的管线（线段、特征点及附属设施）
		水平净距	检查一条管线与其他管线在水平方向上是否发生碰撞或最小净距是否符合国家净距规范。分析结果以列表列出，将不符合的结果以红色区别
		垂直净距	检查一条管线与其他管线在垂直方向上是否发生碰撞或最小净距是否符合国家净距规范。将不符合的结果以红色区别，对比国家净距要求一并列出
		流向分析	基于动态纹理，针对排水管线提供流向显示功能。"流向分析"为双态按钮：高亮状态为"显示流向"，非高亮状态为"取消流向"
		爆管分析	针对压力管线（给水、燃气、热力），当发生爆管事故时，根据爆管位置分析与其连通的所有管段和阀门，并以列表列出，为应急决策提供信息支持
4	地铁服务	站点查询	根据输入的关键字进行模糊查询，列出车站名称，双击可快速定位至实际位置处，方便用户查看

序号	模块名称	功能名称	功能描述
4	地铁服务	BIM 属性查询	查询 BIM 模型的属性信息
		地块比对	将地块坐标文件生成图形，并叠加至场景中，显示出用地红线，查看与量测其与地铁保护区范围、地下空间设施、地下管线等的空间相对位置，辅助规划设计、用地审批、开发保护等工作
		属性录入	针对一些设备设施等 BIM 模型，管理其基本信息及维保信息
5	地质服务	钻孔生成	读取理正数据库数据，从中抽取钻孔的空间位置与土层等信息，在三维场景中生成钻孔三维模型。考虑到实时生成，每次钻孔数量不宜过多，以几百个孔位较为适宜
		钻孔查询	查询钻孔模型的详细属性信息
		地质体建模	根据当前场景中生成的钻孔模型，选取一定区域内的模型，模拟生成三维地质体
		地质体裁切	横跨地质体模型上方绘制裁切线，根据裁切线保留部分地质体模型
		剥层分析	将地质体模型的各个地层模型按给定的距离剥离，使其更方便查看
		地层图例	显示当前模拟生成的钻孔模型和地质体模型中，各颜色所代表的土层
		清除	清除当前场景中生成的三维钻孔和地质体
6	应急标绘	多边形	在三维场景中绘制二维多边形
		缓冲区	在三维场景中绘制二维缓冲区，用于快速查看辐射范围
		箭头	在三维场景中绘制二维简单箭头
		文字	在所选中的位置插入自定义文字信息
		选择	选中一个或多个对象，包括多边形、箭头、文字等
		删除	将一个或多个对象进行删除

1）高性能渲染技术

BIM 模型一般都具有大量的图元数目，每个图元又包含很多属性参数信息，如此大量的数据同时渲染会给系统平台带来很大压力，需要采取一些性能优化的技术来满足大体量数据对性能的需求，具体实现方法说明如下：

（1）实例化绘制显示技术。这种技术适用于重复模型较多的情况，可以实现相同的几何模型只绘制一次，降低显卡等硬件设备的压力。

（2）模型轻量化技术。将模型的某些骨架进行删除或简化，降低模型的图元面片数，在不影响整体表达和使用的基础上通过轻量化技术，可大大减少数据量。

（3）缓存生成技术。缓存生成技术是 GIS 中比较普遍采用的一种图形显示手段，在数据导出过程中，可将其生成缓存数据，保存在设定的某一路径下，这样在系统平台中漫游浏览时可大大提高浏览速度。

通过以上几种方法，可有效解决 BIM 模型体量大给平台带来访问压力的问题。当然，对于区域大、特别精细的 BIM 模型数据，还需要进一步研究更科学合理的渲染技术，以保证模型表达损失最小，且效果最好。

2）三维空间数据内外存交换策略技术

地下空间平台包含地上、地下一体化三维场景，加载和使用的空间数据量巨大，用户无法像传统数据处理流程那样将数据一次性载入内存中进行处理。用户在处理数据时往往需要先将一部分数据载入，处理完成之后将数据卸载，再载入新的未处理数据，这一过程称之为内外存交换。设计良好的数据内外存交换模型涉及多线程同步、异步 I/O 等较为复杂的技术问题。传统的三维可视化与应用系统一般基于"同步查询"的数据访问模式，导致这部分工作完全由用户负责完成，且客户端应用程序在等待数据传输的过程中无法进行其他操作。该平台研究实现的三维空间数据内外存交换策略技术主要包括如下几方面：

（1）内外存交换模型设计技术；

（2）引用计数与延迟请求策略技术；

（3）预读判断与缓存算法技术。

3）三维空间数据 I/O 服务器设计技术

I/O 服务器是地下空间平台服务端的重要组成部分，它是应用平台读写空间数据的接口。用户通过空间索引查询到所需的空间数据后，增加相应空间数据的引用计数，空间数据调度模块根据计数器和缓存状态，判断需要从外存载入的数据，在开辟数据缓冲区后将数据请求和缓冲区地址发送给 I/O 服务器，I/O 服务器负责从外存或网络端口中读取所需的数据，数据请求完成后通知请求发送方结束请求处理。因为 I/O 服务器是整个空间数据调度模块中的底层设施，其设计的优劣将直接影响整个系统的性能，所以高性能、伸缩性好、响应性好而且健壮的 I/O 服务器对空间数据引擎的设计实现具有重要意义。

3. 平台功能实现效果

平台涵盖地上、地表、地下等多维动态空间信息，实现城市三维数字模型从地上空间向地下空间的扩展和延伸，具有数字化、网络化、优化决策支持和三维可视化表现等特点。该平台可以为城市规划、建设与管理决策提供直观的数据依据，提升决策的准确性和突发事故的处置效率；平台借助三维 GIS 技术，实现地上、地表、地下全空间的三维显示，解决了城市地下空间的合理维护、信息的多样检索等问题，为城市地下空间的科学管理、规划设计、辅助决策等工作提供服务，实现了对城市地下空间全面的信息化管理。

平台应用场景和主要功能运行效果如下：

（1）地面透明功能。平台采用透明度实时调节方式设置地表影像数据透明参数，直观呈现地面对象与地下数据的空间立体关系，如图 7-3 所示。

图 7-3　地面透明效果图

（2）三维浏览功能。提供地上、地下，室内、室外浏览，使用户能根据不同的需要从不同的三维视角和观察点直观地查看模型，如图 7-4～图 7-6 所示。

图 7-4　地下浏览图

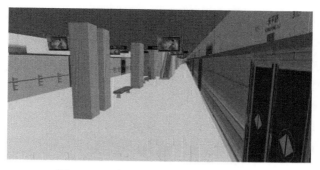

图 7-5　地铁车站 BIM 模型内部浏览图

图 7-6　地下车库 BIM 模型内部浏览图

（3）管线查询功能。提供点击查询管线属性的功能，选择对象为管线时，属性查询页面中显示管线的属性信息；选择对象为管点时，属性查询页面中显示管点的属性信息。

（4）管线统计功能。提供区域统计、条件统计等管线统计功能，使用户能按多种条件统计各类管线数据。统计结果以报表、饼状图、柱状图等多种形式展示，同时提供统计结果的 Excel 报表导出功能。

（5）管线分析功能。管线分析功能的应用包括横断面分析、纵断面分析、开挖分析、水平净距分析、垂直净距分析、流向分析、爆管分析等。生成横断面图便于分析和显示管线的空间位置关系，支持基于断面图的交互查询和三维定位；开挖分析，用于分析道路开挖施工对管线的影响；水平净距、垂直净距应用于分析管线间距是否符合标准规范；流向分析以直观可视化的形式展示雨水、污水、暗渠等排水管线的流向；爆管分析可以分析管线爆管的影响区域，并给出关阀建议。

（6）二、三维 GIS 分析功能。二、三维 GIS 分析功能的应用包括水平距离量测、空间距离量测、空间面积量测等，三维 GIS 分析功能的应用包括垂直距离量测、地表面积量测等。二、三维 GIS 分析功能充分利用了地理信息系统所见即所得的优良特性，可以有效提高工作效率。

（7）BIM 属性查询。提供点击查询 BIM 属性的功能，在场景中点击 BIM 模型，系统实现查询，并将模型属性信息以列表形式列出。

（8）地质服务功能。提供钻孔三维模型生成功能，可根据二维钻孔数据库自动生成三维钻孔模型，并能点击查询钻孔属性信息。根据钻孔模型，可模拟生成三维地质体，实现简单的裁切、剥层分析等功能，如图 7-7 所示。

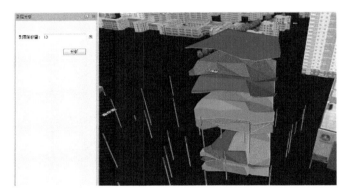

图 7-7　地质体剥层分析功能效果图

（9）地上地下一体化及室内室外一体化管理表达。该平台基于所研究的关键技术，实现了地上场景与地下场景的无缝一体化集成管理与表达，可从地上空间通过地表透明后，快速浏览地下空间场景情况；也可通过开启地下浏览模式，进入地下场景查看有关地下建（构）筑物及其配套附属设施情况，给人一种身临其境的感觉。

BIM 模型包含内部建模，在三维场景中可实现室内室外一体化浏览，室外指 BIM 模型与周边三维地理环境的融合表达，快速了解其所在的位置；室内指视角可从外部场景进入 BIM 模型内部浏览，了解其内部结构，二者无缝衔接，相互补充。

青岛市建设的地下空间平台，不仅可以应用于城市地下空间的二、三维一体可视化管理，亦可以推广至城市规划、应急处置、三维导航等相关领域，还将促进城市空间的地下、地上一体化科学管理体制的建设，推动智慧城市技术的发展与应用。

7.1.3　社会效益

结合该典型工程案例，针对本项目具体研究内容和成果进行了有关实践推广和应用，其效果主要体现在以下几方面：

（1）技术标准编制与示范应用。本项目充分结合典型工程案例，在具体实践当中不断总结研究，编制完成了《青岛市地下空间测绘与信息系统建设技术导则》，一方面满足了典型工程实施的实际要求，另一方面通过总结地下空间数据采集、处理、编绘成图、数据库建立、信息系统建设等技术要求及方法，为地下空间数字化与信息化建设提供了标准规范支撑，促进了地下空间信息的广泛应用，具有深远的社会效益。

（2）关键技术研究成果示范应用。结合典型工程案例，将本项目研究实现的多个关键技术进行了示范应用，形成了可推广的成熟经验模式，对于提升地下空间信息化管理水平具有重要支撑。成果示范应用主要包括以下几方面内容：

①采用"基于 BIM 的地下空间三维模型构建技术"完成了典型工程范围内所有地下空间设施的三维 BIM 模型制作，采用人工和自动化构建相结合的技术方法，实现了地上地下一体化、室内室外一体化场景集成展示与表达，如图 7-8 所示。

图 7-8　典型工程地上地下一体化三维场景图

②采用"地质体 BIM 模型构建技术"完成了典型工程范围内地质体三维模型构建工作，既可以根据钻孔资料自动化生成三维 BIM 地质体模型，也可在信息平台中动态模拟生成地质体三维模型。其中图 7-9 展示了地铁车站周边三维地质体效果，三维地质体剥层分析效果如图 7-10 所示。

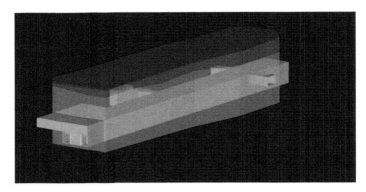

图 7-9   地铁车站周边三维地质体效果图

图 7-10   三维地质体剥层分析效果图

③采用"BIM 与 GIS 融合应用技术"完成了典型工程中地下空间 BIM 模型与地理空间三维大场景的融合，同时基于 GIS 技术实现了对地下空间 BIM 模型的查询、统计和分析功能，从而有效实现了地下空间设施信息在地理空间中的展示与应用。地下空间剖切分析效果具体如图 7-11 所示。

图 7-11   地下空间剖切分析效果图

7.2　武汉市主城区地下空间管理信息系统

近几年来，武汉市对于地下空间的规划与开发也越发重视。由于地下空间工程项目的主体结构位于地下，在进行规划及建设时都需要地下空间信息作为基础支撑，开展空间调查、逐步建立地下空间资源信息化更新维护机制势在必行。根据《武汉市基础测绘发展"十三五"规划》安排，武汉市在"十三五"期间开展武汉市主城区地下空间调查，建立地上地下、二三维地下空间信息数据库，同时搭建综合信息管理平台，为各级政府研究确定地下空间开发利用战略和规划、制定地下空间法制化管理政策提供基础信息。提高武汉市地下空间的统一规划、合理开发及综合管理水平。

7.2.1　案例背景

武汉地处长江中下游平原，江汉平原东部，是国家区域中心城市（华中）、副省级市和湖北省省会，形似一只自西向东的彩蝶。武汉处于优越的中心位置，犹如围棋棋盘上的天元，被誉为中国经济地理的"心脏"。武汉全境面积 8577km²，主城区面积 678km²。武汉水域面积占全市面积的近 1/4，构成了极具特色的滨江、滨湖水生态环境，人均占有地表水量居世界大城市之首，是全世界水资源最丰富的特大城市及中国最大的淡水中心。

武汉市自 2015 年成为全国首批"海绵城市"试点城市以来，对于地下空间的规划与开发也越来越重视，武汉中央商务区（武汉 CBD）已建成武汉市第一个综合管廊系统、光谷中心城的核心部分"地下公共交通走廊及配套工程"也已全线开工。

从 2000 年武汉第一条轨道交通线路开建以来，到目前，武汉轨道交通已建成运营轨道交通 1 号线、2 号线一期、机场线、2 号线南延线、3 号线、4 号线、5 号线、6 号线一期、6 号线二期、7 号线、8 号线一期、8 号线二期、8 号线三期、阳逻线、11 号线东段、11 号线三期葛店段、16 号线、纸坊线、蔡甸线，总运营里程达 486km，车站总数达 300 座（截至 2023 年 12 月）。

武汉有地下三层的地铁站，还有 10 余条已通车或在建的隧道，主要有：①东湖通道，是国内最长城中湖隧道；②武汉长江隧道，又称"万里长江第一隧"；③三阳路长江隧道，是武汉市第一条公路、地铁合用通道，外直径相当于 5 层楼高。

武汉市拥有多家大型地下商业中心，例如汉商武展地下购物中心、汉正街第一大道等。近几年，大型地下商业综合体如雨后春笋般冒出，主要包括：①光谷中心城，地面城市是中国中部科技金融创新中心，地下城市配合地上城市建成面向未来的立体城市，空间之间将互相连通；②武汉 CBD 地下综合体，总量达到 262 万 m^2 的地下空间系统，集地铁站、商业、交通、人防于一体，相当于把香港中环搬到地下。

此外，武汉还建成首座湖底停车场——台北路停车场，提供泊位 365 个，该停车场出入不必取、刷卡，入场后智能引导寻找空车位，被誉为武汉"最智能"的停车场。

由于地下空间工程项目的主体结构位于地下，在进行规划及建设时都需要地下空间信息作为基础支撑，有必要建立地上地下、二三维地下空间信息数据库，同时搭建综合信息管理平台，为地下空间开发利用战略和规划、制定地下空间法制化管理政策提供基础信息。

7.2.2   武汉市主城区地下空间管理信息系统介绍

1. 项目范围

本项目的地下空间数据建库范围覆盖武汉市主城区共 $678km^2$，但不包括部队及其他重要机关、涉密单位管理区域。

2. 项目目标

平台建设工作以地下空间及其附属设施的现状资料为基础，以属性调查、测绘为数据来源手段，以查明其属性信息及空间信息为目标，最终建立统一规范的地下空间信息数据库与数据管理系统，实现地下空间管理的信息化、标准化，主要任务有：

（1）实现地下空间数据时空关联的智能化全生命周期管理与分析应用。本项目研发的多个子系统，共同为多源、多尺度与多时序地下空间大数据"生产过程管理、数据质量检查、数据归档、数据编辑处理、数据转换入库、数据服务创建、数据更新维护、数据集成共享到分析应用"提供了一揽子的完整智能解决方案，从地下空间实体对象时空演变与管理应用等多角度实现地下空间数据全生命周期的管理与分析利用。

（2）对服务和应用层进行离散化、通用化、模块化和组件化划分，快速搭建应用系统，大大提高了平台创建与管理效率，让用户可以从数据源、数据展示、要素操作、功能拓展、用户权限等方面根据自己个性化需要，对定制的应用系统进行自扩展维护。

（3）实现对地下空间项目立项、规划、审批、施工建设、监管等全过程的实时动态数据的集成化管理，为地下空间的集约化合理规划、精确设计提供数据支撑，协同、协调多部门的审批和监管，为安全对比分析、事故应急管理、防灾救灾提供全面的信息决策。

3. 项目建设内容

本项目提出"三库+一平台"的总体架构，其中"三库"是指二维地下空间专题库、三维地下空间模型库、地下空间实景库，内容涵盖地上地下、室内室外、二维三维数据信息，并配套相关的数据采集、绘制、处理、检查、发布一系列环节的软件，"三库"是平台展示的数据基础；"一平台"是武汉市城市地下空间实景三维数据交互系统，主要用于提供包括轨道交通线网安全保护区"一张图"、专题数据管理、保护区内项目审查、监护信息管理等业务管理信息系统，以及各种空间数据、非空间数据的 Web Service 接口。项目总体架构如图 7-12 所示。

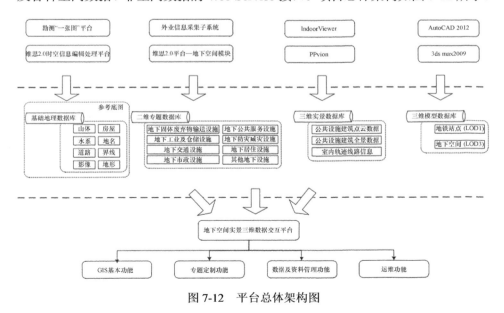

图 7-12　平台总体架构图

4. 外业信息采集系统（安卓版）简介

1）技术原理

近年来，计算机硬件技术、无线通信及互联网技术飞速发展，移动 GIS 是发展的一个重要方向。移动 GIS 可分为在线式和离线式，在线式移动 GIS 是将各类数据存储在服务器端，通过无线互联技术与服务器进行数据交换；而离线式移动 GIS 则是将 GIS 数据存放到移动智能终端上，对 GIS 数据的管理、分享、显示、查询都是在本地完成。由于数据涉密等因素，本项目采用离线式移动 GIS。本项目针对空间信息数据库建设、移动端瓦片地图、多线程和缓冲技术、可视化技术、人机交互、GNSS 技术、LBS 技术、地图投影、地图匹配、自动注记等进行了自主研发，形成了具有自主知识产权的移动端应用 APP。

2）总体构架

外业信息采集系统（安卓版）采用完全单机架构，系统结构图如图 7-13 所示。

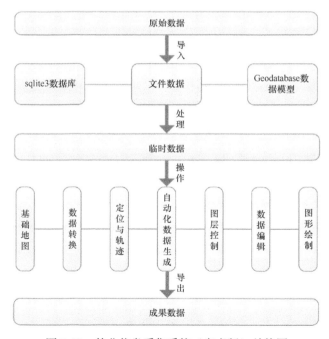

图 7-13   外业信息采集系统（安卓版）结构图

3）系统功能

系统主要功能如表 7-2 所示。

表 7-2　外业信息采集系统（安卓版）系统主要功能表

序号	模块名称	功能名称	功能描述
1	地图浏览	平移缩放	平移缩放
		定位	定位
		面积测量	面积测量
		距离测量	距离测量
2	绘图及编辑功能	绘制分层范围	绘制分层面
		绘制出入口	绘制出入口
		绘制连接通道	绘制连接通道
		绘制地下轨道交通线路通线路	绘制地下轨道交通线路
		绘制地下停车场	绘制地下停车场
		绘制附属物设施	绘制附属物设施
		绘制建筑物高程点	绘制建筑物高程点
		绘制最外轮廓线	绘制最外轮廓线
3	其他	图层控制	勾选想要查看的图层
		分层控制	勾选想要查看的分层
		轨迹记录	记录作业人员作业轨迹
		数据导出	以 Excel 的形式导出数据
		数据配置	配置底图和基础数据
		版本更新	检查版本更新
		错误收集	错误收集

5. 内业数据处理子系统（维思版）简介

1）维思平台简介

维思 3.0 采编图库检一体化生产管理平台是武汉市测绘研究院组织全院力量，历经维思 1.0、维思 2.0 之后，经过近两年的时间通过科技创新、流程再造、标准重构和机制优化，打造的涵盖"外业采集、内业生产、数据建库、质量检查、成果更新、资料归档、服务发布"于一体的测绘生产管理平台，解决了生产体系不够高效的问题，实现了数据智能采集和生产管理。生产平台由外业采集平台和内业生产平台构成，外业采集平台在平板或者手机上部署，负责接收 RTK、全站仪等外业采集设备的数据，生成和编辑点、线、面等空间数据（含属性），为内业生产提供数据源；内业生产平台在电脑或服务器上部署，加载外业采集数据，开展基于倾斜三维模型的立体采集，利用地形、管线、工程等数据，生产报建、竣工、地籍等专业工程数据，并开展数据检查，输出工程图件及报告，进一步更新维护地形、管线、基础实体、工程实体等核心数据库，目前包含十二个测绘专业模块。

2）系统功能

系统主要功能如表 7-3 所示。

表 7-3　内业数据处理子系统（维思版）主要功能表

序号	模块名称	功能名称	功能描述
1	数据转换功能	属性挂接	将同一个目录下按项目编码命名的（*.DWG）过程数据转换成带属性的维思 2.0 数据
		图层对应	地层："UD1, UD2, UD3, …, UD1 夹, UD2 夹, UD3 夹, …."层中的数据被转换成标准图层中的*_R_UD1, *_R_UD2, *_R_UD3, …, UD1 夹, *_R_UD2 夹, *_R_UD3 夹, …层中
		大类编码对应	最大范围线表格中的大类编码为该项目图层中的大类编码
		属性对应	DWG 文件中图层与表格中的属性对应
2	绘图及编辑功能	绘制分层面	绘制分层面
		绘制出入口	绘制出入口
		绘制连接通道	绘制连接通道
		绘制地下轨道交通线路	绘制地下轨道交通线路
		属性编辑功能	在绘制完成各要素或选择弹出对应的属性编辑框，以便对其进行属性录入或修改
3	数据检查功能	外业成果规范性检查	检查所提交的 CAD 图的命名是否合理
		检查表格中的项目编码命名是否合理	检查项目编码应以"UA"开头,名称中只能包含"UA" "—"以及数字
		检查必填属性以及图形和属性是否挂接	检查必填属性是否为空，检查图形和属性是否挂接成功
		属性关联正确性检查	属性关联的地物（项目编号、所在地层一致、地下建筑层数），其平面图形也应有包含关系，如包含关系与属性关联不一致，则认为属性关系不正确
		属性结构完整性检查	检查各项属性结构是否符合数据标准要求
		地下空间项目编码唯一性及规范性检查	所有的项目最外轮廓面的项目编码必须唯一，编码规则是否符合数据标准规定，项目编码按字母 U+9 位规划单元编号+4 位流水号编号，是否 U 开头，是否为 14 位
		属性内容合理性和规范性检查	检查必填属性是否为空，是否为指定枚举值，是否在指定的值域范围内
		属性结构完整性检查	检查各项属性结构是否符合数据标准要求

6. 地下空间实景三维采集与建库简介

1）地下空间实景三维采集的难点

城市地下空间具有其独特的结构特征，现有测量技术手段往往遇到很多瓶颈，主要有：

（1）城市地下空间结构复杂，有地下停车场、地下通道、地下商场等，每种地下空间的结构复杂，且内部结构不规整，一些地下空间属于异形结构，传统测量技术手段难以完成测量。采用传统的技术手段进行地下空间测量，非常难以一次性获取整体的地下空间数据，往往需要多种技术手段结合使用，还容易遗漏一些区域，操作过程也是十分复杂。

（2）在进行地下空间测量过程中，难以依赖 GNSS 导航定位信号。

（3）无论是公众开放地下空间还是非开放地下空间，可供测量的时间有限。对于地下商场、停车场等公众开放空间，在营业时间人流密集，人群、车辆等可移动物对各种手段的测量方式，影响都很大，只能选择人群稀少或者夜晚进行，作业时间极其有限。对于人防工程、地铁站台空间、地下市政设施等非开放空间，每次测量都需得到管理部门许可后实施。因此，城市地下空间测量必须要求测量手段简单快捷，测量速度快，效率高。

2）地下空间实景三维采集的关键技术

（1）基于 SLAM 的城市地下空间数据采集技术。SLAM 的全称为同步定位与制图，与传统测绘或者扫描最大的区别在于，它不需要位置服务，也不需要测量基准，它是靠扫描周边的环境进行自身定位，同时靠连续匹配周边环境特征，从而生成高精度三维数据。基于 SLAM 的城市地下空间三维数据采集技术将激光扫描技术与移动测量技术的优势相结合，形成一项全新的三维移动测量技术。该技术通过激光点云扫描所在环境的特征点，通过特征点来反算扫描机器所在的位置，实现在没有 GNSS 信号和复杂惯性导航系统的环境下，仅依靠设备自身配置的简单惯性测量装置，使用 SLAM 算法来实现同步定位与制图的目的，有效解决了地下空间难以直接使用导航信号辅助测量的难题，实现城市地下空间数据的快速、便捷、低成本的采集。

（2）全景影像与激光点云同步采集与匹配的关键技术。移动推扫系统作为获取三维空间数据的重要手段，能够快速、准确、大量地获得物体的空间几何信息，而高分辨率数码相机能够得到高质量的二维纹理数据，两者对目标的描述具有互补性。这两者的结合可生成精确、真实的三维世界，为虚拟三维环境的构建提供了很好的数据支撑。因此，激光扫描点云与光学影像这两种数据的融合处理在三维建模、地物识别、虚拟场景可视化等方面具有非常重要的意义。SLAM 移动测量，对点云与相机匹配有更高的要求，二者必须在移动中有精准的姿态匹配，才能保证点云的色彩精度以及建模的纹理。在原始姿态数据的基础上，采取了用 SLAM 对空间姿态数据进行优化的算法，原始姿态和优化后的姿态都可以输出，任意一个激光头的数据，和全景的影像数据，都可以独立输出精准的姿态数据，在此基础上，可以在随机或者任意第三方软件中，将影像和点云进行匹配，可以同步显示，也可以独立显示。

（3）SLAM 移动扫描中的连续特征匹配关键技术。地下空间的 3D SLAM 算法要关心连续的特征匹配，必须经过 POS 精算，闭合环检测和连续特征匹配的高精度算法，才可以保证数据的动拼接（直接计算完整三维激光点云，无须人工拼接），才可以保证厘米级精度。

3）采集设备

经过多种扫描设备对比，研究决定选用某品牌的三维移动扫描系统，设备如图 7-14 所示。该设备是基于计算机视觉的应用，集成了 6 个高分辨率、3 个高精度扫描头，以及多种传感器于一体，设备主要参数如表设备主要参数所示。该系统包括动态测量部分和静态纠正部分，动态测量部分由线阵激光扫描仪、高精度 IMU 和里程计等传感器高度集成，安装在轻便的移动平台上，在移动过程中快速获取地下空间三维点云信息；静态纠正部分由一系列三维空间合作标靶组成，根据一定原则分布在地下空间中，其作用相当于控制点组合，对移动测量系统获取数据进行位置和姿态纠正。我们利用该设备进行了扫描测试，试验结果表明，该设备经过简单的培训就可以一个人操作，每小时采集数据高达 $2000m^2$ 的室内高分辨率图像及点云数据。该设备可以有效地解决复杂地下空间、异形结构、碎部结构测量的问题，以及地下空间难以直接使用 GNSS 信号辅助测量的难题，且其扫描效率是传统测量手段和静态激光扫描效率的数倍，可有效利用许可作业时间。

采集设备主要参数如表 7-4 所示。

4）外业推扫采集

使用移动推扫系统进行测量工作时，其操作步骤包含制定计划、外业采集和内业数据处理三部分，主要工作流程如图 7-15 所示。

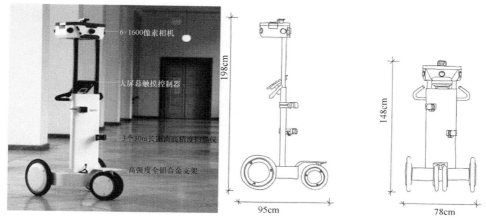

图 7-14　采集设备外形结构及尺寸

表 7-4　采集设备主要参数

相机		激光扫描仪	
相机数量	6	扫描仪数量	3
相机分辨率	6×1600 万像素	水平方向视角	270°
镜头尺寸	微型 4/3　17.2×13.0mm	角度分辨率	0.25°
焦点	固定焦距	旋转频率	40Hz
透镜	鱼眼镜头 7.5mm	扫描范围	30
数据输出		激光安全等级	1 级
图像格式	JPEG	每秒扫描点数	43200（1080×40）
实景分辨率	3200 万像素（拼接后）	数据属性	
点云密度	5mm	原始采集数据	2.5GB/1000m²
点云格式	LAS，PLY，PTS，XYZ	处理结果数据	1GB/1000m²
其他输出	2D/2.5D 地图 导航节点图，Wi-Fi 指纹库	在线测量精度	<100m　20～30mm >100m 取决于闭环条件

（1）搜集资料。尽量地收集要扫描区域的室内平面图、竣工图、消防逃生图等资料。

（2）踏勘现场，制定作业方案。了解现场的工作环境，检查灯光照明设备是否能正常工作，出入口是否能满足设备的进出，针对需要测量的地下空间走向、拐点位置、空间大小等进行分析，对现场的地形、交通等进行了解，然后根据扫描对象的空间分布、形态和扫描需要的精度，以及分辨率进行扫描作业方案设计，选定推扫式扫描车起点位置和站数。

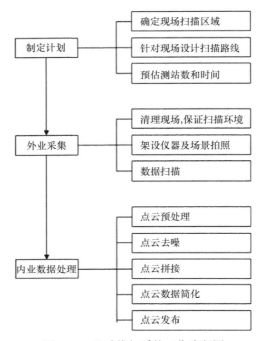

图 7-15 移动推扫系统工作流程图

（3）扫描准备。该工作主要包括：确保采集数据区域工作时不能有人或者很少的人；确保光线充足，以取得最佳的图片效果，但是避免在日出或日落的时候。

（4）扫描站点布设。合理的布置扫描站点位置既可以减少工作量、减少数据冗余，又可以得到拼接精度高的整体点云模型。扫描站点的布设需要考虑的因素有：①尽量选择在平坦、稳定的地方，尽量避免如车辆、行人等外界因素的干扰；②在选择扫描路线的时候，相邻扫描路线的距离不大于扫描仪的最佳工作范围；③为了保证点云数据的完整性和实现不同测站之间点云数据的配准，要求相邻扫描站点之间保证 10%～20% 左右的重叠度。重叠度也并非越大越好；④对于极其相似且很难找到同名点的环境中，在两个不同测站上，应保证至少有三个不位于一条直线上的公共标靶；如果有四个标靶，则应保证它们不位于同一平面上。

（5）扫描前划分网格，每个区域单独扫描；设计最经济路线。

（6）移动扫描。①检查 6 个镜头盖是否全部取下，外业采集前要清洁全景镜头；②组装好设备后，静置在平坦的空地上，进行开机自检，并校准惯导，如图 7-16 所示；③惯导校准完成后，新建工程进行扫描，为保证高精度的扫描数据成果，请缓慢移动并紧跟移动扫描系统，并且紧紧跟进。保持与周边环境最少 1m 的空间，但请勿距离太远，因为远距离会降低细节程度。在推扫的过程中，保证在空间的正中行走。④在大型开阔空间扫描时，按规划路线行走，就不会丢失参照点。闭环路线可以保证数据质量更佳。拐角处要详细扫描，以获得高质量点云。楼梯附近地区要格外认真扫描。点云中精确的楼梯数据在之后进行的校准过程中非常重要，需左右来回轻轻推动移动扫描系统。如果门太窄，应先结束本次数据集，收起移动扫描系统顶部以适应门高，通过门后再恢复到常规尺寸，重新开始扫描。当通过镜子等反射面时，尽量调整角度，避免将自己拍入。在推扫的过程中，不要旋转太快，保证每秒 0.5m 的速度推进。按照计划的采集路线，进行数据采集，对于重点区域，来回多次进行点云和影像的采集。

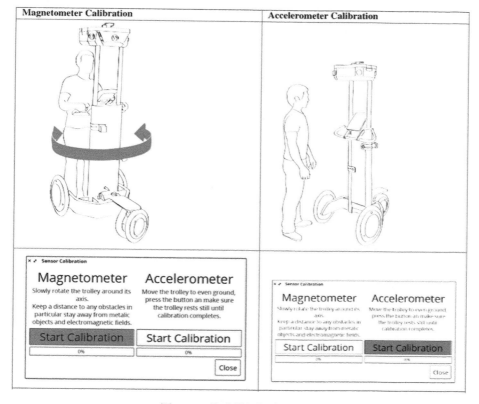

图 7-16　校准惯导操作示意图

（7）每天外业数据采集结束后，将车上的数据拷贝到内业处理电脑，拷贝时检查数据完整性。每天必须按计划完成任务，并将周计划落实到天。

（8）外业采集完成须建立工程轨迹图、外业记录表描述内容为工程起止时间、工程采集路名、工程采集工程名、遇到问题、责任人等。

5）内业数据处理

三维激光扫描系统获得的点云数据量非常庞大，所以内业数据处理是一项非常复杂的工作。首先要对初始的数据进行前期的加工处理，包括检查点云数据的完整性和一致性，一般采集的点云数据都会含有各种各样的噪声，需要对点云数据进行去噪及平滑处理；由于可能存在扫描盲区，造成数据缺失，因此要对丢失的点云数据模型进行孔洞的修补；还有要对点云数据进行精简，如过滤压缩等。预处理之后，就可以三维建模，以及建模后期对构建的模型进行相关的如渲染、模型烘焙等后期处理。数据处理的流程如图 7-17 所示。

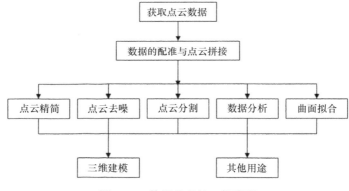

图 7-17   数据处理的一般流程

（1）点云拼接。两幅扫描点云数据之间的拼接，其实质就是指两个坐标系之间的转换。拼接的原理类似于数学上的映射，其本质就是找两个点云数据集之间的对应关系，通过使用 3×3 的旋转矩阵（R）和三维平移向量（T）来进行表达，其实就是寻找两幅点云若干组对应的特征如标靶或者公共特征点，通过这些特征来解算 R 和 T。对于点云数据的拼接方法有很多，其中迭代最近点（iterative closest point，ICP）算法由于精度较高，并且扫描过程中不再需要反射体使得扫描更加方便，在点云配准中应用相当广泛。算法最初是由 Besl 和 McKay 提出的，是一种基于最小二乘法的最优匹配的迭代计算方法，其原意是一种迭代最近点的匹配算法，后来慢慢被广泛理解为迭代对应点的匹配算法，其通过反复"确定对应关系点集并计算最优刚体变换"的过程，直到表示某个正确匹配的收敛准则得到了满足。

（2）点云去噪。受限于仪器本身的精度、考虑到实际进行的测量目标时的反射情况、测站的布设，以及气温环境等影响下，采集的点云数据或多或少地含有噪声，为了消除这些不利因素对后期建模的影响，需要对数据进行去噪处理，针对点云数据去噪的工作主要有对孔洞进行修补填充、探寻孤立点并删除、消除噪声，以及数据偏差纠正等。非理想状态下，点云数据总是会存在噪声点，一般来讲被扫描物体的表面形状、粗糙程度、材质，以及颜色等因素是产生噪声的主要原因。如被扫描对象的表面较灰暗，以及目标物体的材质反射光信号较弱等就很容易产生噪声。对于在扫描过程中出现的偶然误差，如有行人通过遮挡了部分激光束造成了一定的坏点等，应该过滤或者删除。此外移动推扫系统本身会引起误差，一些扫描测量设备受外界干预比较灵敏，这些系统误差和随机误差也是噪声点产生的原因之一。

（3）点云精简。通过三维激光扫描仪采集的数据采样精度较高，数据量比较大，本项目使用的设备能达到毫米的精度，高精度的数据采样能满足模型的要求和对目标物体的详细表述，但是有时采样点过分密集造成数据量偏大，对数据处理相关的软硬件的要求比较高，处理速度缓慢。因此对物体建模时，要对数据按照一定的准则进行数据的精简压缩处理。

根据对模型分辨率的不同要求，采取不同的精简方法。通常情况下，在三维建模前需要对散乱的复杂整体点云进行分割，采用"分割—拼接"先后结合的思想。点云分割是根据物体表面曲面的子曲面类型，对初始点云数据进行分割，划分到不同的子集中，这些子集由属于同种曲面类型的数据点组成。从而把复杂海量的数据处理问题简单化、方便化，因此分割不同区域中的点云是曲面重建的主要步骤。目前许多点云数据处理软件主要依靠人工分割点云数据为主，因而分割的工作量非常大。

（4）数据发布。实景三维完全真实展现室内空间每一个地方和部件，增加了连续的实景三维影像，并通过开放的软件与基于 GIS 的行业应用进行无缝集成，从而给用户提供了具有丰富环境信息和立面信息的实景可视化环境，有效地支持了管理和决策等高级应用。

地下空间实景三维的发布系统是基于 HTML5 技术，包括属性标记，POI 热点标记等所有工作都基于网络同时处理。通过二次开发，实现室内室外联动一体化，快速展现扫描成果，可以同时在手机、平板、电脑上展现，不受 iOS、Android 和 Windows 的限制。

7. 地下空间成果交互平台

根据项目建设目标以及建设内容，武汉市地下空间成果交互平台的总体框架分为四层：基础环境层、数据资源层、应用支撑层、应用层，各层之间相对独立，层中各功能和业务应用以组件的方式开发，如图 7-18 所示。

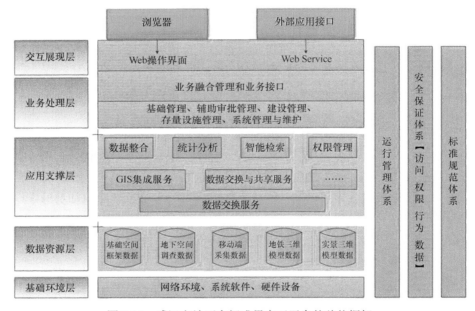

图 7-18　武汉市地下空间成果交互平台的总体框架

地下空间成果交互平台采取 B/S 架构，整个系统包括 GIS 基本功能、专题功能、地下空间资料管理、运维管理四部分内容。系统在.Net 框架下，采用基于 SOA 的 B/S 结构搭建，集成 GIS 技术、Web Service 技术、AJAX 技术、JS 脚本技术，在 Microsoft Visual Studio 2010 开发环境下用 C#开发语言开发。GIS 平台使用 ArcGIS Server，调用 ArcGIS Server API for JavaScript 实现系统中地图访问和 GIS 相关功能；使用频率较高的应用分析功能，系统使用 Web Service 方式完成。平台以 XML 作为中间数据交换格式，以实现数据的共享，为信息的接收、处理、发布提供及时、高效的信息和技术服务支撑。数据库平台采用 SQL SERVER 2008R2，系统调用.NET 框架下读取 SQL SERVER 数据库的客户端插件完成数据的读取和写入。另外，系统提供了 AutoCAD 交互接口，完成 CAD 文件的导入、对比与分析等功能。

7.2.3　项目主要成果及创新

1. 项目主要成果

项目于 2017 年启动，历经 3 年于 2019 年完成。项目建立了健全的质量管理网络，确保项目按照质量管理体系有效运行，严格执行规程、细则和程序。项目负责人对每道工序的质量把关，每一环节始终处于"受控"状态，从而保证项目的质量。项目完成的主要成果如表 7-5 所示。

表 7-5　项目主要成果表

序号	成果	子类成果	成果说明
1	武汉市地下空间管理信息系统开发	武汉市城市地下空间调查外业信息采集系统开发	实现 Android 移动端外业采集： （1）正确读取 geodatabase 格式文件； （2）具备显示、缩放、漫游、量测等地图浏览功能； （3）具备要素增加、修改、删除、编辑等功能； （4）记录并导出移动轨迹； （5）要素图层开关控制； （6）对要素进行拍照保存； （7）能够下载离线工作底图，在无网络连接的情况下进行采集
		武汉市城市地下空间调查内业数据处理系统开发	实现 PC 端内业数据处理： （1）具备地下空间要素的内业处理、图形与属性信息的规范性检查功能； （2）具备地下空间要素的显示、浏览、查询、搜索、定位等功能； （3）具备统计、属性录入、编辑、修改、删除等功能； （4）具备地下空间要素的文件资料（包括 CAD 文件）在线预览，借阅，下载，上传等功能； （5）具备自定义统计报表输出，EXCEL 下载等功能
		武汉市城市地下空间实景三维数据交互系统开发	实现地理空间框架数据和地下空间要素的集成调度和展示： （1）可对地下空间要素进行多图层空间及属性查询、统计分析； （2）实现三维地下空间模型的接入集成，二维平面数据和实景三维模型的联动浏览功能
2	武汉市地下空间三维模型采集与制作	实景三维模型采集	重点地下公共建筑三维点云模型数据，约 40 万方： （1）所有模型以 LAS 格式提交； （2）采集高密度高精度真彩色点云和超高清全景影像，进行无缝集成，提供地下空间实景三维数据
		三维 Max 模型制作	（1）武汉市三环线内约 10000 个地下空间外框模型制作（不包含纹理及内部空间构造）； （2）地铁 2、3、4、6、7、8（一期）、21 号线共计 107 个站点精细模型制作，能精确准确表达各地铁站地下内部结构及地上出站口情况，模型以 max 成果形式提交，并集成进入三维系统平台

序号	成果	子类成果	成果说明
3	武汉市地下空间要素数据库建设	数据库设计	（1）概念设计：包含地下固体废弃物输送设施、地下公共服务设施、地下工业及仓储设施、地下防灾减灾设施、地下交通设施、地下居住设施、地下市政设施 7 大类要素以及属性结构； （2）逻辑设计：确定同类要素之间的关联方式以及不同类要素之间的关联方式； （3）物理设计：数据库格式为 Geodatabase 格式数据库文件
		数据库检查	（1）调查成果入库数据进行数据文件完整性检查； （2）调查成果入库数据进行逻辑一致性检查； （3）调查成果入库数据进行属性和图层正确性检查； （4）改正和剔除错误数据，保证数据的正确性
		数据库导入	外业采集数据转换为标准的数据库格式，并导入到成果数据库中，为武汉市地下空间调查数据管理信息系统提供数据源

2. 项目技术创新

项目不仅如期保质保量完成了相关任务，还进行了相应的技术创新：

（1）形成了一套完整的地下空间数据调查、数据建库、数据展示和数据管理的模式。本项目在武汉市统一的地理空间框架基础上，形成了一套完整的地下空间数据管理的解决方案，从数据调查，整理建库，再到最后的成果展示和维护更新，将全市 2017～2019 年调查的主城区下空间项目的成果空间化、组织化和模型化的进行数据库建设，实现了地下空间项目的集成化、空间化、可视化管理，摸清了全市主城区的地下空间设施的现状，增强了展示的全面性。针对所有的调查档案资料和现场照片，也分别进行了建库管理，不仅可申请下载，更支持文件在线预览，极大地提高了地下空间项目管理的便捷性。

（2）优化了多源数据的集成和表达效果。该平台不仅集成了地下空间调查的平面数据，更结合当下的三维建模技术，建立了精细化轨道交通和简易化地下项目的三维模型，采用 M3 三维激光推扫系统建立了重点地下空间项目的室内场景模型，丰富了地下空间项目内容的表达，对地下要素和室内要素的表达有一定的示范和推广作用。

7.3　天津市地下空间精细化管理示范区建设项目

7.3.1　案例背景

住房和城乡建设部 2016 年 5 月 25 日发布的《城市地下空间开发利用"十

三五"规划》明确了推进地下空间普查和地下空间地理信息系统建设的主要任务。天津市地下空间规划管理部门前期完成了天津市地下空间调查，奠定了数据基础，探索建立了天津市地下空间普查模式，为城市地下空间规划管理提供支撑，并逐步将地下空间规划、规划许可、权属管理等纳入统一管理平台，建立了地下空间管理信息共享机制，促进实现城市地下空间数字化管理，提升城市地下空间管理标准化、信息化、精细化水平。

同时，以党的十九大精神为指导，天津市深入实施"美丽天津"建设，把党的十九大描绘的蓝图变成现实。城市地下空间安全是美丽天津和安全天津的重要组成部分。在此背景下，十分有必要实现全市地下空间信息的集中统一管理，并实现信息动态更新和信息共享，以此保证地下空间信息的完整性和真实性，从而更好地为美丽天津建设提供强有力的城市地下空间信息支撑。根据天津市国土空间规划和建设项目管理服务的新形势，天津市地下空间规划管理部门开展了地下空间典型示范区精细化管理系统的建设工作。

通过综合分析当前所掌握的地下空间数据现状，文化中心作为天津市规模最大的公共文化设施，与公益文化场所、城市公园、市民休闲中心、青少年活动场所为一体，涉及到的地下空间数据较全面、数据精度较高、完整性较强，具有明显的数据优势，因此，本项目选定天津市文化中心作为本次地下空间精细化管理示范区进行建设。本项目划定的具体建设范围北至乐园道—围堤道—广东路、南至平江道、西至越秀路、东至尖山路，涉及面积约 1.82km^2。

7.3.2　天津市地下空间精细化管理示范区建设项目介绍

按照相关规定和市委、市政府领导的指示要求，为地下空间信息精细化管理做探索，对地下空间信息的综合应用服务先行先试，提出开展地下空间精细化管理示范区建设工作，建设目标是：加强地下空间利用与地面和地上的衔接，细化地下空间的信息管理，延伸至城市精细化管理，打造更全、更准、更精细的地下空间信息管理方式，充分展示地下空间各类数据，加强天津市地下空间信息对外服务的管理水平及能力。

按照有关要求，该平台主要包含以下建设内容：

（1）地下管线数据详测。详测乐园道地下管线数据，并详测道路两侧至小区边界处的 1∶500 地形图。管线测至道路两侧小区边界处，连接到小区内管线设施。确保管线数据的完整、详实、拓扑关系正确、可以连接至各管线设施。

（2）地下建（构）筑物调查。进行地下建筑物属性调查，包括权属、建筑名称、建筑层数、地下总层数、用途、门牌号、停车场类型、车位数、出入口数量、所属街道、所属行政区域、地址、商户数等。

（3）地下空间三维建模。生成示范区范围内的地下建（构）筑物三维模型，重点建设地下商业街、地下停车场、地铁站设施，精细到每个商户、停车位、闸机、出入口等进行单体化建模，并做好地下建筑物属性信息建库。

（4）精细化管理系统建设。运用当前先进的三维仿真技术和建模技术，构建重点区域的精细化模型，建设地下三维场景，实现地下空间信息的精准管理，包括地下管线、地下建筑物、地下车位、地铁站等。对地下空间现状信息、规划审批信息、竣工信息、权属信息、档案信息等，实现现状和规划的一体化管理，并融合地上的地形图、影像图、道路数据、地名数据等，实现地上和地下的一体化管理。

1. 基础平台选型

1）选型指标

（1）由于地下空间数据的涉密性，基础平台应为国内厂商完全自研产品，自主可控。

（2）平台采用 B/S 架构在物理隔绝的内网环境部署，部署更新应简单方便，客户端不用安装插件。

（3）能在国产软硬件的信创环境中部署运行。

（4）能对地上、地表、地下、过去、现在、未来、室内、室外等多维度多来源的时空数据进行一体化管理。

（5）支持地下综合管线、地质钻孔数据在可视化的时候由远及近从二维到三维的自动切换，以提升数据加载和渲染的性能。

（6）支持地下综合管线和地质钻孔三维模型的实时自动建模，以降低二三维数据同步维护的成本。

2）选型结论

星际空间（天津）科技发展有限公司自主研发的多维时空信息管理服务基础平台（StarGIS Earth）是完全从底层自主研发的地理信息基础平台，能够对多维多源异构时空数据进行一体化的管理，并且与国产软硬件进行了广泛的兼容适配，能够利用 WebGL 技术实现跨平台的无插件化三维渲染，性能强、效果好，采用低维几何特征和语义特征相结合的方式管理地下综合管线和地质钻孔数据，能够实时自动构造三维模型，并灵活有效地控制二三维可视化形式。该平台能够很好地满足本项目技术需求，故选用该平台。

2. 系统架构设计

本系统采用 B/S 架构，数据库采用分布式部署，数据服务采用集群部署，数据库与服务平台分别部署在不同的服务器上，整体采用前后端分离的技术架构，降低耦合度，易于系统的扩展。

系统从逻辑上划分为设施层、数据层、平台层、应用层。设施层要兼容国产服务器、操作系统、数据库和中间件；数据层包括四大时空数据库，涵盖地上、地表、地下、过去、现在、未来、室内、室外，为分析决策提供精细详实的数据基础；平台层采用星际空间自主研发的多维时空信息管理服务基础平台，其中多维时空数据一体化管理引擎负责时空数据的统一组织和管理，高并发高吞吐量服务引擎负责发布切片数据服务、矢量数据服务，以及空间分析服务，多维时空数据融合渲染引擎采用 WebGL 技术实现数据的融合渲染和交互应用；应用层利用服务接口和开发包进行定制化功能的二次开发。系统的总体架构如图 7-19 所示，具体功能描述详见表 7-6。

3. 核心技术

该项目的建设目标是探索地下空间信息精细化管理的方法，重点研究多源异构时空数据一体化管理技术、实现地上、地表、地下、过去、现在、未来、室内、室外等多维度时空数据的融合应用，为地下空间的规划和管理工作提供信息化技术的支撑。

1）城市时空一体化信息模型

城市时空信息数据涵盖了二维栅格、二维矢量、三维地形、三维模型、三维点云、倾斜摄影测量、全景、BIM 等各类不同尺度、不同结构的具有空间信息的数据及其历史和规划等具有时态信息的数据。定义一体化的时空实体对象模型就是对城市时空信息数据从空间形态和时间状态上进行抽象，并建立统一的组织结构和管理方式。本项目构建的时空实体对象模型依托分布式数据库系统进行建模并创建索引，可支持城市级以上的海量数据存储和并行分析，实现了地上、地表、地下、过去、现在、未来、室内、室外等多维度数据的一体化管理和高效应用。

图 7-19　系统总体架构图

表 7-6　地下空间精细化管理系统主要功能表

序号	模块名称	功能名称	功能描述
1	快捷操作	漫游模式	运用鼠标对场景进行平移和旋转
		二维模式	锁定相机姿态，一直垂直俯视当前场景
		拾取查询	根据设定图层，点击对象，高亮并显示相应结果
		透明度设置	使场景中的图层按照设置的透明度显示
		清除	清除场景中的所有分析辅助要素：量测、图形、高亮等
2	场景交互	直线量测	测量两点间或多点间的空间直线距离，并标注结果
		水平量测	测量两点投影到 XY 平面上的两点间的距离，可以连续测量多点并标注结果
		垂直量测	测量两点之间在 Z 轴上的垂直距离，并标注结果
		面试量测	测量绘制范围投影到 XY 平面上的面积，并标注结果

续表

序号	模块名称	功能名称	功能描述
2	场景交互	视图书签	用于记录常用位置,实现场景保存,实现该位置的定位。记录用户感兴趣的区域范围,所有保存的书签以图片的形式形成列表,左键双击书签可以进行书签定位
		动画导航	设定多个视点的位置和姿态,并设置视点之间的漫游速度,实现在场景中自动漫游
		高清出图	对当前的场景进行高清出图。可设定出图的宽度、高度以及出图路径;将当前场景以高清图片的形式保存在本地
		管点标注	将所选的管点的属性信息标注在场景中
		管线标注	将所选的管线的属性信息标注在场景中
		埋深标注	将所选的管线的埋深信息标注在场景中
		坐标标注	将点击位置的坐标标注在场景中
		图层树	以树状形式分层分组罗列场景中加载的图层,并控制每个图层的显隐
3	查询统计	坐标定位	将场景位置显示在输入的 x、y 坐标的位置
		地名定位	根据选择的地名,查询显示出目标地址,并定位至目标地址
		道路定位	根据输入的道路信息,查询显示出目标道路,并定位至该处
		交叉口定位	输入第一条道路,选择第二条与第一条交叉的道路,查询显示出目标,并定位至该处
		属性查询	指定的图层条件和要素的搜索条件,查询出要素列表,双击可定位至该处
		空间查询	根据设定的搜索图层和空间条件,查询出要素列表,高亮符合条件的要素并定位
		综合查询	通过属性值及空间条件查询出要素列表,双击可定位至该处
		综合统计	对指定图层,通过属性字段设置和空间范围设置进行统计
4	管线服务	管线查询	指定管线图层和属性信息的搜索条件,查询出要素列表,双击可定位至该处
		管线统计	指定管线图层和属性字段的统计条件,生成统计图
		净距分析	分析两管线之间水平净距和垂直净距,水平净距是分析水平方向的距离是否符合管线设计规范,垂直净距分析又称竖向分析,主要是分析管线交点处上下层管线的垂直方向的间距是否符合管线设计规范
		横断面分析	生成同一断面里各种管线之间、管线与地面之间竖向关系的管线图
		纵断面分析	生成沿管线的竖向剖面图
		覆土分析	分析选定管线的覆土深度是否符合管线设计规范
		流向分析	根据自流管线前点和后点的高程值或方向字段,分析该管线的流向
		爆管分析	搜索与爆管点相关联的所有阀门
		开挖分析	指定开挖范围和深度,查询并展现开挖后可见的管线

序号	模块名称	功能名称	功能描述
4	管线服务	智能选线分析	根据管线现状数据以及规划等数据，绘制一条管线，利用管线标准净距缓冲范围、道路线与退线的范围、地上构建筑物不允许管线范围等进行叠加分析确定管线是否合理
5	地质分析	钻孔查询	根据孔号查询钻孔，显示该钻孔的属性信息并定位
		生成地层	绘制一个多边形区域，自动生成该区域地层
		剖切底层	在生成的地层上绘制一条线段，生成该切面的剖切面，同时隐藏地层
		隧道挖掘	设定挖掘路径和断面，在生成的地层上进行隧道挖掘
		地层剥分	将生成的地层逐层分离，便于单独查看某一地层
6	路径导航	路径导航	系统实现自定义路径导航功能，在三维场景中输入目标位置和起始位置，实现路径的规划，通过点击导航实现行动路径及方向指引
		应急疏散模拟	根据三维模型，明确出入口信息、着火点位置、危险范围、警戒范围、人群地点等，规划合理的应急疏散方案，并基于系统平台可进行简单疏散方案的模拟与可靠性验证
7	移动端展示	场景浏览	系统能动态加载二维、三维场景数据，支持通过手势操作来控制场景的放大、缩小、漫游、场景视角调整等
		信息查询	支持在三维场景中对地下商铺、地下停车位等二维数据进行属性信息查询及定位

2）数据自动化及语义参数化处理技术

基于城市时空一体化信息模型，开展专题对象几何体模型参数化自动实时建模，以及精细三维模型几何简化等数据处理技术的研究。研发了基于低维几何及拓扑特征的参数化语义化几何体模型构建技术，实现了专题对象实时自动化建模、属性信息可视化联动更新及 LOD 随场景调控，大幅降低了数据更新维护的成本，提高了渲染效率。

3）时空特征信息融合技术

城市时空信息涵盖的数据内容是多维度的。从地理维度来说，它们可能是不同空间参考下的地理信息数据；从空间尺度来说，有大范围城市级的数字地形数据，有不同比例尺的城市全域范围的遥感影像数据，有动辄数百平方公里的倾斜摄影测量模型数据，有二维矢量的建筑、道路、绿化、管网等数据，还有三维建筑模型、路灯模型、树模型、管网模型，甚至 BIM 等细节模型；从时间维度来说，它们可能是不同时期的三维时态数据。这些多维度的全空间数据依托于一体化时空实体对象模型进行存储和管理。在应用中需要将它们融合一体进行空间分析和可视化。具体包括实现任意空间参考系下地理信息数据的动态坐标映射；利用三维几何体布尔运算实现数据级的拓扑融合；利用纹理融合技术和模板过滤技术实现渲染级的可视化融合等。

4）多层集联数据发布技术

构建了高性能可扩展的城市时空地理信息发布平台，实现对地上地下等三维全空间地理数据集中管理和维护、共享与交换；提供不同格式空间数据文件、不同类型空间数据库的管理访问接口，并集成已有地理信息服务；实现地理信息服务发布流程标准化与访问接口标准化。

4. 系统功能实现效果

该系统实现了对各类地下空间数据的展示浏览，开发了针对各类数据的查询统计和综合分析功能。同时，实现了自定义路径导航、应急疏散模拟、智能选线分析，以及与对内应用平台的数据同步更新维护及导出交换，整个系统能够部署运行在国产信创软硬件环境中，不但加强了天津市地下空间信息对外服务的管理水平及能力，还保证了数据的安全性，从而能够更好地为美丽天津建设提供强有力的城市地下空间信息支撑。

平台应用场景和主要功能运行效果如下：

（1）系统主界面。以影像为底图，叠加了地下空间的平面信息，能够从整体上展现数据的分布情况，如图 7-20 所示。

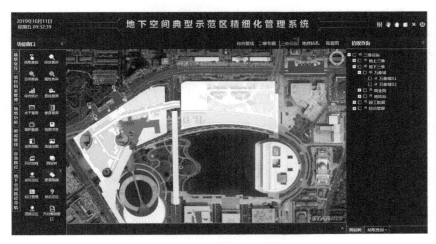

图 7-20　系统主界面图

（2）一体化浏览功能。利用三维立体的可视化方式，直观地展现了地下管网、地铁站、地下轨道，以及地上建筑之间的空间关系，如图7-21～图7-23所示。

图 7-21　一体化浏览图

图 7-22　地铁站内部浏览图

图 7-23　地下停车场内部浏览图

（3）视图书签。记录当前视点的位置和姿态，以及场景中加载的数据状态，并将当前场景中显示的内容生成图片保存下来，便于整个场景的还原，如图 7-24 所示。

图 7-24　视图书签

（4）空间量测功能。提供在场景中进行直线距离、水平距离、垂直距离以及区域面积的量测工具，如图 7-25 所示。

图 7-25　空间量测

（5）管线查询功能。根据指定的管线图层和筛选条件查询出满足条件的管线，以列表的形式呈现，每一条结果记录可以在场景中定位，如图 7-26 所示。

图 7-26　管线查询

（6）开挖分析功能。模拟道路施工进行地面开挖，在开挖的区域和深度范围内迅速查询出涉及的管线信息，为防止施工事故提供预防参考，如图 7-27 所示。

图 7-27　管线开挖分析

（7）智能选线分析。在管线布设之间分析布设区域内管线的分布情况，在满足国家相关标准的前提下，为管线规划布设的合理方式提供参考意见，如图 7-28 所示。

图 7-28　智能选线分析

（8）地质分析。根据区域内的地质钻孔信息生成地层实体对象，在此基础上，可以对生成的地层对象进行任意剖切和开挖，以了解地质土层的分布情况，为建筑施工提供参考意见，如图 7-29、图 7-30 所示。

图 7-29　生成地层示意图

图 7-30　地层剖切示意图

（9）应急疏散模拟。地下商场发生火灾等突发事件，可以根据真实、精细的地下三维模型，以及通道路由，为应急疏散提供逃生路线的参考，如图 7-31 所示。

图 7-31　应急疏散模拟示意图

7.3.3　社会效益

1. 开展地下空间信息资源普查试点工作，研究探索天津市地下空间信息资源管理的新模式

项目开展了地下空间信息资源普查试点工作，细化了地下空间业态的信息管理，从不同空间维度充分展示了地下空间各类数据，涵盖了地下交通设施、商业设施、地下车库、管线设施、建筑地下空间等数据，实验了天津市地下空间设施普查方式方法，研究探索天津市地下空间信息资源管理的新模式，为全市地下空间设施普查打下了坚实基础。

2. 运用大数据应用新技术，建立天津市地下空间数据应用新平台

本项目运用大数据应用新技术，建立了天津市地下空间数据应用新平台，满足了与对内应用平台的对接需求，系统按照图文一体化、二三维一体化、时空一体化的模式建立了一个结构合理的数据库，在逻辑上形成大数据资源中心，将各专业数据高效地整合、集成和管理起来，并采用数据分块与索引组织存储管理，运用模型简化、纹理压缩、共享与合并等数据处理技术，多线程、内存池、对象池、多细节层次调度等三维渲染方法，实现城市级海量空间数据的管理与应用服务。

3. 加强地下空间数据共建共享，助力"数字天津"和智慧城市建设

本项目实现了城市级大数据的集成与共建共享，开发了面向项目档案管理、市政管线智能规划、应急路径智能规划，以及地下空间路径导航四大方面的应用，为地下空间车位管理、地下空间规划、基建项目建设及运维、安全应急逃生等方面提供了强有力的支撑。通过开展空间数据建设、时空信息平台开发、支撑环境完善和典型应用示范等试点工作，探索智慧城市时空信息平台的建设模式、共享模式和服务模式，凝练工艺流程和标准规范，助力"数字天津"建设，为天津数字城市地理空间框架升级转型，以及后续大规模的智慧城市时空信息云平台建设提供依据，为智慧城市建设奠定地下空间基础。

7.4　昆明市城市地下管线信息管理系统

城市地下管线包括排水、给水、电信、电力、燃气、通信等多种管线。近年来频繁发生的地下管线事故使地下管线信息化工作成为社会的焦点，例如，2013年11月22日青岛和2014年8月1日高雄的燃气管线爆燃，以及2014年5月11日深圳内涝事件，使地下管线信息化及其应用工作迫在眉睫，地下管线信息化工作包括了数据的采集、更新与维护，到目前为止，国内已经有259个城市开展城市地下管线普查工作，成果在城市管理、规划、建设、安全运行和维护工作中发挥着积极作用。昆明市作为我国西南面向东南亚和南亚的桥头堡城市，长期以来一直重视城市地下空间信息化建设工作，并在此基础上建立了昆明城市地下空间地理信息系统。

7.4.1　案例背景

昆明市委、市政府高度重视和关注地下管线建设管理工作，于2007年大规模展开地下管线信息化工作，昆明市地下管线普查工作的首要目标是为治理滇池提供科学决策。在滇池治理工作进入治本阶段，城市管理者和专业技术人员逐渐意识到地下管线信息在滇池治理所涉及到的工程设计、河道整治、涉水规划等工作中所能发挥的关键作用，因此昆明市政府专门立项开展地下管线普查探测工作。该工作的另外一个重要任务是服务城市建设。和国内其他城市一样，昆明市地下管线信息管理尚有标准不一、资料不齐、家底不清、基准不明、现势性弱、多头管理等问题，在一定程度上影响了高节奏的城市规划建设，特别是市政工程建设，由此导致道路反复开挖、管线爆管频繁发生、城市内涝层出不穷，造成大量社会经济损失，这些问题进一步加大城市管理成本。

为解决上述问题，昆明市投入专项资金，全面采集昆明市主城区，即滇池主要污染源所在区域内地下管线地理信息数据，目的是为水环境治理、城市建设等各项工作提供支持与服务，减少地下管线事故并保障人民群众生命与财产的安全。

普查覆盖主城区 330km^2，考虑到工作需要，昆明市地下管线普查工作分为两个阶段。第一阶段即市政管线普查阶段工作于 2007 年 12 月开始，2009 年 5 月结束，过程历时一年零六个月。全面查清了主城区市政道路排水、给水、电力、通信、燃气、工业、热力、不明管线共计约 9000km，其中排水 2500 多公里，这是昆明市管理部门首次掌握主城区道路网排水管线实际分布，普查工作共开井 155000 个，其中排水井约 90000 个，编制了各类 1∶500 比例尺综合管线图 3500 幅，完成管线探测点 470000 个；第二阶段即针对滇池治理专门开展的小区庭院排水管线普查工作，于 2009 年 12 月开始，2010 年 10 月结束，期间历时一年零十个月。昆明市小区庭院排水管线普查成果为：采集排水管线数据长度约 10000km；探测管线点约 1670000 个；各类检查井约 300000 个；化粪池约 90000 座；立管约 200000 根；普查工作涉及小区 6700 个。本次小区庭院排水管线普查首次采集了滇池北岸昆明市主城区的排水立管和化粪池数据，在国内是首个从根本上查清了所有的地下排水管线的城市，这项工作为滇池治理工作提供了重要的基础数据资料储备。

为适应地下管线普查数据的增长需求，昆明市测绘研究院（昆明市城市地下空间规划管理办公室）积极探索信息技术下海量增长的普查数据的统一管理、分析、利用的现代化管理方式，建成了昆明市地下管线信息综合管理系统，如图 7-32 所示，已为相关政府部门、行业管理部门、和权属单位提供了完整、齐全的地下管线数据信息服务，充分发挥地下管线数据在城市规划、建设和管理过程中的重要指导作用，防止盲目施工、野蛮开挖等现象发生。系统开发了横断面分析、道路拆迁分析、规划分析、净距分析、占压分析、到期预警分析等功能，辅助工程规划、建设，排查安全隐患，保障城市和地下管线安全稳定运行，保护城市居民的生命财产安全。截至目前，已为我市土地管理部门、规划部门、权属单位、相关建设单位提供现状地下管线资料查询。

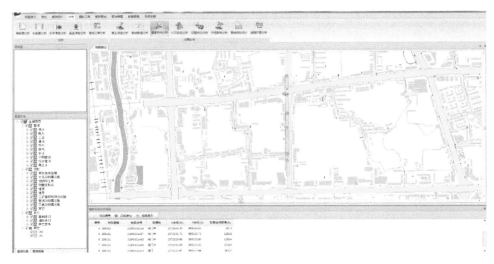

图 7-32　昆明市地下管线信息综合管理系统界面

　　系统计划建设三大平台十八个子系统，其中，一期已建设完成十四个子系统，仍有四个子系统尚未建设。为了保证系统的完整性，实现系统功能的连续性，需开发其余四个子系统及地下管线信息沟通平台，进一步完善一期系统中预报预警和应急指挥功能，强化系统的应急管理能力，提高系统在城市突发事件中的指导作用，实现与区县子系统的互联互通，建设昆明市"管线齐全、管位准确、使用便捷、统筹维护、统一权威"的地下管线数据中心，面向不同对象提供数据共享与交换服务、运行监控和决策支持服务，使城市地下管线在城市的规划建设和管理中真正能起到基础性的保障和服务作用，最终实现昆明市地下管线的政府监管、有序建设和规范管理。

7.4.2　昆明市地下管线信息管理系统组成

　　昆明市地下管线信息管理系统在管线后普查时期推广使用。后普查时期是指城市地下管线普查工作完成以后的时期，后普查时期，地下管线信息化特征主要是以下三方面：其一是政府性规模化资金投入减少；其二是城市地下管线信息平台运行与维护需要持续投入；其三是地下管线信息随着城市化的快速发展，需要不断更新，以满足城市日新月异建设发展的需要。

1. 后普查时代的地下管线信息化思路

后普查时期的地下管线信息化平台建设与维护十分关键，众所周知，城市地下管线信息平台建设是城市地下管线信息化工作核心，在后普查时期，城市地下管线信息平台的主要任务是：第一，建设并维护地下管线数据库，管理城市地下管线普查成果数据，保证数据成果的安全有效性；第二，提供数据成果对外服务接口，包括向政府部门、管线权属单位，以及公众提供数据使用功能服务，促进城市地下管线信息在全市范围内安全有序获得共享与使用，以此推动地下管线信息持续更新；第三，增强地下管线信息在昆明滇池治理、城市建设、水环境提升、城市应急工作中发挥积极作用，帮助解决城市地下空间建设过程中出现的混乱问题。

按照后普查时期任务要求，昆明市建成了昆明市地下管线信息系统。以管线数据库建设、维护及管理为核心，同时具备海量存储运算、空间化、时间化、网络化、智能化管理，以及可视化应用服务能力，在配置保密专网的基础上提供授权用户使用，并通过服务共享等手段实现系统管理数据动态更新与维护。系统主要建设了数据批量处理子系统、地下管线动态管理子系统、三维地下管线管理子系统三个主要组成部分，如图 7-33 所示。

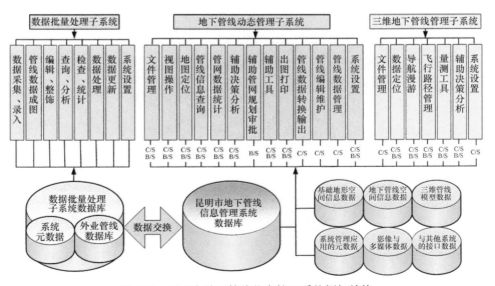

图 7-33　昆明市地下管线信息管理系统框架结构

2. 面向用户的地下管线信息应用系统

　　面向用户的地下管线信息应用系统建设的目的主要是为地下管线信息化建设处于初始阶段的城市管线单位提供数据及系统应用功能的支持，来促进昆明市地下管线信息在全市地下管线建设、管理、权属单位中获得深入的推广应用，以及城市地下管线信息的交换与更新。

　　对管线单位提供的信息化工作服务主要包括两方面，首先是数据服务，主要提供地下管线数据给各专业管线单位，满足其对涉管线专业实施管理、建设，以及维护等日常工作需要，特别是为不同专业背景管线单位提供数据服务以支持其进行管线规划、建设、施工监管的综合与专业管线信息资料，以保证管线动态建设与维护的安全；其次是功能服务，即对管线单位提供基本应用功能满足其对本专业地下管线信息进行查询、浏览、统计、分析，并促进地下管线信息获得深层次推广应用。

　　昆明城市排水审批管理系统是该系统的一个典型应用代表，该系统主要由排水行政管理部门审批及专题数据管理两部分组成，包括面向管理的 WebGIS系统和面向现场的桌面版本查询分析系统，如图 7-34 所示。前者包括办公自动化系统和电子地图，两者结合，管理着与城市排水口审批相关的地下排水管线现状以及规划数据、竣工测量数据，以及审批辅助决策数据。这些工作能够使排水审批管理工作人员应对室内和野外不同的作业环境开展工作。

图 7-34　昆明排水许可审批系统

3. 昆明市地下管线信息化应用

2010 年普查工作完成以来,昆明市地下管线信息边采集边应用,成果先后在滇池治理、城市规划与建设、城市道路施工、河道整治、城市园林绿化、城中村更新改造等工作中发挥了显著作用,有力支持了上述城市建设和环境建设工程顺利开展,典型应用主要是以下方面:

(1)市政以及管线规划设计。昆明市地下管线信息支持了市政及管线规划设计,通过地下管线信息的归纳应用,编制了更具使用价值的城市管线专题地图,基本改变了城市管线规划缺乏基础资料的窘境,设计成果逐渐摆脱依据经验占主导的思路。使编制的规划成果更具专业领域科学性、合理性,以及针对性,近年来,上述基础资料信息先后支持了昆明市排水、给水、防汛、电力、综合管线等各项规划设计工作的顺利开展与完成。同时完成了地下空间开发利用专项规划等一系列重要的规划成果编制。

(2)入滇河道整治。昆明市地下管线信息在入滇河道治理方面有着精确定位的作用,首先为入滇河道的堵口查污提供了准确信息,从源头保证了城市工业及生活污水不流入滇河道;其次为河道的截污管线设计与改建提供了良好的数据支持,保证工程的顺利实施,实现节约资金效益最大化。

(3)雨污分流实施。地下管线信息为城市 2011 年开展的雨污分流改造提供了良好技术支持,通过资料提供,实现城市雨污分流工程快速设计完成、实现高效施工、为雨污分流成果验核提供了重要基础依据。

(4)道路(轨道)建设。昆明市地下管线信息为城市道路的建设提供高效支持,是城市道路选址规划、地质勘察工作重要基础资料,节省了大量前期勘察经费并支持其按期完工,这项工作在 2011 年以来开展的城市轨道工作中尤其明显,在城市轨道交通工作的站场设计、选址、迁改管线资金估算等工作中价值明显。

(5)城市应急防灾。昆明市地下管线信息化数据及成果在昆明市近年来发生的城市内涝、给水管线爆裂、燃气起火等事故中支持了灾害应急处置、使灾害损失最小化,维护了社会公众利益。

(6)信息及系统服务。昆明市地下管线信息化通过数据与服务功能并实现产品化提供,在一定程度上为昆明市有关管线单位缓解了数据及智力资源缺失问题,有效地提高了其工作效率,同时,通过数据共享等技术管理手段促进城市地下管线信息得到迅速更新。

（7）数据挖掘价值实现。昆明市地下管线信息管理部门利用已有地下管线信息及城市基础地理信息数据成果，对目前掌握的昆明市部分重点、热点区域地下管线数据信息开展深入分析研究，利用地理信息系统（GIS）的原理结合城市排水模型相关知识，对上述区域城市地下管线现状进行评价，以支持对城市内涝、管线规划、设计、施工风险进行有效的规范和管理，促进城市地下管线片区改造成效明显。

（8）规划成果编制。地下管线信息化工作完成之后，大量的市政规划能够编制，2015 年以后，基于地下管线普查资料，昆明市编制完成排水规划、地下空间开发利用专项规划，综合管线规划和竖向规划等一系列城市规划。

7.4.3　昆明市地下管线信息管理系统作用

昆明市地下管线信息管理系统建立了一个以数字化的管网基础地理空间资料为主要内容的、以完善的地理空间数据管理体系和数据服务体系为主要结构的信息系统，为昆明市城市综合管网规划、建设、管理和社会各行业提供完善、优质和高效的地下管线空间数据服务；为昆明市的信息化建设特别是与综合管网地理信息系统相关的综合应用提供良好的基础和支持。系统的技术路线遵循可靠性、先进性、高安全性、可扩展性、开放性、标准性和实用性的原则，系统具有合理的技术架构，操作简单、界面友好、稳定性好、安全性高，易于推广应用。该系统采用了面向服务架构（service-oriented architecture，SOA）、元数据技术、插件化技术、开放空间数据库技术，建立了细颗粒度、多层次的管线设施业务模型，并形成了地下管线信息服务构件模块，通过模块的自由组合，实现了可装配式（COTS）的系统架构，实现了异构 GIS 系统、异构软件平台和异构数据之间的信息和功能的共享。同时，在满足功能、保证效率的基础上，在需求变更和新业务拓展上更为简单和自主，数据更为安全、业务部署更为敏捷、对网络带宽的要求更低，在多个系统之间进行数据交换时更为便捷和顺畅。

对昆明市城市地下管线管理部门而言，能依靠该系统进行地下管线信息数据的采集、更新、交换、扩展、整合、发布、提供管线咨询服务等日常工作，保证整个系统数据的现势性、准确性和完整性。

对昆明市自然资源部门而言，该系统作为自然资源信息化建设基础框架的一部分，与其他局端系统在数据层面能进行无缝地整合，能够与规管系统进行对接，实现包含地下管线、道路红线、道路边线、地形信息等数据的综合叠加分析；能够融合进管线规划审批流程，完成地下管线审批状态、现状状态、历史状态的生命周期流转，并提供三种生命状态的地下管线数据的联合设计、查询、统计、分析、报表等功能，提高管线工程规划审批与设计效能；各专业地下管线权属部门：使用该系统为各自部门的管网设计和管理提供科学的依据。能够及时获得此系统中授权的地下管线和基础地形的空间和属性信息，以支持管网的网络逻辑分析、水力计算、风险评估、模拟仿真等各种专业工作；能够安全地在各自部门系统与昆明市地下管线信息管线系统之间进行授权数据的交换，以保证双方系统的动态更新。

对地下管线工程档案管理部门而言，使用该系统能创建满足归档要求和标准的图件报告，为地下管线工程档案提供各个时段地下管线信息的历史回溯和数据储备。

对政府应急防灾部门而言，使用该系统能获取关于地下管线的详实资料，能够及时准确地为城市管线的防灾、减灾和应对突发性事件提供决策依据，提高应急反应速度，降低损失，保障人民生命财产安全；

而对于政府其他相关部门和广大公众而言，使用该系统与政府电子政务系统、数字城管系统、应急系统等进行接口，使政府相关部门和广大社会公众能够查询访问经过授权的各种地下管线信息资料，实现地下管线建设工程公开化管理，满足城市交通与公共设施安全运行的需求。

昆明市城市地下管线信息管理系统的广泛应用促进了整个城市地下管线管理水平的大幅提高，同时系统的建成为滇池治理、雨污管线分流改造、城市交通与管线工程施工等提供了大量详实的地下管线现状数据，为其方案制定提供了科学依据，避免重复投资，减少因盲目施工造成管线事故的频繁发生，对改善城市面貌、投资环境和人民居住环境产生了积极的影响。

7.5　南京市城市地下空间地理信息系统

地下空间是城市发展的重要自然资源，向地下要土地、要空间已成为城市历史发展的必然，为贯彻落实《探索符合阶段特征的城乡建设模式改革实施方案》（宁委办发〔2014〕100 号）的要求，推进南京市城市地下空间开发利用管理工作，根据《2015 年全市重点目标任务计划推进表》安排，南京市政府办公厅于 2015 年 9 月 27 日印发《南京市城市地下空间开发利用普查工作实施方案》(宁政办发〔2015〕102 号),按照"政府主导、分级负责,制度保障、标准统一,普查勘测、动态更新,数据建库、信息共享"的原则,要求从 2015 年 10 月起,用两年左右时间完成全市地下空间设施普查、数据建库、管理信息系统平台建设系列工作,同步建立城市地下空间信息的动态维护机制。通过普查,了解和掌握南京市现有地下空间开发利用情况,建立和健全地下空间地理信息系统及动态更新维护机制,为南京市地下空间开发利用提供重要的工作支撑,进一步提高南京市地下空间统一规划、合理开发、综合管理水平。

7.5.1　案例背景

南京位于长江下游中部地区,江苏省西南部,是国家区域中心城市(华东),中国东部战区司令部驻地,长三角辐射带动中西部地区发展的国家重要门户城市,也是"一带一路"倡议与长江经济带战略交会的节点城市,南京都市圈核心城市。地理坐标为北纬 31°14′至 32°37′,东经 118°22′至 119°14′。测区内居民地密集,房屋建筑较多,商业及轨道交通发达。

南京地貌特征属宁镇扬丘陵地区,以低山缓岗为主,低山占土地总面积的 3.5%,丘陵占 4.3%,岗地占 53%,平原、洼地及河流湖泊占 39.2%。宁镇山脉和江北的老山横亘市域中部,南部有秦淮流域丘陵岗地南界的横山、东庐山。南京平面位置南北长、东西窄,呈正南北向;南北直线距离 150km,中部东西宽 50~70km,南北两端东西宽约 30km。南面是低山、岗地、河谷平原、滨湖平原和沿江河地等地形单元构成的地貌综合体。

南京属北亚热带湿润气候,四季分明,雨水充沛。年均降雨 117 天,平均降雨量 1106.5mm,相对湿度 76%,无霜期 237 天。每年 6 月下旬到 7 月上旬为梅雨季节。年平均温度 15.4℃,年极端气温最高 39.7℃,最低–13.1℃,年平均降水量 1106mm。

为适应城市地下空间规划、建设、开发利用等管理要求,由南京市规划局、南京市人民防空办公室、南京市测绘管理办公室牵头,在国家和行业现行的相关规范标准基础上,编制了城市《南京市地下空间〔建(构)筑物〕普查勘测技术规程》和《南京市城市地下空间〔建(构)筑物〕数据标准》,在标准编制的基础上,通过开展试验区,对标准进行了验证和完善,依据编制的规程与数据标准的具体要求,开展了南京市江南六区地下空间建(构)筑物普查,建立了地下空间普查数据库,基于此成果,建立和健全地下空间信息系统及动态更新维护机制，为南京市地下空间开发利用提供了重要的工作支撑。

普查范围覆盖鼓楼区、玄武区、秦淮区、建邺区、栖霞区、雨花台区，面积约 782km^2，通过开展主城六区地下空间建（构）筑物资料收集、整理及一般性普查及数据入库工作，形成图纸类和数据类两大成果，共计 12367 个单体，地下空间面积达到 34119261.4m^2，构建了地下空间基础图、规划地下空间专题图、现状地下空间专题图、人防审批地下空间图、人防现状地下空间专题图 5 大数据集，最终形成了南京市地下空间二维数据库和三维数据库成果，2017 年 2 月，完成了地下空间普查信息系统的建设工作。

7.5.2　南京市城市地下空间地理信息系统介绍

南京市城市地下空间地理信息系统遵循 SOA 设计思想和设计规范，坚持数据、管理、服务、应用相分离的架构原则，在保持灵活性和扩展性的前提下，实现地下空间数据的管理、共享、融合和数据交换，可实现不同部门业务应用系统与平台服务的集成，平台应用接口的综合应用与展现。体系结构包括数据服务层、GIS 服务层、统一开发接口层、业务逻辑层、应用软件层五个层次。它们相互联系，形成一个有机的整体，按照总体建设思路进行系统设计和建设。

1. 建设目标

南京市城市地下空间信息管理系统为南京市地下空间基础信息数字化管理提供载体。基础信息资源归国家所有，集中存储在市地下空间开发利用领导小组办公室（或挂靠单位），由市、区两级相关单位负责维护。系统与市人防办和市规划局业务管理系统建立接口，实现地下空间信息的更新和协同管理。

2. 系统架构设计

南京市城市地下空间开发利用信息系统分为基础支撑、数据存储、服务引擎、服务接口、系统应用、安全运维和标准规范七个层次，它们相互联系，形成一个有机的整体，并建立贯穿不同层次的标准规范制度和安全保障体系（图 7-35）。

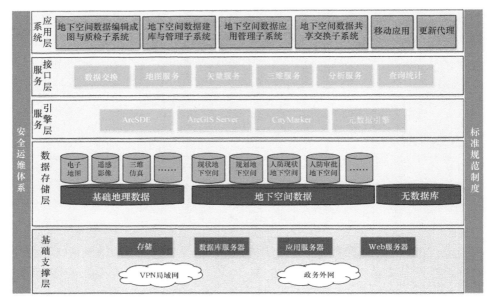

图 7-35 系统架构图

1）基础支撑层

基础支撑层是系统数据及其应用的物理基础支撑环境。它通过数据中心局域网络、相关的硬件及基础软件等基础设施建设，把系统各个独立的部分连接成一个整体，将系统资源提供给"智慧南京中心"等用户使用。通过基础设施层的建设，实现对地下空间地理信息系统的支撑。

2）数据存储层

数据存储层是整个信息系统的基础。数据包括基础地理信息框架数据、地下空间普查数据、规划地下空间审批数据和人防地下空间审批数据、地下空间竣工测量数据，在系统运行后实现动态更新。数据的完整性、实用性、精确性、动态更新能力从根本上决定了地下空间信息的价值。

3）服务引擎层

引擎层是接口层的基础，接口层是服务层的对外表现，服务层实现了地形影像引擎、地下空间信息三维引擎、二维矢量地图引擎等，为接口层提供强大的后台实现支持，这二者合称为应用接口层。通过应用接口层，系统完成对各类地下空间信息的对外发布和共享。

4）服务接口层

服务接口层是对地下空间各类数据访问接口的实现层，应用层利用服务接口层的接口实现地下空间数据的访问和功能的访问。接口层也可以被其他系统所调用，如市规划局的规管系统可以调用本系统的数据和功能。

5）系统应用层

应用层是用户可以见到和交互操作的应用系统，以 C/S 或 B/S 的形式为用户提供各类功能，包括地下空间数据编辑成图与质检子系统、地下空间数据建库与管理子系统、地下空间数据应用管理子系统、地下空间数据共享交换子系统、地下空间数据移动应用和地下空间数据更新代理。

6）安全运维层

安全运维层包括对各类子系统进行统一的用户和角色管理、服务的认证和数据安全，通过身份标识、授权控制，对各类使用人员提供"统一认证管理"，对于用户实现"单点登录"。安全运维层的设计对于系统及其信息资源的安全保障非常必要，以保证只有授权用户才可以访问和使用系统所提供的相关资源。

7）标准规范

标准规范包括地下空间开发利用的数据标准、地下空间信息交换和共享技术要求。

3. 网络架构

地下空间地理信息系统将在市人防办和市规划局双中心进行部署，网络环境的设计以解决打通市规划局和市人防办的业务系统链路为主要出发点，所以采用 VPN 技术，建立两个部门的业务系统的通信链路，同时确保通过此链路，市人防办和市规划局之间可以进行数据交换和同步（图 7-36）。

市人防办的人防普查数据放在人防独立服务器上，单独使用，与其他网络物理隔离；人防的审批数据在人防审批办公网中，审批成果定期迁移到人防独立服务器上，采用光盘介质进行数据转移。

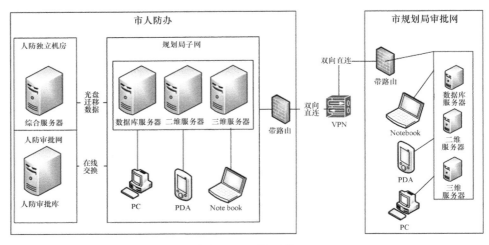

图 7-36　网络环境

4. 功能模块的划分

地下空间地理信息系统包含六个子系统，即数据编辑成图与质检子系统、数据建库与管理子系统、数据应用管理子系统、数据共享交换子系统、数据移动应用和数据更新代理应用系统。系统软件功能组成如下。

1）地下空间数据编辑成图与质检子系统

地下空间数据编辑成图与质检子系统是基于 AutoCAD 二次开发，主要满足数据生产的需求，为普查、竣工提供了图形绘制、属性编辑、图幅管理、标注管理、元数据管理、数据质检、参数设置等功能（图 7-37 和图 7-38）。

2）地下空间数据建库与管理子系统

地下空间数据建库与管理子系统是基于 ArcGIS 二次开发，主要满足数据建库的需求，提供了数据入库、数据导出和数据备份等功能（图 7-39）。

3）地下空间数据应用管理子系统

地下空间数据应用管理子系统实现地下空间数据的分级发布和应用展示，为用户提供地下空间数据的图形化表现、空间量算、属性查询、数据统计、专题制图功能，并针对重点地下空间系统提供真三维展示，系统采用 B/S 架构，可为大部分地下空间使用者提供在线应用服务（图 7-40 和图 7-41）。

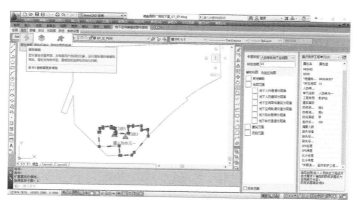

图 7-37　地下空间数据编辑

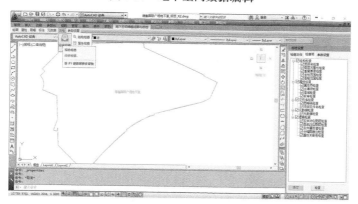

图 7-38　地下空间数据检查

图 7-39　数据入库

图 7-40 综合查询

图 7-41 三维地下空间

4）地下空间数据共享交换子系统

地下空间数据共享交换子系统可以实现地下空间数据在线共享、地下空间数据查询分析服务的在线提供、系统资源监控、系统运行日志管理等功能，该系统可以为市消防、市国土、市建委、市房产、市城管、市停车中心等部门提供在线的地下空间地图服务、查询统计和分析服务（图 7-42）。

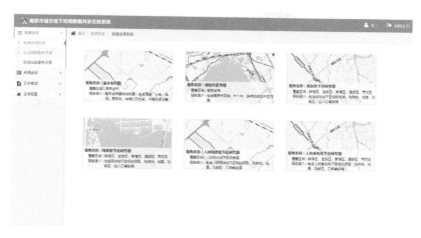

图 7-42　地图服务目录

5）地下空间数据移动应用

基于 iOS 平板开发面向地下空间数据的移动端应用，并与规划局已有的"南京市数字规划与地理信息移动系统"集成，满足用户对地下空间移动端的应用需求（图 7-43）。

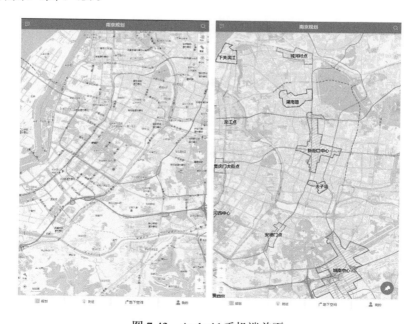

图 7-43　Android 手机端首页

6）地下空间数据更新代理应用系统

定期从规划审批库中自动导出最新方案和许可图件成果（数字报建的工程文件和 DWG 成果），并放到指定目录中。系统自动跟踪该目录的变化，发现新增审批成果数据，自动形成数据更新任务，自动执行数据更新入库工作，并记录该任务的执行情况，如发生更新错误，通过日志输出具体错误原因和数据源的位置及案件名称等（图 7-44）。

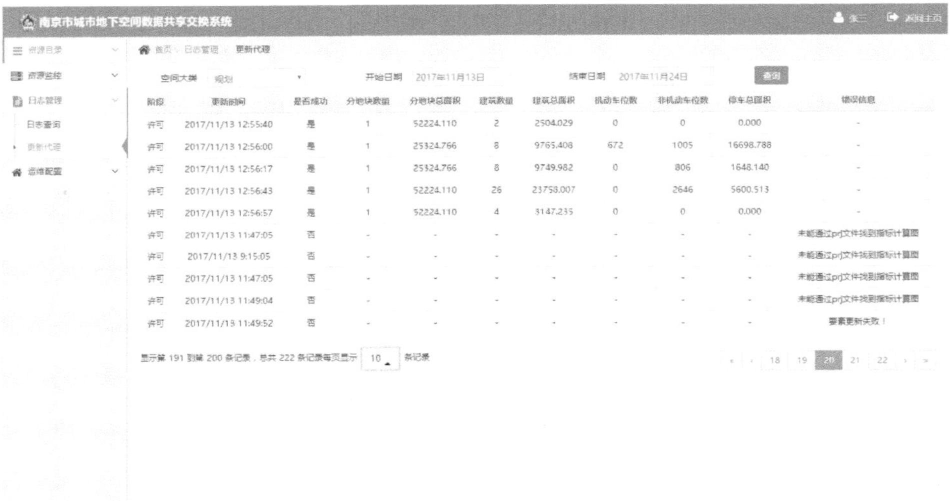

图 7-44　更新代理日志

7.5.3　项目主要成果及创新

本项目的开展进一步梳理了城市内不同单位、不同类型、不同形式的地下空间资料，通过开展主城六区地下空间普查，基本了解和掌握南京市现有地下空间开发利用情况。为城市规划、人防工程及相关部门发挥了重要作用，确定南京市地下空间利用总体发展目标和策略，引领地下空间科学有序发展，构建地下空间利用结构体系，优化地下空间规划布局奠定了数据基础，取得了良好的社会效益。提高了南京市地下空间的管理和应用水平，对国内其他省市类似项目具有指导作用。

系统综合运用包括二维 GIS 技术、移动端应用在内的多项技术，在技术上有一定的创新：

（1）准备充分，起点高、要求高、内容全面，特色鲜明。项目在国家和行业现行的相关规范标准基础上，充分借鉴相关经验，针对南京市实际，通过验证形成了一套涵盖全面的地下空间标准体系，建立一套科学全面、逻辑清晰的地下空间四层级分类体系，充分体现了本项目平战转换与人防工程管理特色。

（2）资料来源丰富，数据内容翔实。在地下空间设施普查测绘前，项目组在南京市城市建设档案馆、南京市规划局、南京市人民防空办公室，以及包含房产、地铁、城建隧桥公司等多家单位，全面收集现有城市地下空间设施资料，并进行整理、分类。普查内容涉及地下空间现状、规划、人防审批、人防现状数据等，范围广。

（3）建立地下空间更新机制，实现数据的全过程管理。将现状地下空间、规划地下空间、人防现状地下空间、人防审批地下空间普查成果按统一技术标准、建库格式整合在同一平台上进行数据维护、更新及应用管理，系统以二三维 GIS 技术和全景技术为核心，实现了成果集成管理，实现了方案、许可成果的自动入库，实现了地下空间数据的动态更新，实现了地下空间数据的图形化管理和数据应用。

（4）多种测绘手段相结合，自动化处理程度高。项目采用基于 SLAM 技术的室内移动三维激光扫描及车载移动测量等国内先进技术手段，快速、实时、精准地获取点云数据，为地下空间数据生产提供基础，同时针对内业数据的处理和质检定制相关软件，自动化程度高。采用三维 GIS 技术，全方位、立体式处理、展现地面地下三维场景，成果展现直观。

南京市主城六区地下空间普查成果的入库，基本建立了南京市主城区地下空间"家底"数据库，初步解决了地下空间信息缺失、零散、更新管理难等问题，为政府决策提供了较为完整、可靠、权威的地下空间基础信息支撑。在今后的管理工作中，通过进一步完善和固化地下空间变化信息的动态采集和更新，加强地下空间信息在全市各行业部门的应用，促进了南京市地下空间的合理开发利用。

7.6 课 后 习 题

1. 青岛市城市地下空间大数据可视化管理平台的核心技术是什么？

2. 青岛市城市地下空间大数据可视化管理平台的主要功能及社会效益有哪些？

3. 武汉市主城区地下空间管理信息系统"三库+一平台"的总体架构的特色是什么？

4. 天津市地下空间精细化管理示范区建设项目的核心技术是什么？

5. 昆明市城市地下管线信息应用系统发挥的作用是什么？

6. 昆明市城市地下管线信息应用系统的核心技术是什么？

7. 南京市地下空间信息管理系统的核心技术有哪些？

8. 南京市地下空间信息管理系统的主要功能包括哪些方面？

第 8 章　城市地下空间地理信息系统发展前沿

城市地下空间的开发需要综合考虑到地质学、经济学、城市地理学等多门学科，众多学科相互作用，共同构成了完整的城市地下空间评价体系。未来的城市地下空间地理信息系统发展必将随着多学科的交叉融合逐渐完备，其方法的运用也将更为科学，通过多学科的交叉及多种方法的联合应用，必将帮助不同发展状况、地理条件、工程地质的城市，制定最为适宜的城市地下空间开发方案。以下是目前城市地下空间地理信息系统发展中比较前沿的科学技术。

8.1　智　慧　城　市

智慧城市概念最早由 IBM 公司在 2009 年提出，在 IBM 公司的框架设想下，使用"智慧城市"的概念来涵盖城市领域中软硬件、管理、计算、数据分析和其他业务的集成服务。在新理念的主导下，将新一轮技术革命的成果注入城市，形成了一个巨大的城市实验场所。这一框架和尝试经由世界各地的政府和组织逐渐传播，扩展和发展，已被广泛接受为一个综合发展的概念（杨弋枭，2020）。智慧城市经常与数字城市、感知城市、无线城市、智能城市、生态城市、低碳城市等区域发展概念相交叉，甚至与电子政务、智能交通、智能电网等行业信息化概念发生混杂。对智慧城市概念的解读多种多样，从技术应用、网络建设、智慧效果等多个方面各有侧重。欧盟委员会在 *Smart Cities Ranking of European Medium-Sized Cities* 中指出，"当一座城市既重视信息通信技术的重要作用，又重视知识服务、社会基础的应用和质量，既重视自然资源的智能管理，又将参与式管理等融入其中，并将以上要素作为共同推动可持续的经济发展及追求更高品质的市民生活时，这样的城市可以被定义为'智慧城市'。"智慧城市狭义地说是使用各种先进的技术手段，尤其是信息技术手段改善城市状况，使城市生活便捷；广义上理解应是尽可能优化整合各种资源，城市规划、建筑让人赏心悦目，让生活在其中的市民可以陶冶性情、心情愉快，总之是适合人全面发展的城市（余佳骏和王向红，2017）。通过对智慧城市概念的梳理，结合产学研各界的认知可以发现，"以新技术促进社会发展"的理念迅速被普遍认可，形成了"智慧城市"的发展理念，智慧城市是新一代信息技术支撑、知识社会下一代创新环境下的城市形态。总之，智慧城市不仅仅是物联网、云计算等新一代信息技术的应用，而是包括了人的智慧参与、以人为本、可持续发展等内涵的信息技术智能化应用。

智慧城市通过物联网基础设施、云计算基础设施、地理空间基础设施等新一代信息技术，以及维基、社交网络、Fab Lab、Living Lab、综合集成法、网动全媒体融合通信终端等工具和方法的应用，实现全面透彻的感知、宽带泛在的互联、智能融合的应用，以及以用户创新、开放创新、大众创新、协同创新为特征的可持续创新。伴随网络帝国的崛起、移动技术的融合发展，以及创新的民主化进程，知识社会环境下的智慧城市是继数字城市之后信息化城市发展的高级形态。

目前有两种驱动力推动智慧城市的逐步形成，一是以物联网、云计算、移动互联网为代表的新一代信息技术；二是知识社会环境下逐步孕育的开放的城市创新生态。前者是技术创新层面的技术因素，后者是社会创新层面的社会经济因素，由此可以看出创新在智慧城市发展中的驱动作用（王聪，2013）。

随着我国城市化的不断深入，城市人口密集度进一步增强，城市发展受到可利用土地面积减少的限制，因此作为新的国土资源，城市地下空间的开发具有重要的战略地位，成为城市建设的重要组成部分。然而，城市地下空间的存在改造困难、重建难度大，以及开发具有不可逆性的特点。城市地下空间开发缺少长远规划、存在多方参与导致的盲目性、不同开发者之间信息断层现象等问题，都导致了地下空间资源和人力、物力、财力的极大浪费，且经常出现各部构件冲突碰撞事件，造成工期延长及较大的经济损失。目前，在规划、设计、施工及运维的过程中，存在的许多传统手段无法解决的问题，都严重影响了城市的可持续发展。因此，对地下空间进行全局规划、统筹开发才是科学之道。

智慧城市是未来城市的发展方向，它不仅是解决目前存在的诸多"城市病"的有效途径，更是我国改变经济发展模式、改善国计民生、推动城市可持续发展的必由之路（管向阳，2016）。2013 年，我国开展了首批智慧城市试点建设项目，揭开了智慧城市在中国的发展序幕。目前，中国的粗放式城镇化过程中产生了诸多弊端，如土地浪费、资源匮乏、环境污染等问题，逐渐耗尽了城镇进一步提升的空间与潜力。如今，云服务、大数据、物联网和其他技术正在快速迭代，城市如何能够更加智慧规划、集约发展、精明增长的呼声高涨，在"大数据"时代的背景下，"智慧城市"应运而生（侯杰，2014）。技术带来了城市发展模式的变化，包括低成本的信息流通和交互模式，动态、实时的全球信息化响应能力，新的基础设施投资模式和建设模式，以及新经济和新产业的兴起。需要解决的是缺乏经验和实用性、开发分散和建设资金不足，以及难以持续运营等棘手的问题。

城市的智慧化发展是一个逐步渗透到生活方方面面的进程，最终将融入城市这一概念的本体中。智慧城市建设初衷是将我们的城市打造为一个持续、高效、融合和包容的生态圈，创造顺畅高效的生活工作体验、高速的交通运输系统和充满活力的城市商业环境，形成环境友好和可持续发展的能力，成为城市的可持续竞争力和创造力的源泉。发展智慧城市不是未来城市发展理念的最终形态，而是一个通过技术提升来不断塑造城市形态和肌理的过程。这个过程深入到每个人的生活、城市商业服务和城市公共管理等各个领域，也渗透到城市的不同场景和应用环境中。预计"智慧"的概念将融入城市发展的各个方面，最终使"智慧城市"等于"城市"。

在传统的数字化时代，地下空间档案资料分散严重，地下空间数字档案可能分别由城建档案部门、规划测绘部门及产权单位保管，由于没有统筹地下空间档案管理部门，地下空间信息不能共享，导致施工单位盲目设计，经常出现线位重叠交叉、安全距离不够、现场修改方案等现象。同时，在建设过程中由于分头建设，对系统性能考虑不足，也会造成数据处理能力低下，系统反应速度慢等情况。

在倡导绿色、协调、共享的智慧城市理念下，使用集约化云模式可统一分配基础设施资源，动态调配及弹性扩展。应对各建设特殊需求和机房建设滞后的问题，在智慧城市统一规划下，通过云平台建设的模式，建立地下空间数据管理服务中心和行业节点云，实现地下空间数据集中管理和信息共享，统一解决数据存档备份及网络建设需要。既能满足政府对建设、监管的要求所需的数据共享服务要求，又能满足各权属单位信息同步更新的愿望，也能减少企业在基础地理数据上的投资重复建设，实现资源共享。最终，有利于将"智慧地下空间"融入"智慧城市"中。

8.2 大 数 据

"大数据"最早被认为是更新网络搜索、索引需要同时进行批量处理或分析的大量数据集。但后期"大数据"不仅仅表达一个数量概念，更是目前人类对数据理解和利用的突破阶段，是对海量、复杂和更新迅速的数据进行挖掘和处理，提高数据的信息加工和预测能力的阶段。大数据产生途径很多，如通信、电商、交通、社交媒体、医疗等。大数据具有数据量巨大、类型复杂、价值密度低，以及处理速度快四大特点，可划分大数据技术、大数据工程、大数据科学和大数据应用等领域。其中，大数据技术和大数据应用为目前发展的主流领域。

地理信息系统在"大数据"时代得到了更加显著的关注，也发挥着更加重要的作用。地理信息系统并不是孤立存在的，它是在计算机的辅助下，以数据库为基础，对这些大量的数据进行批量处理与分析，通过模型的建立、管理体系的完善，并与遥感技术、航测技术等多项技术相融合，从而形成处理速度快、应变能力强的系统，在城市的规划中扮演着重要的角色。智慧城市的建设迫切需要借助物联网、云计算、大数据等现代信息科技，来改善城市的整体规划、服务能力，以及公共设施水平。利用大数据方法，智慧城市可以充分开发、集成和利用各种城市资源，从而完善防灾系统的基础建设，做到智慧规划与智慧城市的协同与整合。

随着城市地下空间规划编制工作的逐步深入，地下空间开发利用规模迅速增长，许多城市围绕地铁站点建设了相互连通的大型地下空间设施群（邵继中和王海丰，2013）。信息技术的快速发展推动"大数据"时代的到来，改变了城市的空间组织与结构，并使得城市地下空间的研究面临变革。城市地下空间的合理利用在不断深化，越来越多的城市开始运用地下的实体空间来进行商业活动、交通流等的形成。而信息技术的进步也在推进着技术、资源等的时空交换，使得居民的生活范围、活动空间在不断扩大，改变了城市地下空间的区域与格局。这样的格局是可以由大量复杂的网络或移动数据的形式表现出来。地面上的城市空间信息可以在大数据的加持下，可视化地展示在公众面前，地面下的城市空间部分相较于地面上的部分，由于其自身的特殊的空间位置，其附带的属性信息会更加地庞大。同时，由于手机网络化的普及、定位移动系统技术的成熟，居民的活动可以通过大数据而反映出来，大数据时代的到来深刻影响着地下空间的应用，这对城市地下空间的发展具有深刻意义。

在城市地下空间安全方面，中国煤炭地质总局依托中国测绘学会地下管线专业委员会近 30 年的行业数据积累，共收录会员单位 696 家、管线事故 4984 条、发布管线事故分析报告 54 份、招投标信息 6797 条、政策法规信息 1850 条，覆盖全国 34 个省级行政区。基于以上行业发展大数据研发了"中国地下空间行业大数据地图"，该平台以一张图形式展现出全国省级地下空间安全指数排名、管线事故分析报告、招投标信息、地下空间建设总量等各类地下空间行业关键数据，并通过构建各类数据挖掘模型，动态创建分析统计图表，清晰明了地展现地下空间发展的脉搏轨迹与安全问题，随着数据不断地丰富，平台分析所得出的结果也将更加全面。

平台由安全洞察、企业图谱、行业动态三大板块构成。其中，"安全洞察"板块从全国城市地下空间安全事故分析与地下工程设施建设两方面，集中分析展示了 2018 年来全国各省份的管线事故数量、事故类型、事故原因，以及城市供水、排水、燃气、供热等市政地下管线的建设情况，安全事故分析通过搭建的安全健康评价模型，对全国主要城市进行安全健康评价指数与排名，帮助政府与企业及时掌握地下空间安全问题与态势。"企业图谱"板块以地下管线专委会会员单位信息为基础，按照产业结构及其细分领域进行统计分析与集中展示，来反映行业集中度等市场关键指标，还可通过行业优秀企业、创新产品等功能对优秀会员单位和科技创新产品进行宣传介绍；"行业动态"板块聚焦市场资讯，通过大数据采集系统，收集国家政策、市场招投标、论坛会议，技能培训等多类信息并进行综合分析，便于企业直观知晓市场发展动态、项目建设规划、政策支持与约束等关键数据，为企业产业布局，业务发展提供决策依据。

8.3　数　字　孪　生

数字孪生思想由密歇根大学的 Michael Grieves 命名为"信息镜像模型"（information mirroring model），而后演变为"数字孪生"的术语。数字孪生是指在计算机虚拟空间存在的与物理实体完全等价的信息模型，可以基于数字孪生体对物理实体进行仿真分析和优化。数字孪生是技术、过程、方法，数字孪生体是对象、模型和数据。数字孪生也被称为数字双胞胎和数字化映射，是一种超越现实的概念，可以被视为一个或多个重要的、彼此依赖的装备系统的数字映射系统。数字孪生充分利用物理模型、传感器更新、运行历史等数据，集成多学科、多物理量、多尺度、多概率的仿真过程，在虚拟空间中完成映射，从而反映相对应的实体装备的全生命周期过程（孙柏林和刘哲鸣，2020）。

数字孪生是个普遍适应的理论技术体系，可以在众多领域应用，如产品设计、产品制造、医学分析、工程建设等。目前，国内应用最深入的是工程建设领域，关注度最高、研究最热的是智能制造领域（张新生，2019）。数字孪生是在基于模型的定义（model based definition，MBD）基础上深入发展起来的，企业在实施基于模型的系统工程（model based system engineering，MBSE）的过程中产生了大量的物理的、数学的模型，这些模型为数字孪生的发展奠定了基础。

随着大数据、云计算、三维建模、BIM、物联网、人工智能等信息技术的不断融合，数字孪生城市成为智慧城市发展的重要趋势，数字孪生城市是数字孪生技术在城市层面的广泛应用，通过构建城市物理世界、网络虚拟空间的一一对应、相互映射、协同交互的复杂系统，在网络空间再造一个与之匹配、对应的"孪生城市"，实现城市全要素数字化和虚拟化、城市全状态实时化和可视化、城市管理决策协同化和智能化，形成物理维度上的实体世界和信息维度上的虚拟世界同生共存、虚实交融的城市发展格局。以往的数字孪生更多地侧重于地上空间的虚拟映射，地下空间的关注度并不强。事实上，地下空间是宝贵的自然资源，是城市空间的重要组成部分。随着城市的快速扩张和地下空间开发利用进程的加速，地下空间将是智慧城市建设的重要新方向（张丽娜和潘声勇，2019）。

"全空间"的数字孪生要实现现实世界中地下、地表、室内等物理空间的数字化模拟，人们不需要在现实世界中到达某处，就可在电脑中查看任意空间位置。相较于可见的地表和室内等物理场景，人们对地下空间的理解更加需要数字孪生技术的帮助，使用数字孪生技术可以帮助我们把城市地下空间实体在虚拟网络空间中很好的表达出来，在更深的层次上了解地下空间的状态。城市无时无刻不在变化，静态的"数字化模拟"城市无法称之为数字孪生城市，城市的动态变化信息要实时反映在数字孪生城市中。

随着数字孪生理论和技术的日趋成熟，其服务于地下空间管理的应用近几年也越来越多，基于数字孪生的城市综合管廊管理平台已得到较好的应用验证。综合管廊因空间断面设计复杂、纳入管线种类多，在规划、设计、运维过程中具有环境复杂、选线困难、施工组织繁杂、工程量大，项目工程管理难度大等特点，传统的规划、设计、管理模式已无法满足综合管廊快速发展的需求。如何充分开发利用城市地下空间，实现统筹各类市政管线的规划、建设和管理，提高城市综合承载能力和城镇化发展质量，地下综合管廊的智慧化建设就显得尤为重要。基于数字孪生技术，以数字化的方式创建城市地下综合管廊实体的虚拟映射，借助 GIS 地理空间信息数据、BIM 三维数字模型数据、施工监测实时数据及算法模型等，从规划、设计、施工、运维仿真、交互、控制综合管廊实体全生命周期，能够有效优化设计方案、提高施工效率和保证工程质量，并有效促进综合管廊的应用与发展（图8-1）。

图 8-1　基于数字孪生技术的城市综合管廊管理平台（西安市）

8.4　人工智能

人工智能是研究使计算机来模拟人的某些思维过程和智能行为（如学习、推理、思考、规划等）的学科，主要包括计算机实现智能的原理、制造类似于人脑智能的计算机，使计算机能实现更高层次的应用。人工智能将涉及到计算机科学、心理学、哲学和语言学等学科。可以说几乎是自然科学和社会科学的所有学科，其范围已远远超出了计算机科学的范畴，人工智能与思维科学的关系是实践和理论的关系，处于思维科学的技术应用层次，是它的一个应用分支。从思维观点看，人工智能不仅限于逻辑思维，还要考虑形象思维、灵感思维才能促进人工智能的突破性地发展。数学常被认为是多种学科的基础科学，当前数学也进入语言、思维领域，人工智能学科也必须借用数学工具，数学不仅可以在标准逻辑、模糊数学等范围发挥作用，数学进入人工智能学科后，它们将互相促进而更快地发展。

人工智能可以通过分析城市的能源消耗数据，分析地下能源存储和传输设施的位置分布，将其覆盖的服务区域结合城市的能源消耗区域，根据其匹配程度提供数据支持，并根据其数据分析结果提出相应的决策支持。通过分析城市的能源消耗的趋势和特点，城市规划师可以更好地制定地下空间能源储存和传输设施的规划，优化能源利用；人工智能可以通过智能电网和智能电表的应用，合理的规划地下输电管网的铺设，并结合智能电表在地下构建综合电网管廊，对城市的用电进行智能配电。通过实时监测能源消耗，智能配电系统可以自动调整能源供应，使能源利用更加高效；人工智能可以通过智能建筑系统，实现对建筑能源的智能管理。通过分析建筑能耗数据，智能建筑系统可以实现能源消耗的优化和降低。人工智能可以通过对城市数据的分析和处理，帮助城市规划师制定更加科学和合理的能源规划。基于数据的能源规划可以更好地预测和规划城市的能源需求和消耗。

在人工智能服务于城市地下空间安全领域方面，国内也已经出现了一些工程实践，比较典型的案例是在二三维地质雷达图像的自动化检测方向。由于二三维地质雷达所采集的原始探测数据量是海量的，尤其是对大中型城市，雷达测线可能有数千甚至上万公里，地质雷达图像解译、图像识别方面，传统方式主要依靠探测人员的工程经验处理和判读，这种人工判读主观性强，过程漫长枯燥容易使人疲劳，存在误判、速度慢、精度低、效率低等缺点。幸运的是，近年来，随着人工智能技术的广泛应用，已经有诸多学者利用人工智能技术尝试解决探地雷达在道路病害检测自动识别、管线识别等问题。

当前，地下空间研究单位积极探索基于人工智能技术解决地下空间行业的诸多问题，提出利用人工智能理论及方法研究道路病害的智能识别技术，在获取收集大量的道路病害图谱数据基础之上，构建道路病害图谱数据集，设计道路病害异常体检测智能决策算法，建立决策模型，最终实现基于机器识别的地质雷达图像道路病害自动判读，提高雷达图像道路病害解译效率及准确率，对地下空间存在的诸如道路空洞、管道隐患等进行前期探测识别和预防，为建设安全城市、美丽城市保驾护航。

当前，地下空间病害防治中，道路病害防治是人工智能在这一领域应用的主要方向，其研究依托多年的道路病害体探测业务工程积累，收集了西安、兰州、包头、武汉、界首、深圳等城市的道路病害空洞、脱空、疏松、富水等病害，形成了不同设备、不同频率（100MHz、170MHz、200MHz、350MHz、600MHz）的道路病害雷达图谱上万张；引入人工智能理论和方法，搭建深度学习框架，提取不同道路病害特征并设计分类器对道路病害类型进行自动判别，从而建立道路病害异常体检测智能决策算法模型，解决人工判读方式存在主观性和不确定性的问题；利用云计算、探地雷达技术、GIS技术、gRPC技术、可视化技术等，基于道路病害异常体检测智能决策算法模型，开发基于云端服务的道路病害检测自动识别系统，实现道路病害信息的快速解译（图8-2～图8-4）。

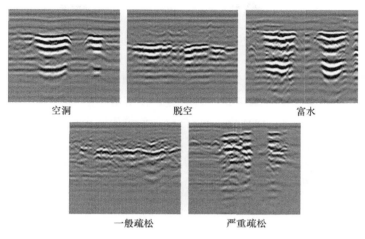

图 8-2　道路病害体异常类型

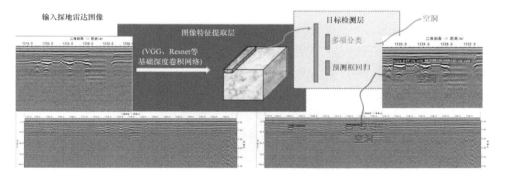

图 8-3　基于智能决策算法模型的自动识别

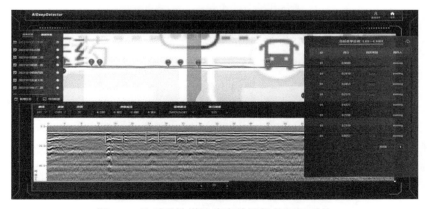

图 8-4　地质雷达道路病害检测智能识别系统

8.5　计算机视觉

计算机视觉是使用计算机及相关设备对生物视觉的一种模拟。它的主要任务就是通过对采集的图片或视频进行处理，以获得相应场景的三维信息。计算机视觉可以看作一门关于如何运用照相机和计算机来获取我们所需的，被拍摄对象的数据与信息的学问。形象地说，就是给计算机安装上眼睛（照相机）和大脑（算法），让计算机能够感知环境。我们中国人的成语"眼见为实"和西方人常说的"One picture is worth ten thousand words"，都表达了视觉对人类的重要性。

计算机视觉既是工程领域，也是科学领域中的一个富有挑战性的重要研究领域。计算机视觉作为一门综合性的学科，吸引了来自各个学科的研究者参加到对它的研究之中。其中包括计算机科学和工程、信号处理、物理学、应用数学和统计学、神经生理学和认知科学等（张梅和文静华，2010）。

计算机视觉系统的特点是提高生产的柔性和自动化程度。在城市的规划中起到了无法替代的作用，在一些不适合于人工作业的危险工作环境或人工视觉难以满足要求的场合，常用计算机视觉来替代人工视觉；同时在大批量工业生产过程中，用人工视觉检查产品质量效率低且精度不高，采用机器视觉检测技术可以显著提高生产效率和自动化水平。此外，机器视觉有利于实现信息集成，是实现计算机集成制造的基础技术。

人口增长、城市土地资源紧缺，给人类可持续发展带来前所未有的挑战，世界各国纷纷开展"向地下要空间、要资源"的战略，城市地下空间开发利用已成为一项世界性的前沿战略科学问题。地下空间的开发利用需准确掌握城市地下空间的三维状态和开发的地下环境。由于地下空间具有未知性和不确定性，容易造成地下空间开发利用成本高、难度大、事故频发等问题。通过"透视"地下空间技术，利用钻孔、地质剖面、物化探等多源数据，融合专家经验，快速构建地下空间高精度模型，可以做到系统、全面、准确掌握地下空间特点，最大限度地提高地下空间开发利用水平。所谓"透明"地下空间，是指以计算机视觉技术，以摄像机或摄影机拍摄的图像或视频为原始数据，提取在图像或视频中能观察到的事物，然后在虚拟的网络空间中可视化表达出来，建立地下空间三维模型，让地下空间像玻璃一样透明，直观表达和分析地下的空间、资源、环境和灾害分布和动态变化。

8.6　实景三维

在纸介质时代，人们只能用传统二维地图对现实的三维空间进行浓缩表达。但是在三维转二维的过程中，许多宝贵的地形和地物细节如纹理、高度、形状信息等都全部丢失了，其呈现的效果与真实地理环境有较大的差距，不但使用起来不方便，也无法适应于当前网络空间信息服务的需要。

现实世界是一个三维空间，而人类的认知也是多维、多视角的。随着计算机技术、互联网技术，以及移动测量技术的发展，人们开始以三维地图这种更详尽、更直观的方式来展现现实环境。实景三维也称为全景环视或 360 度全景。它是一种运用数码相机对现有场景进行多角度环视拍摄，然后进行后期缝合并加载播放程序来完成的一种三维虚拟展示技术（崔亚峰，2011）。三维实景在浏览中可以由观赏者对图像进行放大、缩小、移动、多角度观看等操作。经过深入的编程，可实现场景中的热点链接、多场景之间虚拟漫游、雷达方位导航等功能。三维实景技术广泛应用于诸多领域网络虚拟展示。

随着计算机、测绘、地理信息技术的发展，以实景三维的方式进行数字化城市管理的创新方式逐步脱颖而出，实景三维成为全世界数字城市信息化建设技术的主流之一。当今社会，数字城市建设已经成为当代测绘领域的研究重点，而数字城市建设离不开实景三维信息技术的发展。实景三维信息技术利用信息资源、通信基础设施以及科学技术，将空间地理信息、政务信息等，根据城市建模和三维景观可视化，重现城市三维景观，提高电子政务和公众服务效率，搭建现代民生服务平台（杨程，2018）。

实景三维技术的内涵主要有三个方面：①将实景三维技术作为一种工具和工具集合，是经过现场测量的数据采集、整理，显示出空间数据。②把实景三维技术当作数据库系统，将数据库概念作为基础，把其中的数据作为可以被搜索和操作的，作为问题答案解决问题。③把实景三维技术看作机构团体，基于组织机构的概念结合数据存储和信息检索，以及功能性操作形成组织结构。

在实景三维技术中，空间目标通过 X、Y、Z 三个坐标轴来定义，它与二维中的目标具有完全不同的性质。在目前二维 GIS 中已存在的 0、1、2 维空间要素必须进行三维扩展，在几何表示中增加三维信息，同时增加三维要素来表示体目标。实景三维技术的功能十分丰富，与二维技术相比，三维技术的功能大致可以概括出十项：数据采集和检验有效性、数据结构化和转化为新的结构、各种变化、选择、布尔操作、建筑、计算、分析、可视化、系统管理。这些功能有效地为当代数字城市的建设提供了技术基础。

实景化共享信息平台在城市地下空间建设中的应用创新主要体现在以下几个方面：

（1）打造城市地下空间实景可视化的数字城市环境，将地下空间真实的形态在电脑中数字化再现；

（2）为相关的城管、公安、交通、应急等提供所需要的实景化的业务专题数据，把不易看到的城市地下空间进行可视化展示，相对应的地下空间信息又可进行可视化的标注、查询和统计分析，以及按需测量、取证等，更好满足行业管理与决策上的高层次应用；

（3）为公众用户提供的城市地下空间实景三维影像是客观世界的最直观和最真实的写照，无须专业知识判读，是最易理解的"数字城市"，提供直观可视化的交通出行、应急避难等地图服务；

（4）为城市安全应急部门和市委、市政府领导提供远程的实景可视化的应急预案环境，不管白天还是晚上，都可以在第一时间进行身临其境的远程决策指挥，可以有效地增强城市面对灾害时的韧性；

（5）实景化信息共享平台根据地下空间的客观实际环境，可以统一建设，多行业应用共享，以及统一维护更新；

（6）真实地记录城市的地下空间建设发展变迁，打造城市影像博物馆，为城市地下空间的管理和规划发展提供参考和历史依据。

8.7　智　能　感　知

城市是生命体、有机体，能感知、会思考、可进化是城市数字化发展的基本机能。在以人为本、服务人民、下一代城市智能体建设中，统筹规划、统一标准的城市感知体系，是智慧城市的"神经末梢"，通过城市全域的泛感知建设，提升城市感知能力，强化"数据赋能"的关键作用，围绕城市数据的获取、传输、存储、处理和使用，通过标准、开放、统一的技术架构形成"端网云用安营"一体化协同，构建城市数字化的"五官和手脚"，让城市可感知、能执行，实现物理世界和数字世界的联接。

物联网是通过装置在各类物体上的 SIM 卡、传感器、二维码等，经过接口与无线网络相连，给物体赋予智能，可以实现人与物体间和物体与物体间的沟通和对话。物联网具备规模性、流动性、安全性三个特点。移动物联网基于移动网络，提供个性化、智能化、信息化的移动物联网应用。物联网城市已在智能农业、智能金融、智能生活、交通物流、市政管理、城市安监、智能医疗、智能环保和能源公用九大领域展开了广泛应用（赵勇，2012）。

云计算是基于互联网动态地提供计算资源的新型计算模式，运用大量计算机构成的计算系统，合理、科学地分配并完成计算任务，高效地实现计算目标。云计算好比智慧城市的"大脑"，将物联网获取的大量信息快速智能地进行存储和分析，为城市高效运维提供保障。BIM、GIS、物联网和云计算之间的关系不是替代，而是互相补充，都是智慧城市的重要组成部分，它们各司其职、共同作用，从而使智慧城市有条不紊地运行（管向阳，2016）。

地下空间开发利用的智能化需求日益强烈，智能化技术在地下空间规划设计、智能建造、运营维护管理等方面的应用水平正在逐步提升。物联网、云计算、建筑信息模型（BIM）、AI、大数据、区块链等新技术在地下空间创新应用的深度和广度在不断的发展，多元传感信息融合技术、高精度可靠感知技术、新型智能传感器技术、自适应及拆除机器人等技术或产品也在逐步实现推广应用，新技术驱动下的"透明地壳"全生命周期管理能力、智能技术应用水平也随着高新技术的发展而提升。

目前地下空间智能化信息平台的开发整体处于蓬勃发展的阶段，集地下空间数据库管理、信息更新、数据查询与统计、空间分析、应急决策、数据挖掘等功能于一体的综合性管理平台在城市地下空间的建设中起着重要的作用，发挥了地下空间全息感知、智能决策、高效管控功能（柳宇刚，2013）。

智能运营管理水平也在逐步提升，信息感知技术（全粒度、全时空、全对象特征感知）、信息传输技术、分析处理技术、地理信息技术在智慧化分段管控与运营、应急救援领域的优势开始发挥作用。

未来城市地下空间规划应聚焦立体城市，探索地上地下协同发展路径，推动地下空间一体化设计、功能统筹、空间治理、生态保护、安全韧性、技术创新等多维信息融合共享；充分运用物联网、大数据、AI 等技术，赋能城市地下空间规划、设计、建造、运营维护与安全管理全流程，全面推动新科技在地下空间开发利用和运营管理方面的融合创新；实现基础设施云端化、数据标准化、业务平台化、平台生态化、管控智能化，以智能技术助力地下空间高效开发和综合治理竞争力提升。

8.8　课　后　习　题

1. 在传统的数字化时代，地下空间数据管理面临着哪些问题？

2. 如何利用数字孪生技术表达城市地下空间包含的丰富信息？

3. 人工智能如何帮助城市规划师制定科学和合理的能源规划？

4. 如何实现"透明"地下空间？

5. 实景三维技术的内涵有哪些？举例说明它在地下空间信息化中的作用。

参　考　文　献

崔亚峰. 2011. 三维全景视觉消防综合信息管理平台的研究与开发. 上海: 华东师范大学.

管向阳. 2016. 基于 BIM 理念对智慧城市地下空间的规划探讨. 四川建材, 42(8): 64-65.

侯杰. 2014. 大数据时代城市地下空间智慧防灾系统的创新——以武汉光谷广场地下空间为例//中国城市规划学会. 城乡治理与规划改革——2014 中国城市规划年会论文集(01 城市安全与防灾规划). 北京: 中国建筑工业出版社.

柳宇刚. 2013. 城市地下综合管线信息管理系统设计与实现. 济南: 山东大学.

邵继中, 王海丰. 2013. 中国地下空间规划现状与趋势. 现代城市研究, 28(1): 87-93.

孙柏林, 刘哲鸣. 2020. 解耦数字孪生, 赋能仪器仪表行业转型升级. 仪器仪表用户, 27(2): 89-91, 25.

王聪. 2013. 智慧城市有多"聪明". 宁波经济(财经视点), (10): 43-44.

杨程. 2018. 实景三维技术在数字城市建设的应用. 智能建筑与智慧城市, (1): 80-81.

杨弋枭. 2022. 我国智慧城市建设水平评价及提升策略研究. 重庆: 重庆大学.

余佳骏, 王向红. 2017. 面向智慧城市的桥梁管理信息系统研究. 低温建筑技术, 39(3): 137-140.

张丽娜, 潘声勇. 2019. 构建地上地下一体化数字孪生城市. 冶金与材料, 39(6): 158-160.

张梅, 文静华. 2010. 浅谈计算机视觉与数字摄影测量. 地理空间信息, 8(2): 15-17, 20.

张新生. 2019. 基于数字孪生的车间管控系统的设计与实现. 郑州: 郑州大学.

赵勇. 2012. 物联网行业应用发展趋势分析//中国通信学会无线及移动通信委员会. 2012 全国无线及移动通信学术大会论文集(上). 北京: 人民邮电出版社.